NF文庫
ノンフィクション

連合艦隊大海戦

太平洋戦争12大海戦

菊池征男

潮書房光人新社

はじめに

第二次大戦における戦闘でもっとも劇的なものの一つに挙げられているのが、昭和17（1942）年6月5日に生起した「ミッドウェー海戦」である。質・量ともに劣るアメリカが、たった5分間の攻撃で太平洋戦争の潮流を逆転させたのだ。アメリカにとってはまさに〝信じられない勝利〟であった。

私が中学生のころ、アメリカ映画『ミッドウェイ』を見た。たとえ映画であったとしてもノンフィクションに近いストーリーだったので大きな衝撃を受けたのを今でもはっきりと覚えている。

それから四十数年後の1998年6月5日、ミッドウェー海戦から56年目にあたる日に、私はミッドウェー環礁サンド島の地に降り立った。空母『飛龍会』の慰霊祭にご一緒したのである。メンバーは「飛龍」の元機関科将校だった萬代久男氏、米空母「ヨークタウン」に突っ込み、自爆した小林道雄元艦爆隊長の実妹・山本君江さん、「加賀」の元艦爆隊長・三上良孝少佐夫人三上美都さんら皆ゆかりのある人たちであった。

はじめて降り立ったサンド島は小さな島だった。ミッドウェー環礁はサンド島、スピット島、イースタン島からなっている環礁である。人が住んでいるサンド島は自転車で一周すると約15分くらいだ。

こんな小さな島を日本海軍は占領して、ハワイ攻撃の足がかりにしようとしたわけだが、もし、占領が成功したとしてもその後の補給をどうしようとしたのだろうか。日本から約5000キロも離れているのだ。

仮にミッドウェー環礁を占領したとしてもイースタン島、サンド島合わせても空母1隻分とちょっとの数の航空機しか置くスペースはない。このことを日本海軍首脳たちは知っていたのだろうか。

この日から、ミッドウェー海戦を徹底的に検証して、この海戦を書いてみたいと思うようになった。だが、すでに数人の作家が世に著している。それを凌ぐほどの作品を書く自信もない。ならば、真珠湾攻撃から戦艦「大和」の海上特攻までのビッグな海戦を俎上にして、日米両海軍はどう戦ったかを分析してみたいと思った。

同じ海戦を同じ海軍が死力を尽くして戦っているのに、日本的とアメリカ的という考え方の違いなどが作戦にあらわれている。ここに取り上げた海戦時の艦長や乗員、パイロット、司令、司令官など、多くの人たちにお会いして当時の話をうかがったものである。今となってはとても貴重な話が〝歴史の証言〟として生きている。

それらの言葉が、一つ一つの海戦の中にどう料理されているかは、読者の皆さんに判断していただくとして、「海戦」とは、人の英知やコンピューターでも思いつかない現象が出現するのだ。まさに壮大なスケールのノンフィクションなのである。

菊池征男

平成18年8月

目次

連合艦隊大海戦

第1章　真珠湾攻撃

昭和16（1941）年12月8日

「ニイタカヤマノボレ」

昭和16（1941）年11月26日、空母6隻、戦艦2隻、重巡2隻、軽巡1隻、駆逐艦9隻、潜水艦3隻、給油艦7隻からなる機動部隊が、択捉《エトロフ》島・単冠《ヒトカップ》湾を密かに出撃していった。この、南雲忠一中将率いる第1航空艦隊の目的地はハワイ・オアフ島。しかし、このとき対米開戦はいまだ決定しておらず、最後の望みをかけた日米交渉が続いていた。

やがて北緯40度付近を東へ向かって航行中の12月2日午後8時、連合艦隊司令部から旗艦である空母「赤城」に暗号電報が届く。——「ニイタカヤマノボレ、120

8」。その暗号は12月8日午前零時以降、戦闘を開始すべしとの命令であった。日米の交渉は決裂、日本はアメリカとの全面戦争に突入しようとしていたのである。

12月7日午前6時、旗艦「赤城」に連合艦隊司令長官山本五十六大将から「皇国の興廃、繋《かか》りて此の征戦に在り、粉骨砕身して各員その任を完《まっと》うせよ」の電報が届いた。午前7時、「赤城」の檣頭にDG旗がひるがえった。

明けて8日、オアフ島北方約250海里の海域に達した艦隊は戦闘隊形をつくり、総員が戦闘配置についた。午前1時（ハワイ時間午前5時30分）、重巡「利根」「筑摩」の搭載機である零式水上偵察機が、1機ずつ発艦していった。1機はパールハーバー、もう1機はライハナ泊地を偵察するためである。

午前1時30分（ハワイ午前6時）、発着艦指揮所から、発進を指示する青ランプが大きく弧を描いて振られた。飛行隊発進せよ、のサインである。零戦隊指揮官の板谷茂少佐がトップを切って飛行甲板を離れた。続いて零戦の制空隊が発進。その後に続くのが水平爆撃隊だ。淵田中佐の搭乗機には、総指揮官機をあらわす黄と赤の識別マークが尾翼いっぱいに描かれていた。次いで雷撃隊が発進。「赤城」の艦橋では南雲司令長官、草鹿龍之介参謀長、各参謀、艦長、その他の乗員たちが帽子をとって「帽振れ」で見送っていた。

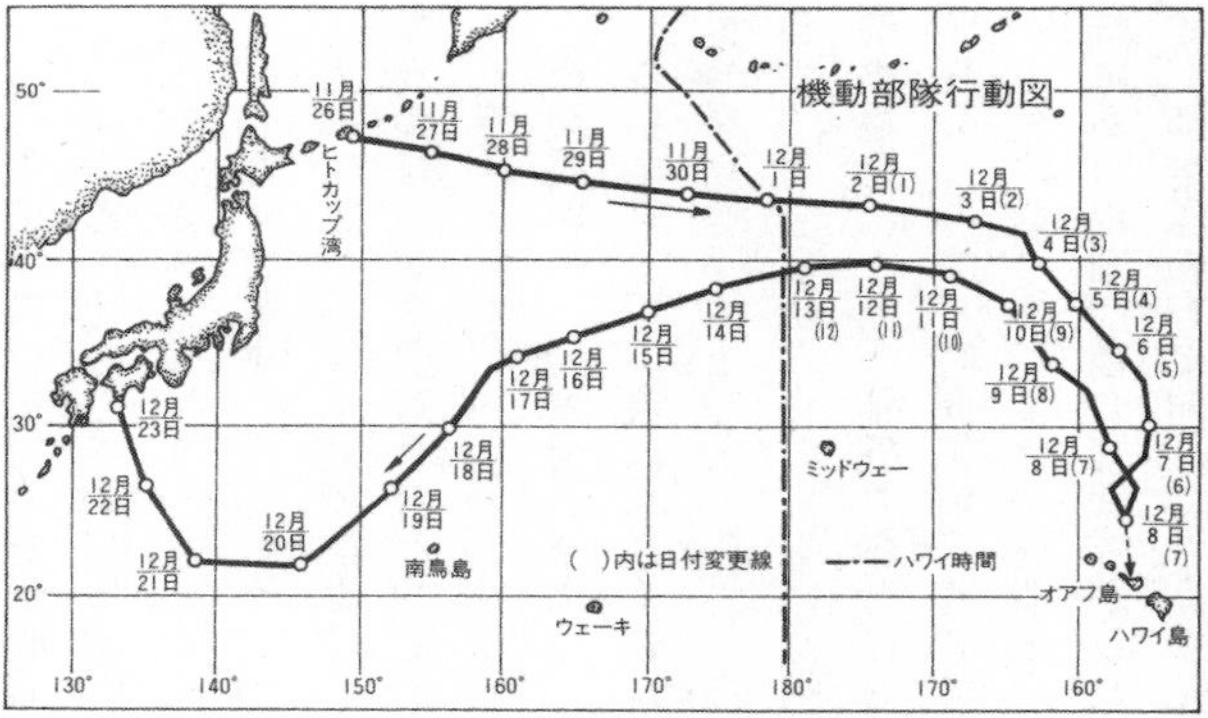
機動部隊行動図
ヒトカップ湾
11月26日
11月27日
11月28日
11月29日
11月30日
12月1日
12月2日(1)
12月3日(2)
12月4日(3)
12月5日(4)
12月6日(5)
12月7日(6)
12月8日(7)
12月8日(7)
12月9日(8)
12月10日(9)
12月11日(10)
12月12日(11)
12月13日(12)
12月14日
12月15日
12月16日
12月17日
12月18日
12月19日
12月20日
12月21日
12月22日
12月23日
ミッドウェー
南鳥島
ウェーキ
オアフ島
ハワイ島
(　)内は日付変更線
ハワイ時間
50°
40°
30°
20°
130°
140°
150°
160°
170°
180°
170°
160°

こうして第1次戦爆連合の183機が、「赤城」「加賀」「蒼龍」「飛龍」「翔鶴」「瑞鶴」の6隻の空母から発進していった。全機は空中で集合を終え、編隊を整える。もちろん先頭は総指揮官の淵田中佐搭乗機である。淵田中佐が直率する水平爆撃隊49機を先頭に、その右に村田治少佐が率いる雷撃隊40機、左に高橋赫一少佐が率いる急降下爆撃隊51機がついていく。これら編隊の上空に板谷茂少佐率いる零戦隊43機が辺りを警戒しながら護衛の任務についていた。

午前3時（ハワイ午前7時30分）、編隊はそろそろオアフ島が見えるはずの地点まで進出していた。しかし、前方には雲が広がり、島らしいものは見えない。

一方、すでにオアフ島の北端カフク岬のオパナにある米陸軍第51対空警戒信号隊のレーダースクリーン上には飛行機の大群が映しだされていた。同隊はただちに防空指揮所へ「あやしい航空機が映しだされている」と連絡。ところが、防空指揮所からの返事は、それは米本土から支援にやってくるB－17〝空の要塞〟の編隊か、訓練中の味方機だから、心配しなくてもよい、というものであった。

そのころ、日本の攻撃隊は雲の切れ間に海岸線を認めていた。淵田総指揮官はオアフ島の航空図と照らし合わせる。間違いなくそこはオアフ島のカフク岬であった。

奇襲成功！　全軍突撃せよ

総指揮官・淵田機は大きく右にバンクした。目指すはパールハーバー。淵田中佐は、信号拳銃を手にとると、機外に向けて引き金を引く。作戦を秘匿するため、電波を使わず、信号拳銃から打ち上げた信号弾の数で指示することになっていたのである。奇襲の場合は1発、強襲の場合は2発と定めていたのだ。黒い煙が流れた。時に午前3時10分（ハワイ時間午前7時40分）。

1発の信号弾により、展開下令とした急降下爆撃隊はすぐに行動を起こしたが、上空にあった制空隊の零戦隊がこれに気づかない。そこで淵田総指揮官はやや間をおいて、制空隊の方に向けてもう1発の信号弾を発射した。ところが、これを見てとった急降下爆撃隊の高橋少佐は、2発の信号弾ということは強襲であると判断した。強襲ならば真っ先に突撃しなくてはならない。爆撃隊は突撃準備位置につくのを急いだ。

淵田中佐率いる水平爆撃隊は、オアフ島の西岸沿いに南下を続けた。パールハーバー方面の上空は晴れ。淵田中佐は双眼鏡を目に当てる。そこにはアメリカ太平洋艦隊の主力戦艦が在泊していた。

午前3時19分、これから突撃を下令すれば先陣を切っている雷撃隊の攻撃は3時30分（ハワイ時間午前8時）に始められる。淵田中佐はここで後部座席（九七艦攻は操縦員・偵察員・電信員の3人が搭乗している）の電信員に対して、「総飛行機宛に発信、全軍突撃せよ」と命じた。すぐに電信員は電鍵を叩いた。「トトト……」——全軍突撃せよの略符である。突撃を下令したあと、淵田中佐は水平爆撃隊を誘導して攻撃の間合いをとるため、オアフ島の西側を迂回して西南角のバーバース・ポイントの上空へ出た。ここで左に旋回して逆に北上すると一直線でパールハーバーの上空へ行ける。

これだけの日本の航空機がオアフ島上空を飛んでいるのに、米軍基地からは1機の邀撃戦闘機も上がってこなければ、1発の対空砲火もない。どうやら奇襲は成功した。「トラ、トラ、トラ……」——午前3時23分（ハワイ午前7時53分）、淵田機から奇襲成功の略符が打電された（総指揮官機1機のみにクルシーと呼ばれるアメリカ製のラジオ方向探知機が搭載されていた）。

この電波は旗艦「赤城」に届いた。それぱかりではない。3500海里離れた瀬戸内海に停泊中の連合艦隊旗艦「長門」にまでも届いたのである。

ト連送を発信した直後、ヒッカム飛行場に爆煙が上がった。爆煙は続いてパールハーバーのフォード島にも上がる。急降下爆撃隊による攻撃であった。そのとき淵田中佐はハッとした。予定より3分早かったのだ。戦艦群の方から真っ白い水柱が天高く立ち上った。ここで淵田中佐は、急降下爆撃隊が誤判断し、信号弾を2発射ったので強襲と勘違いしたと気がついた。飛行場の攻撃で爆煙がみなぎらないうちに水平爆撃に移らねばならない。ここで「ツ連送」（トツゲキのツで、各攻撃隊の独自の突撃命令）が下令された。

淵田機は翼を左右に大きく振った。後続機に対して突撃の合図である。そしてフォード島に停泊しているアメリカ太平洋艦隊の主力艦目がけて爆撃に入った。

第1次攻撃隊の攻撃　米戦艦次々に爆発炎上

するとこのとき、突然、アメリカ側から対空砲火が射ち上げられ始めた。日本機に向けて高角砲が炸裂し、もうもうとした黒煙が辺りをつつむ。最初の爆弾が落ちたとき、パールハーバーの電信塔はアメリカ太平洋艦隊司令部（司令長官・キンメル大将）に電話で報告。それから3分後に第2哨戒航空部隊司令ベリンジャー少佐はフォード島にある海軍基地から放送を始めた。

「パールハーバー空襲さる、これは演習ではない」

太平洋艦隊司令長官キンメル大将に司令部から電話があったのは、司令部へ行くため身支度を整えているところだった。それは「パールハーバー湾口を哨戒中の駆逐艦が、国籍不明の潜水艦を撃沈した」という内容のもの。その電話が終わるとすぐまた電話が鳴った。「パールハーバーが日本機によって空襲されている」、という太平洋艦隊司令部の当直将校からの報告だった。

キンメル大将が慌てて戸外へ出てみると、眼下には黒煙と火焔のうずまく恐るべき光景があった。「全艦、真珠湾から脱出せよ！　ジャップの空襲だ、総員配置につけ！」。太平洋艦隊司令部からの放送は慌てふためき、がなり立てていた。

攻撃のトップを切った急降下爆撃隊の51機は二手に分かれて攻撃した。高橋赫一少佐が率いる部隊の航空機はフォード、ヒッカムの両飛行場を攻撃、ハワイ攻撃の第1弾を投じたのである。他の急降下爆撃機はホイラー飛行場を襲い、駐機場に列線をしくP－36戦闘機の中に爆弾を投下。その他、バーバース、カネオへなどの飛行場も攻撃した。

雷撃隊40機は第一波から四波に分かれて攻撃した。一、二波はパールハーバー湾口の南方を旋回、ヒッカム飛行場の上空をフライパスし、湾の東側から目標の戦艦群まで700メートルしかない海面に降下すると、次々と魚雷を投下。フォード島の東側に二列で係留されている戦艦「ネバダ」「ウエストバージニア」「オクラホマ」「カリフォルニア」4隻に、魚雷のほとんどが命中した。

三、四波の雷撃隊は、フォード島の反対側から攻撃した。ここには旧式戦艦を改造した標的艦「ユタ」が係留されていた。これに雷撃隊の攻撃が集中。魚雷5本が命中し、転覆、沈没してしまった。別の雷撃隊は海軍工廠の岸壁に係留されている機雷敷設艦「オグララ」とその内側にあった軽巡「ヘレナ」を攻撃、命中させた。

雷撃隊のあとに水平爆撃隊がやってきた。魚雷攻撃ができない内側に並んで係留されている艦隊に照準が定められると、次々に800キロ爆弾が投下されて、戦艦に命中、黒煙が吹き上がる。そのとき、天に冲するような大爆発が起こった。水平爆撃隊の800キロ爆弾が戦艦「アリゾナ」に4発命中、そのうちの1発が艦首部を貫通して燃料庫で爆発、さらに弾火薬庫を誘爆させて大爆発となったのである。真っ黒い煙

ハワイ基地の軍艦配備図
N
パールシティー
デトロイト
ラーリー
ユタ
タンジール
カーチス
ドビン
ソレイス
アレン
チュー
アリゾナ
ネバダ
テネシー
ベスタル
メリーランド
ウエスト・バージニア
オクラホマ
実用機ハンガー
フォード島
ネオショー
カリフォルニア
哨戒機溜り
オグララ
スワン
ランボー
アボセット
ニューオリンズ
浚蝶船
セントルイス
ヘレナ
バク
レイ
ショウ
浮ドック
ペンシルバニア
ダウンス
カッシン
信号塔
ホノルル
ヘルム
海軍病院
海軍区司令部
海軍工廠
ペルス
潜水艦四隻
敷設艦
二隻
潜水艦基地隊
太平洋艦隊
司令部
サムナー
ウスター

が上空まで達し、3万2000トンの戦艦「アリゾナ」は、一瞬のうちに二つに裂け、横転した。一番奥に係留されている戦艦「ネバダ」も黒煙を上げながら炎上、また、戦艦「テネシー」も大火災を起こしていた。

そのころ、零戦隊は上空に米戦闘機がいないので、6群に分かれて各飛行場に駐機してある敵機を機銃掃射していた。こうして各飛行場が攻撃されている最中に、アメリカ本土から飛来してきたB－17が、6機ずつ2グループに分かれてオアフ島へ進入してきた。ヒッカム基地に着陸しようとアプローチ態勢に入ったとき、B－17からも飛行場に炎と黒煙が吹き上がっているのが見えた。B－17の編隊は、海軍の演習だろうと思って、コントロールタワーを呼び出し、着陸の許可を求めたが、「西から東に向けて着陸せよ。注意しろ、飛行場はいま、ジャップの攻撃を受けている」、という情報が伝えられた。これに驚いたB－17の編隊は、いっせいに散開。そこへ零戦が機銃を射ち込んできた。12機のうち1機はベロース飛行場へ、1機はカフク・ゴルフ場へ不時着、2機がハレイワ飛行場に、残りの8機はヒッカム飛行場へ着陸した。しかし4機は零戦に撃破されてしまう。

こうして、約30分続いた第1次攻撃隊による攻撃は終わり、午前4時（ハワイ午前8時30分）、帰投することになった。

第2次攻撃隊も作戦成功

第1次攻撃隊が引き上げてから約30分後の午前4時32分（ハワイ午前9時2分）、空母「瑞鶴」飛行隊長の嶋崎重和少佐が、第2次攻撃隊の総指揮官となって攻撃に向かった。第2次攻撃隊は167機。進藤三郎大尉率いる制空零戦隊35機はオアフ島の制空権を引き継ぎ、カネオへ、ヒッカムの両飛行場へ向かった。

一方、第1次攻撃隊が去ったあと、米軍もようやく立ち直り、ホイラー、ハレイワの両飛行場からP－36、P－40戦闘機が邀撃に舞い上がった。しかし、運動性能の悪

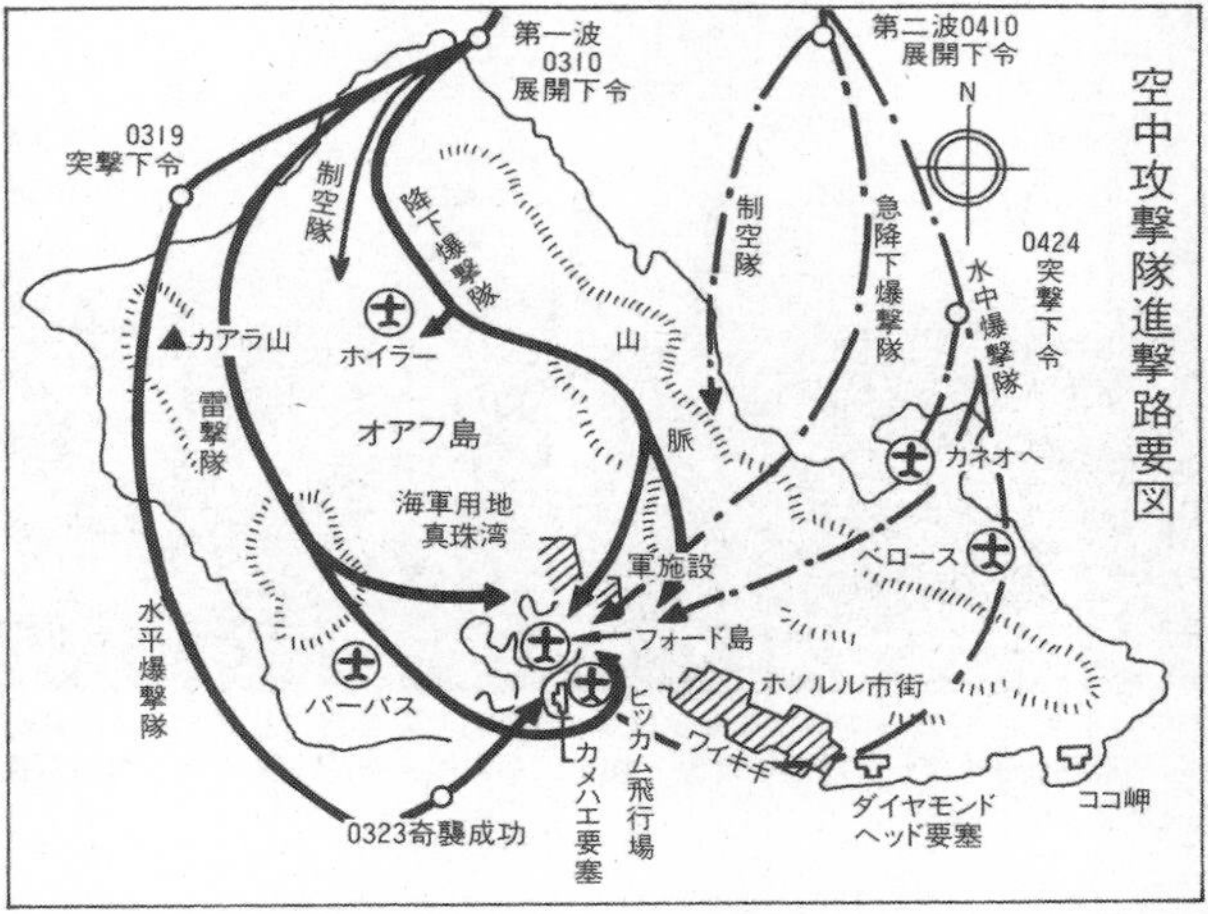

空中攻撃隊進撃路要図

い米軍の旧式戦闘機では零戦に歯が立たず、零戦隊は邀撃に上がってきた米軍機を撃墜して、引き続き制空権を確保していた。日本側の制空権の下、嶋崎少佐が率いる水平爆撃隊54機は、オアフ島の東側を回ってカネオへ、ヒッカム、フォードの各飛行場に殺到した。

江草隆繁少佐の率いる急降下爆撃隊78機も全機パールハーバーに突入した。しかし、炎上する戦艦からの黒煙と、広がり始めた雲のため、目標を視認するのが困難になっていた。そこで江草少佐は、雲間を縫って射ち上げてくる米軍の対空砲火の集束弾の弾道を、逆にたどって急降下、目標を確認して爆弾を投下した。

第2次攻撃隊の戦闘は約1時間にわた

昭和16年11月22日、空母「瑞鶴」より、真珠湾攻撃を前にして択捉島単冠湾に集まった機動部隊を望む。左から戦艦「霧島」、給油艦、空母「加賀」。すでに択捉島の山々は冬支度である

真珠湾攻撃の機動部隊旗艦を務めた空母「赤城」。第1航空艦隊司令長官・南雲忠一中将が座乗した。搭載機数72機

真珠湾に向け北太平洋を航行中の機動部隊。空母「赤城」からの撮影で、手前が「加賀」、後方が「瑞鶴」。いずれも大きくピッチングしている

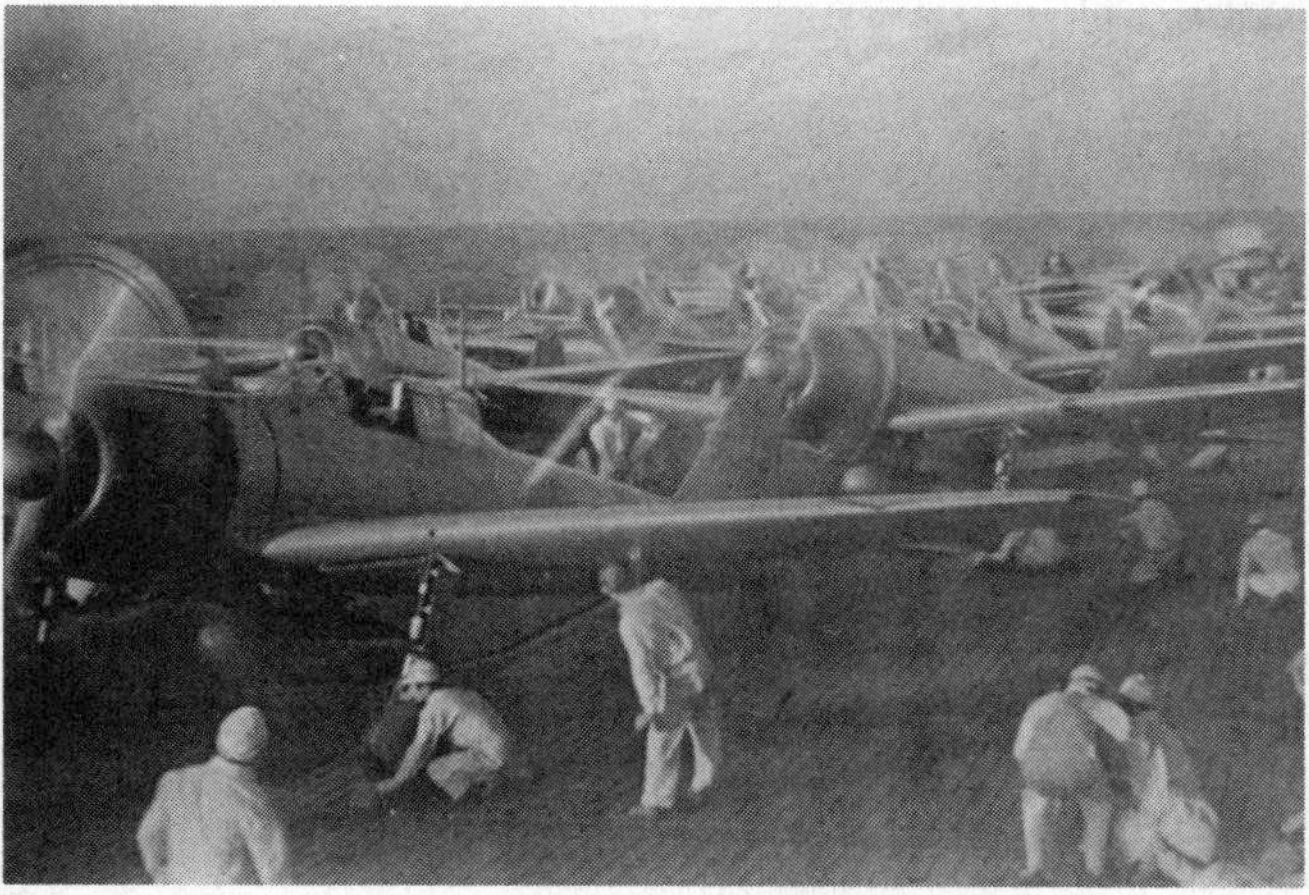

「赤城」の飛行甲板でエンジンを始動させ、真珠湾に向け発艦直前の艦上機群。整備員はすでに車輪止めに手をかけ、発艦の合図を待っている

オアフ島の南側、ワイキキにもほど近い真珠湾内フォード島に並ぶ米海軍の艦艇群。第一次攻撃隊の猛攻が始まったばかりだが、すでに向こう側に並ぶ戦艦群には、魚雷が命中した水柱が上がっている

燃え上がる戦艦「アリゾナ」。後方は「ウエスト・バージニア」と「テネシー」。第一波の奇襲攻撃を受けた直後の光景

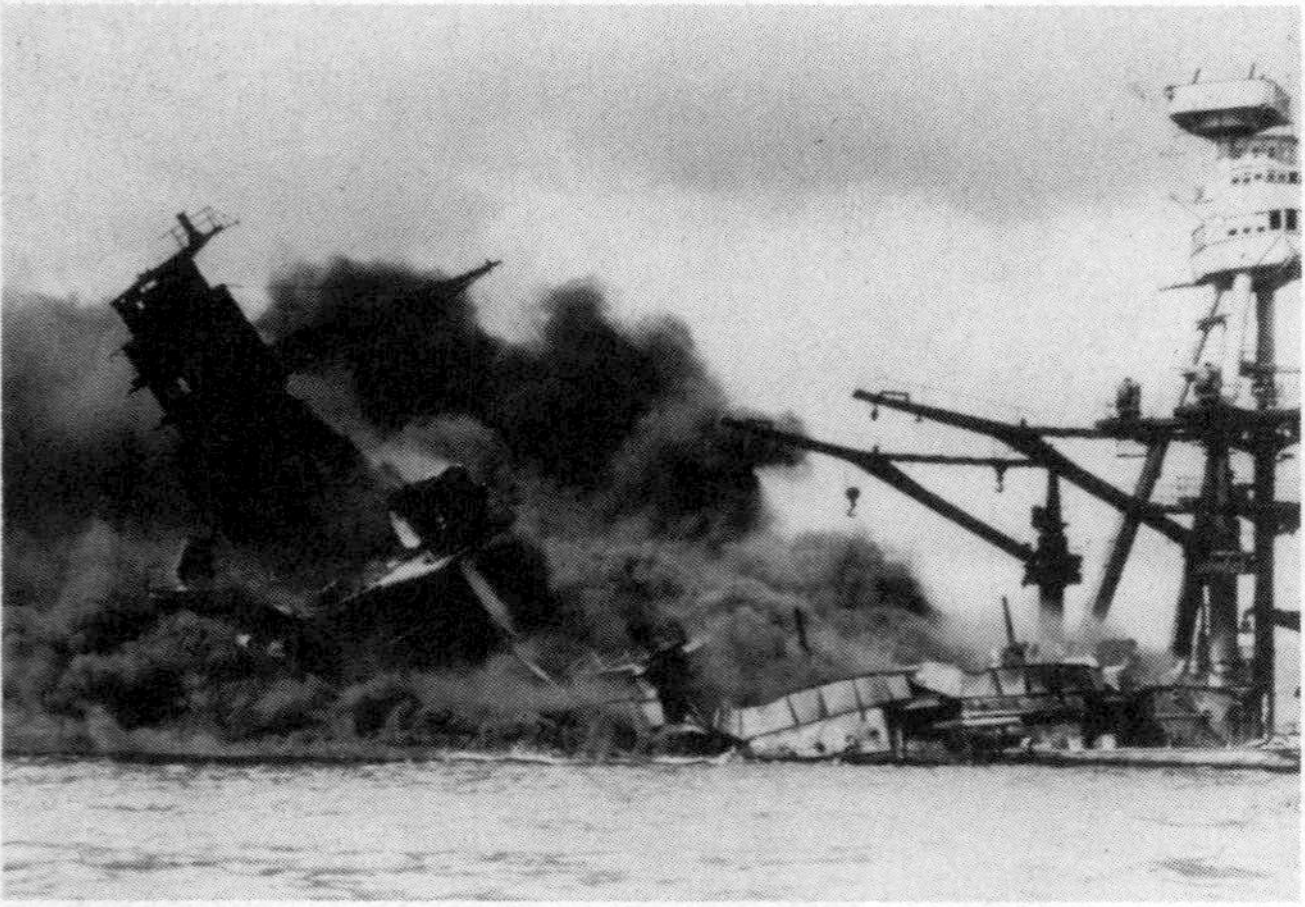

魚雷数本と爆弾5発が命中して、爆沈しつつある戦艦「アリゾナ」。「アリゾナ」と「オクラホマ」は損傷が著しく、放棄されたが、沈没した他の2戦艦は後に修理され、現役に復帰した

雷撃で大損害を受けた米太平洋艦隊主力。右の陸地はフォード島で、外側中央の「ウエスト・バージニア」とその上方の「オクラホマ」に魚雷が命中し、海面に重油が流れ出している。画面下端の「ネバダ」も損傷している

真珠湾の海軍工廠ドックに入っていた駆逐艦「ショウ」に爆弾が命中、大爆発を起こした直後の写真。右に見えるのは戦艦「ネバダ」の艦尾

米陸軍戦闘機隊のホイラー飛行場（オアフ島中部）にも、第1次、第2次攻撃隊が襲いかかり、100機近い戦闘機が破壊された

第2次攻撃隊、「瑞鶴」搭載の九七式艦上攻撃機。すでに爆撃は終了している。胴体下にフォード島の燃え上がる艦艇群を望み、画面下方にヒッカム飛行場がある

ベローズ飛行場付近に座礁した特殊潜航艇（酒巻艇）。その後米軍に回収されている

り、ハワイ時間午前10時ごろまでに攻撃を終えて母艦に戻っていった。これで空からのパールハーバー攻撃は終わった。これらの戦闘で合計29機の未帰還機と54名の搭乗員が失われた。

その内訳は、第1次攻撃隊では「赤城」の戦闘機隊1機、「加賀」の雷撃隊5機、「加賀」の戦闘機隊2機「翔鶴」の急降下爆撃隊1機の合わせて9機、20名が未帰還であった。第2次攻撃隊では、急降下爆撃隊から「赤城」4機、「加賀」6機、「蒼龍」2機、「飛龍」2機。戦闘機隊では「加賀」2機、「蒼龍」3機、「飛龍」1機の合わせて20機、34名が未帰還となった。

戦後明らかになった特殊潜航艇のパールハーバーでの消息

第1航空艦隊による航空攻撃の陰で、海からパールハーバーを攻撃した部隊もあった。特別攻撃隊の特殊潜航艇（甲標的）を搭載した5隻の伊号潜水艦が、第3潜水隊司令・佐々木半九大佐を指揮官として11月18日〜19日の両日、呉の倉橋島・亀ヶ首を出撃してハワイへ向かっていたのである。伊号潜水艦は、12月7日昼間のうちに、潜航したままオアフ島沖の発進地に接近していった。

午前1時43分（ハワイ午前6時13分）に潜水艦は浮上する。乗員はすでに総員配置について戦闘態勢に入っていた。「伊22潜」は午後6時30分（ハワイ午後11時）、潜航するとパールハーバーの湾口目指して肉迫していく。

深夜になって、5隻の伊号潜水艦はパールハーバーの湾口から約10海里の海域まで接近していた。第1航空艦隊の第1次攻撃隊が発進する約5時間前の7日午後8時12分（ハワイ午前零時42分）、まず「伊16潜」が先陣を切って特殊潜航艇を発進させた。横山艇である。次に「伊22潜」から岩佐艇、「伊18潜」から古野艇、「伊20潜」から広尾艇が時間をおいて発進した。

ところが、発進直後になって「伊24潜」の酒巻艇のジャイロコンパスが故障していることが分かった。これでは方向が正確にとれず、目隠しのまま航行しなければならない。かといってこれから修理していたのでは時間がかかる。しかし、艇長の酒巻大尉は出撃の決意を述べて乗艇していった。

――この後の特殊潜航艇の行動は一切が不明である。というのも全艇が未帰還となったからだ。だが、現在明らかになった米海軍側の資料によると、次のような行動が推測されている。

駆逐艦の砲撃で撃沈された特殊潜航艇

その日、パールハーバー入口の航行禁止区域で米掃海艇3隻が機雷を確認・掃海していた。そのうちの1隻「コンドル」が、湾口浮標の外側2海里ほどの海面に1隻の小型潜航艇の潜望鏡を発見、付近を哨戒していた駆逐艦「ウォード」に発光信号で知らせた。「ウォード」は2時間あまりソナーで捜索を行ったが、何も探知できず捜索を打ち切っている。その後、しばらくして海軍の哨戒機がこれと同一、もしくは別の1隻を発見して、発煙弾を投下した。

この小型潜航艇は、このときパールハーバーに向かって空の鉄製平底船を曳航していた工作艦「アンタレス」の後をつけて、湾内に潜入しようとしていたフシがうかがえる。「ウォード」は、潜航艇に迫り、砲撃を開始。2発目の砲弾が潜航艇の司令塔に命中した。爆発はしなかったが、潜航艇は右舷に傾き、一度復原したが、間もなく沈み始めた。

さらに「ウォード」は、潜航した艇の真上から、爆発深度を30メートルに調定した爆雷4コを次々と投下した。この潜航艇は、古野艇か広尾艇のどちらかだと推定される。「ウォード」は、これを第14海軍区司令官に報告。司令官は、応急出動艦に指定していた駆逐艦「モナガン」に出動を命じた。アメリカ太平洋艦隊司令長官キンメル大将が、官舎から司令部へ行こうとしていたときに受けた、「パールハーバー湾口を哨戒中の駆逐艦が、国籍不明の潜水艦を撃沈」という報告はこのときの戦闘のことである。

発見された海軍大尉の袖章

出動を命じられ準備をしていた「モナガン」は、日本軍の第1次攻撃が始まったので、動きがとれずにいた。やがて空襲が一段落したところで航行し始めた「モナガン」は、フォード島の北方を低速で航行中、前方に水上機母艦「カーチス」と工作艦「メズーサ」が砲撃しているのを認めた。

砲撃を受けていたのは日本の潜航艇で、「カーチス」目がけて魚雷1本を発射したが、魚雷は外れて後方のパール市のドックに命中した。「モナガン」も発砲したが命中せず、艦首で体当たりをかけようと前進。すると潜航艇は「モナガン」に対して魚雷1本を発射した。しかしこれも外れて、フォード島の岸壁に激突、60メートルに達する水柱を吹き上げた。

「モナガン」はなおも突っ込み、潜航艇に斜め前方から体当たりを敢行して乗り切ると、爆雷2コを投下。続いて3コ目を投下しようとしたとき「モナガン」は浅瀬に座礁してしまった。とそのとき、後方の海中で2回大きな爆発音が起こり、水柱とともに多量の油が浮いてきた。

撃沈された潜航艇はその後引き揚げられたが、損傷がひどくて有効な資料は得られなかった。遺体の回収も成功せず、二人の搭乗員のため葬儀を行ったあと、潜航艇の残骸は遺体とともに、当時建設中だった潜水艦基地の桟橋の基礎固めの中に埋められた。この潜航艇は岩佐艇とみられる。というのは、このときちぎれた海軍大尉の袖章が発見されているからである。搭乗員で大尉の階級章をつけていたのは、岩佐大尉だけだったのだ。

捕虜第一号となった酒巻少尉と9人の「軍神」

第2次攻撃隊の攻撃が終わりに近づいたころ、軽巡「セントルイス」も潜航艇から と思われる雷撃を受けている。海軍工廠のドックにあった同艦がドックを出て、30分後に湾外に出る水道の入口内側に差しかかったとき、突然、2本の魚雷が内側から向かってきたのである。しかし魚雷は暗礁にぶつかって2本とも爆発。「セントルイス」はただちに潜航艇を発見して砲撃、撃沈したと判断した。

一番はっきりしているのは酒巻艇である。酒巻艇は湾口水道に潜入したものの、水道の東側に座礁してしまった。機動部隊による空襲の中、付近にいた駆逐艦「ヘルム」に発見され砲撃を受けたが、うまく滑り抜けて再び潜航し、捜索の手から逃れることができた。ところが、ジャイロコンパスの故障のため針路を正確にとることができず、やがて酒巻艇はオアフ島を南に下り、ダイヤモンドヘッドをめぐって東側に出た。そのころから砲撃による損傷で、悪性ガスが艇内に充満してきたため、もうろうとなりながら操艦しているうちに浜辺に乗り上げてしまった。そこは東海岸のベローズ飛行場沖だった。操縦の稲垣二曹はガスのため死亡、酒巻少尉は潜航艇を出たところで捕らえられた。そして彼の生涯を苦しめた「捕虜第1号」となったのだ。（『太平洋海戦Ⅰ　進攻篇』佐藤和正著・講談社）

このように、5隻ともパールハーバー内に潜入したことは確かであるが、魚雷攻撃を行ったのは3隻だけであった。そのうちの1隻が放った魚雷は戦艦に命中している。旗艦「長門」にあった連合艦隊司令部ではこれらの特殊潜航艇は有効な攻撃を行ったものと判定し、戦死した9人の搭乗員を2階級特進とした。そして、国民の戦意高揚のために〝9軍神〟としてまつり上げたのである。

真珠湾攻撃における日本海軍の戦果

攻撃を終えた日本海軍の主な戦果は、以下のとおりであった。

戦艦「アリゾナ」
数本の魚雷が左舷に命中。800キロ爆弾1発命中。その他爆弾4発が命中。司令官、艦長らが戦死(現在パールハーバーの「アリゾナ」記念艦となっている)。

戦艦「ウエストバージニア」
左舷に魚雷6~7本が命中、それと同時に船体は左舷に傾き、さらに800キロ爆弾2発以上が命中。その後浮揚して太平洋艦隊に復帰した。

戦艦「カリフォルニア」
左舷に魚雷2本が命中。沈下着底したが、翌年の1942年3月、浮揚に成功した。

戦艦「オクラホマ」
左舷に魚雷5本が命中。800キロ爆弾多数が命中、転覆し、マストを海底に突っ込み艦底の一部を水面に出すだけとなった。

戦艦「ネバダ」
左舷に魚雷1本が命中。南水道に移動中、250キロ爆弾6発以上が命中して擱座。
当時、パールハーバーに停泊していた艦艇は85隻。そのうち約2割が損傷を受けている。

再度のハワイ攻撃とミッドウェー攻撃を断念した機動部隊

奇襲に成功した第1航空艦隊は戦闘海域を離れた。旗艦「赤城」の1航艦司令部では、第2撃を行って、討ちもらした海軍工廠や石油タンクを叩くべきだ、と主張する意見もあった。しかし、南雲長官は第2撃を断念することにした。その理由は、「第1回の空襲によりアメリカ太平洋艦隊の主力ならびにアメリカの航空兵力のほとんどを壊滅させ、所期の目的を達成した。たとえ第2回目の攻撃を行っても、大きな戦果は得られないだろう」「第1波攻撃ですら敵の防御砲火は迅速であった。これにより第2波攻撃ではほとんどが強襲となった。ということは、第2回の攻撃を行ったとしても強襲となり、戦果の割には犠牲が大きくなるだろう」というようなものであった。

さらに、日本側にとって大きな不安が残っていた。戦艦、巡洋艦等は壊滅状態にしたが、「エンタープライズ」や「レキシントン」といった空母は健在なままだったのだ。この2隻の空母は、それぞれウェーキ島とミッドウェー島に航空機輸送任務についていて真珠湾にいなかったのである。

機動部隊にはもうひとつの不安材料があった。連合艦隊司令部では、ミッドウェー島が敵飛行哨戒と潜水艦の前進基地になることを重視し、ミッドウェーの徹底破壊をハワイ奇襲から帰投中の機動部隊に命じていたのである。機動部隊はハワイ奇襲の援護部隊であった第7駆逐隊の「潮《うしお》」「漣《さざなみ》」の2艦をミッドウェー島攻撃に向かわせ、砲撃を命じていたが、駆逐艦の12・7センチ砲では、砲撃自体が困難であった。それでも「潮」と「漣」は12月8日の夜、ミッドウェー島に3000メートルまで近接して砲撃を加えた。「潮」が108発、「漣」が193発の砲弾を発射して、陸上の格納庫や燃料タンクを炎上させている。

ミッドウェー島に布陣したアメリカ軍は、しばらくしてからサーチライトを海面に向かって照射し、陸上砲台から射撃を始めた。しかし、第7駆逐隊に被害はなく、第7駆逐隊司令は、制圧の目的は達成したものと判断し、帰投している。そして、旗艦「赤城」にある司令部は「寄り道をしていたのでは、アメリカ側に機動部隊の所在を教えるようなものだ。ここは何もしないで帰投し、次期作戦に備えるべき」との考えに至った。それに、毎日荒天続きで、補給作業もままならない。さらに航空機の発着艦も不可能であったため、連合艦隊司令部の命令は断念することになった。

これに対し、第2航空戦隊司令官山口多聞少将は「ミッドウェーに近づけば、天候も回復するだろうし、攻撃の可能性があるはず」と司令部に意見具申したが、聞き入られなかった。

後に大きな禍根を残したまま、南雲機動部隊は12月23日、広島県の柱島泊地に無事帰還した。こうして、日本は超大国アメリカを敵とし、空前絶後の大戦争へと突入していくことになるのである。

ハワイ作戦時の戦力比較　1941年12月8日

■日本海軍

【第1航空艦隊】

第1航空戦隊

空母　**赤城**（零戦12機+補用4機、99艦爆18機+補用6機、97艦攻48機+補用16機　※63機説あり）

空母　**加賀**（零戦18機+補用6機、99艦爆/97艦攻45機+補用21機　※72機説あり）

第2航空戦隊

空母　**蒼龍**（零戦12機他　※実働不明）

空母　**飛龍**（零戦12機他　※実働51機）

第5航空戦隊

空母　**瑞鶴**（零戦12機他　※実働60機）

空母　**翔鶴**（零戦12機+補用4機、99艦爆18機+補用6機、97艦攻18機+補用6機　※実働60機）

（作戦総数:戦闘機78機、艦爆129機、艦攻143機）

第3戦隊　戦艦　**比叡**　**霧島**

第8戦隊　重巡洋艦　**利根**　**筑摩**　警戒隊（旗艦:軽巡洋艦**阿武隈**）

第17駆逐隊　駆逐艦　**谷風**　**浦風**　**浜風**　**磯風**

第18駆逐隊　駆逐艦　**不知火**　**霞**　**霧**　**陽炎**　**秋雲**

哨戒隊　潜水艦　**伊19**　**伊21**　**伊23**

補給隊　第1補給隊　補給船　**極東丸**（旗艦）　**健洋丸**　**国洋丸**　**神国丸**　**あけぼの丸**　第2補給隊　補給船　**東邦丸**（旗艦）　**東栄丸**　**日本丸**

甲標的特殊潜航艇搭載潜水艦

伊22（旗艦）　**伊16**　**伊18**　**伊20**　**伊24**

その他ハワイ作戦参加潜水艦

伊１　伊２　伊３　伊４　伊５　伊６　伊７　伊８　伊９　伊10　伊15　伊17　伊25　伊26　伊20　伊68　伊69　伊70　伊71　伊72　伊73　伊74　伊75

（注）この作戦に限り軽巡洋艦阿武隈、駆逐艦以外の大型艦は、無補給でも14ノットの速度で１万6000～１万4500海里の航続距離を持つ燃料を搭載していた。

■連合軍海軍　（米海軍）

【ハワイ、パールハーバー入港中の艦艇】

戦艦　ネバダ（BB-36）　オクラホマ（BB-37）　ペンシルバニア（BB-38）　アリゾナ　（BB-39）　テネシー（BB-43）　カリフォルニア（BB-44）　メリーランド（BB-46）　ウエストバージニア（BB-48）

重巡洋艦　ニューオーリンズ（CA-32）　サンフランシスコ（CA-38）

軽巡洋艦　ローリー（CL-7）　デトロイト（CL-8）　フェニックス（CL-46）　ホノルル（CL-48）　セントルイス（CL-49）　ヘレナ（CL-50）

駆逐艦（周辺海域を含む）　アレン（DD-66）　シュレイ（DD-103）　チュウ（DD-106）　ウォード（DD-139）　ファラガット（DD-348）　デューイ（DD-349）　ハル（DD-350）　マクドノ（DD-351）　ウォーデン（352）　デイル（DD-353）　モナハン（DD-354）　エイルウィン（DD-355）　セルフリッジ（DD-357）　フェルプス（DD-360）　カミングス（DD-365）　レイド（DD-369）　ケイス（DD-370）　コニンガム（DD-371）　カシン（DD-372）　ショウ（DD-373）　タッカー（DD-374）　ダウンズ（DD-375）　バグリー（DD-386）　ブルー（DD-387）　ヘルム（DD-388）　マグフォード（DD-389）　ラルフ・タルボット（DD-390）

ヘンリー（DD-391） パターソン（DD-392） ジャービス（DD-393）
潜水艦　ナーワル（SS-167） ドルフィン（SS-169） カシャロット（SS-170） トートグ（SS-199）
潜水艦母艦　ペリアス（AS-14）
駆逐艦母艦　ドビン（AD-3） ホイットニー（AD-4）
水上機母艦　カーチス（AV-4） タンジール（AV-8）
小型水上機母艦（掃海艇改造） アボセット（AVP-4） スワン（AVP-7）
小型水上機母艦（駆逐艦改造） ハルバート（AVD-6） ソーントン（AVD-11）
艦隊掃海艇　ターキー（AM-13） ボボリング（AM-20） レイル（AM-26） ターン（AM-31） グリーフ（AM-43） ビレオ（AM-52）
沿岸掃海艇　コカトゥー（AMc-8） クロスビル（AMc-9） コンドル（AMc-14） リードバード（AMc-30）
高速掃海艇　ゼイン（DMS-14） ワスマス（DMS-15） トリバー（DMS-16） ペリー（DMS-17）
敷設艦　ガンブル（DM-13） ランジー（DM-16） モンゴメリー（DM-17） ブリース（DM-18） トレーシー（DM-19） プレブル（DM-20） シカード（DM-21） プルイト（DM-22） オグララ（CM-4）
病院船　ソラセ（AH-5）
給油艦　ラマポ（AO-12） ネオショー（AO-23）
給兵艦　パイロ（AE-1）
輸送艦　カスター（AKS-1） アンタレス（AKS-3）
工作艦　メデューサ（AR-1） ベストラル（AR-4） リーゲル（AR-11）
潜水艦救難艦　ウィジョン（ASR-1）

砲艦　サクラメント（PG-19）
雑役艦　ユタ（AG-16）　アルゴンヌ（AG-31）　サムナー（AG-32）
航洋曳船　オンタリオ（AT-13）　サンナディン（AT-28）　ケオサンクア（AT-38）　ナバホ（AT-64）
曳船　ソトヨモ

【当日到着】

B-17爆撃機12機

【ホイラー、ハレイワ飛行場で出撃可能】

米陸軍戦闘機P-36/P-40　38機

【ハワイ周辺にあった米海軍艦隊】

（ミッドウェイの南東420海里）
空母　レキシントン（CV-2）（F2A戦闘機18機、SBD急降下爆撃機36機、TBD雷撃機21機）
重巡洋艦　シカゴ（CA-29）　ポートランド（CA-33）　アストリア（CA-34）
駆逐艦　5隻
（オアフ島西方200海里）
空母　エンタープライズ（CV-6）（F4F戦闘機18機、SBD急降下爆撃機36機、 TBD雷撃機18機）
重巡洋艦　ソルトレークシティ（CA-25）　ノーザンプトン（CA-26）　チェスター（CA-27）
駆逐艦　9隻

第2章　マレー沖海戦

昭和16（1941）年12月10日

マレー攻略部隊の上陸とイギリス東方艦隊の脅威

昭和16（1941）年、日本は石油の備蓄不足や軍事物資の欠乏から、戦争突入もやむを得ずとの覚悟を決め、武力による南進を断行することになった。そこで南方進攻作戦のための作戦基地を獲得することが必要となってきた。

日本軍は行動を開始し、7月28日、新見海軍中将率いる第2遣支艦隊を主力とする海軍部隊と第25軍の陸軍部隊は、仏印（仏領インドシナ＝現在のベトナム・ラオス・カンボジア）南部に無血上陸した。この南進に対して、アメリカ、イギリス、オランダは日本に石油、その他の物資の全面的輸出禁止という報復措置に出る。さらに武力衝突を考慮した英国のチャーチル首相は、戦艦を主力とする東方艦隊の極東派遣を強く要望した。1941年10月21日、英国国防委員会はこれを承認、12月2日には戦艦「プリンス・オブ・ウェールズ」と「レパルス」を主力とする英東方艦隊がシンガポールに入港した。

現地では入港の歓迎行事が行われ、チャーチル首相はラジオを通じ、全世界に英東方艦隊のシンガポール入港を伝えた。この英東方艦隊のシンガポール進出は、日本にとって大きな脅威となる。

シンガポールに到着したフィリップス海軍中将は、12月5日、英本国からの訓令に基づき空路マニラに入り、米極東軍総司令官ダグラス・A・マッカーサー陸軍大将と米アジア艦隊司令長官トーマス・C・ハート海軍大将と話し合った。会談の結果、現時点では米英蘭豪ニュージーランドによる連合軍が海軍統一司令部を編成することは不可能としながらも、各国海軍の協力を原則とすることで意見が一致した。会談が行われている12月6日午後、英軍の哨戒機から、海軍部隊に護衛された日本船団が仏印南方海面を南下しているのを発見したと報告が入る。フィリップス海軍中将は会談を打ち切り、7日にシンガポールへと戻った。

この間、12月2日午後5時30分、山本五十六連合艦隊司令長官は、日本海軍の全軍に開戦の暗号電報「ニイタカヤマノボレ、1208」を発した。12月4日、南遣艦隊司令長官小沢治三郎中将はマレー攻略部隊を指揮し、18隻の輸送船団を護衛しながら海南島三亜を出撃。これに仏印（現ベトナム）のサンジャックを12月5日に出撃した7隻の輸送船団が、6日午後カモー岬沖のシャム湾で合流する。しかし、この日の午後1時45分、日本海軍の船団の上空に突然、英哨戒機が現れた。哨戒機は日本軍船団の発見を報じ、これがマニラにいたフィリップス中将の下に転電されたのである。

敵機に発見されたと知った小沢長官は「接触中の敵機を撃墜せよ」と命令するとともに、ただちに作戦緊急信を打電。南遣艦隊は一斉に高角砲を射ち上げた。また、仏印南部にあるソクトラン基地からは、零戦が邀撃のために離陸していった。

一方、このころハワイを目指して南下中の南雲艦隊は厳重な無線封止を行っていた。その最中に小沢長官の命令による緊急電の発信である。これを傍受した大本営も連合艦隊司令部も飛び上がらんばかりに驚いた。というのも、敵機を撃墜したとすると当然英軍機による空襲を受ける可能性があるからだ。さらにこの発信電によって、日本の開戦意図が察知されるかも知れないという恐れもある。が、日本にとっては幸いなことに、高角砲を射たれた英軍哨戒機はそのまま飛び去っていった。

マレー攻略部隊を乗せた輸送船団はタイへ向かうと見せかけ、いったんシャム湾を北上。シャム湾の中央まで進み、そこで編隊を解きマレー半島東岸８ヵ所の上陸地点に分進することになっていた。

７日午前10時ごろ、輸送船団は北西に針路をとって航行していた。すると英軍のカタリナ飛行艇１機が触接してきた。この報告を受けた小沢長官は、再び敵機撃墜を命じた。対空砲の射撃はなく、カンボジア西方沖にあるフコク島基地を発進した日本陸軍戦闘機約10機が、このカタリナ飛行艇を撃墜する。英軍はこの事実を知らなかったが、英軍機撃墜の情報に接した輸送船団の護衛部隊である南方部隊本隊（第２艦隊司令長官・近藤信竹中将）は、これで英艦隊が攻撃してくる可能性もあるとして、サイゴンの南島１５０海里付近まで進出して英艦隊の反撃に備えた。

12月８日午前零時45分、輸送船３隻に分乗した第18師団の佗美支隊（歩兵第56連隊主力）約５５００名は、マレー半島のコタバルに上陸した。上陸した正面にはインド軍第８旅団が布陣しており、ここで激しい地上戦が展開される。インド軍の反撃は強かった。しかし果敢な攻撃によってインド軍を後方へ押しやり、８日夜半にはコタバル飛行場を占領、９日朝にはコタバル市街地へ突入した。この戦闘により、佗美支隊は大隊長２名の重傷を含む８００名以上の死傷者を出している。

一方、山下奉文司令官率いる第25軍司令部と第５師団の主力を載せた11隻の輸送船は、タイ領シンゴラ泊地に入り、8日、午前1時40分に無血上陸した。さらに午前3時、第5師団の一部を載せた2隻の輸送船がターベに接岸、上陸を支援した。続いて午前4時30分、4隻の輸送船がパタニに上陸。この三つの上陸地点はマレーとの国境に近いタイ領である。第5師団は上陸とともに、いよいよ進撃の準備に入った。

敵戦艦発見！　動き出す日本艦隊

そのころ、南方部隊の近藤司令長官は、洋上にあって作戦全般のなりゆきを見守っていたが、シンガポールにある「プリンス・オブ・ウェールズ」と「レパルス」に動き出す気配のないことから、作戦は順調に進行しているとして、燃料補給のため9日午後3時、カムラン湾に戻った。マレー部隊指揮官の小沢長官も、英軍の反撃はなく、日本軍はすでに各地に上陸し、今は輸送船の荷揚げが行われているだけであるからとして、艦隊の主力をカムラン湾に回航し、次期作戦の準備にとりかかることになった。これは、シンガポールのセレター軍港に在泊している英戦艦に対して航空攻撃を加え、同港から追い払うという選択肢もあったからだ。こうした情勢判断から、小沢長官は当面、航空部隊と潜水艦部隊で英軍の反撃に備え、水上部隊の大部分をカムラン湾に回航して、ボルネオ作戦の準備にかかる方針をとると、9日午後、マレー部隊の主力を率いてカムラン湾へ向かった。

ところが、この日午後5時10分ごろ、マレー東方のアナンバス諸島付近に配備されていた伊65潜水艦からの緊急信が受信される。「『敵レパルス』型戦艦2隻見ユ、地点コチサ11、針路340度、速力14ノット、1515」というものだ。小沢長官は、全艦隊に作戦緊急信を発令した。

「輸送船団はただちに揚陸作業を中止しシャム湾北方に避退せよ。基地航空部隊は全力を挙げて敵艦隊を攻撃せよ。付近行動中の馬来《マレー》部隊は直ちに集結、夜戦によって英艦隊を撃滅す」

一方、基地航空部隊が陸上偵察機の持ち帰った偵察写真を拡大してみたところ、セレター軍港内の戦艦は、大型商船の間違いであったことが判明した。そこで基地航空部隊には「潜水艦発見の敵戦艦を攻撃すべし」との命令が改めて出された。

小沢のマレー部隊は針路を南に変え、午後6時20分に重巡「鳥海」から索敵機1機を発進させた。時を同じくして、第7戦隊（重巡「熊野」「鈴谷」「三隈」「最上」で編成）からも各1機ずつ索敵機が飛び立っていった。

南方部隊本隊の近藤長官もまた、英戦艦の動きを聞いて、いよいよ戦機到来と確認した。南方部隊本隊はカムラン湾への回航を取り止めると、仏印南端沖のプロコンドル島東方海面に向かった。そして、近藤長官は次のような命令を発令する。「本隊10日、0100、プロコンドル島の80度30海里に達す予定、馬来部隊主力は敵をプロコンドル南東に誘致する如く行動せよ」

近藤長官は、マレー部隊と合流して、10日の夜明け以降に敵をとらえて攻撃しようと考えたのである。さらに次のような命令が下令された。「航空部隊は明朝天明を待ち、全力を挙げて敵主力を攻撃せよ、水上部隊は結束して航空部隊の攻撃に策応決戦す」

こうした状況に対し、12月8日の朝、英東方艦隊長官フィリップスが知らされていたのは、日本軍の主力部隊の上陸地点がシンゴラであるということだけであった。そこで彼はこの方面の日本船団攻撃を決意し、「艦隊は8日夕刻出撃、哨戒機の誘導により、10日コタバル、シンゴラに敵船団を攻撃の予定」と指令した。そのために艦隊の上空警戒を空軍に要望したが、北部マレーの英軍基地は日本軍の攻撃を受けており、戦闘機による掩護を得ることができなかった。

午後5時55分、戦艦「プリンス・オブ・ウェールズ」と「レパルス」は、4隻の駆逐艦「エレクトラ」「エキスプレス」「テネドス」「バンパイア」を率いてシンガポールを出撃した。英艦隊は、マレー半島沿いの通常の航路をとらず、アナンバス諸島を

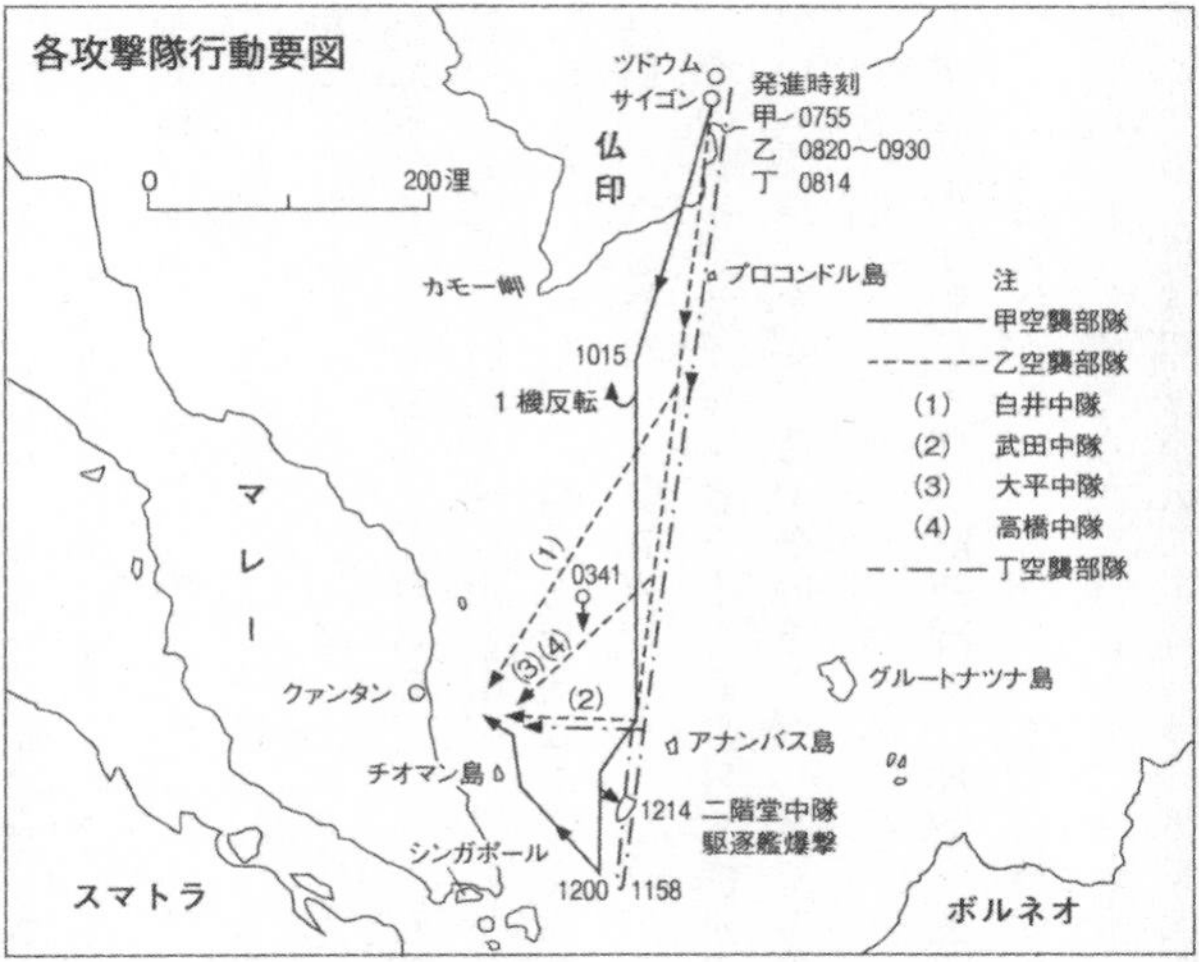
ツドウム
サイゴン
発進時刻
甲～0755
乙　0820～0930
丁　0814
仏印
0
200浬
カモー岬
プロコンドル島
注
甲空襲部隊
乙空襲部隊
(1)　白井中隊
(2)　武田中隊
(3)　大平中隊
(4)　高橋中隊
丁空襲部隊
1015
1機反転
マレー
(1)
0341
(3)(4)
(2)
クァンタン
グルートナツナ島
アナンバス島
チオマン島
1214 二階堂中隊
駆逐艦爆撃
シンガポール
1200
1158
スマトラ
ボルネオ
各攻撃隊行動要図

迂回して仏印に向かう航路をとった。マレー沿岸を北上した場合、日本の索敵機や潜水艦に容易に発見されるだろうと判断したからであった。

明けて9日は時々スコールの襲う悪天候で、空も低い雲で覆われ、視界は極めて悪かった。しかし、この天候なら艦隊はその日の日没まで日本軍に発見されず、暗夜にまぎれて翌朝の奇襲を成功させることができるだろうと思われた。艦隊は日本軍に発見されることなく北上を続ける——。だが前述の通り、その間伊65潜によってすでに発見されていたことを英艦隊は全く知らなかった。

午後6時35分、小沢長官の座乗する

重巡「鳥海」に、軽巡「鬼怒」の索敵機からの報告が届いた。「敵戦艦2隻見ユ　地点ワミサ針路340度　速力14ノット、1835」。続いて「敵ハ駆逐艦3隻ヨリ成ル直衛ヲ配ス、1915」の第2報が入る。

フィリップス長官は日本機に発見されたことを知り、予定通りに進撃してよいものかどうか悩んだ。長官は駆逐艦「テネドス」に、燃料補給のため、単独シンガポールへ帰投することを命じ、午後8時半ごろ、艦隊の針路を280度、速力を21ノットに変更する。この針路と速力だと、翌10日の午前7時過ぎにはシンゴラ沖に達するはずであった。しかし、英艦隊司令部はこの作戦を検討した結果、翌朝の奇襲は不可能と判断、作戦を放棄してシンガポールへ反転させることにした。

そのころ、サイゴンとツドウムの日本海軍の飛行場では英艦隊攻撃の準備はすべて整い、出撃命令が下るのをいまや遅しと待ち構えていた。

水上部隊が引き上げ、航空部隊が攻撃の主役に

この日は天候が悪く、航空機の飛行は難しい状況であった。そのため夜間攻撃も困難であったが、優勢な英艦隊に対して劣勢な小沢部隊が夜戦を決行する旨を知らされていた第1航空部隊の松永司令官は、悪天候を押して出撃することを決意した。基地

英国東方艦隊の旗艦として、シンガポールに入港する「プリンス・オブ・ウェールズ」。35,000トンの最新鋭戦艦35.6センチ砲10門を装備。防御も堅く、不沈戦艦と呼ばれていた

巡洋戦艦「レパルス」。当時としてはやや旧式だが、32,000トンの巨艦で、38センチ砲6門を備えていた

マレー沖海戦で活躍、英艦隊を撃沈した海軍の九六式陸上攻撃機。12月10日朝に南部仏印の各基地を発進した陸攻は、一式陸攻も含め85機に達した

大編隊で飛行する海軍の一式陸上攻撃機。九六式陸攻の後継機で、当時の最新鋭機であった

損傷を受けながら、必死に日本機の攻撃を回避する「プリンス・オブ・ウェールズ」（上）と「レパルス」（下）

から英艦隊までの距離は推定約540キロ。松永司令官は9日午後5時30分、「各隊は全力を挙げて英艦隊を攻撃すべし」と下令した。

まず鹿屋航空隊の一式陸上攻撃機18機（雷装9、爆装9）が離陸、続いて元山航空隊の九六式陸上攻撃機17機（雷装）が離陸、最後に美幌航空隊の九六式陸上攻撃機18機（雷装）が離陸していった。しかし天候は予想以上に悪く、松永司令官の命令により攻撃部隊は引き返すしかなかった。

そんな中、美幌航空隊の九六陸攻3機は、悪天候をついて南進中の午後9時30分ごろ、暗黒の海面に白い航跡と二つの艦影を見つけた。その艦影は北方へ航行中であり、これを英艦隊と判断。3機の九六陸攻は低空で触接を始めた。そして「敵艦隊発見オビ島の150度、90海里」と打電する。

一方、重巡「鳥海」では航空灯を点けたままで接近する航空機を視認、小沢部隊の司令部は味方機が接近してきたと思っていた。ところが、味方機だと思っていた航空機が吊光弾を投下する。美幌航空隊の3機が発見したのは小沢部隊であり、明らかに「鳥海」を英艦隊と誤認していた。これに驚いた「鳥海」は、急いで発光信号で「ワレ鳥海」と放ったが通じない。敵前であったが、小沢長官は探照灯でもって「ワレ味方ナリ」を発信したものの、どうしても航空機に伝わらなかった。味方機によって雷撃される危険を感じた「鳥海」は、サイゴンの基地航空機指揮官に、作戦緊急信で「中攻（陸攻のこと）3機『鳥海』上空にあり」「吊光弾下にあるは『鳥海』なり」と打電した。この緊急信を受けた松永司令官はただちに「味方上空、引き返せ」と命じ、同士討ちは避けられた。

日付が変わり12月10日午前1時20分ごろ、哨戒中の伊58潜はついに本物の英艦隊を発見、「0122、敵主力反転、針路180度」と報告した。英艦隊の南下により好射点についた伊58潜は、前部発射管6門の準備を命じたが、発射管1門の前扉が開かず、その混乱で発射時機が遅れた。そのため2番艦に対して魚雷5本を発射したものの命中しなかった。伊58潜は「我が地点フモロ45にて『レパルス』に対し魚雷を発射せしも命中せず、敵針180度、敵速22ノット、0341」と打電した。なお、午前3時41分は打電した時間であって魚雷を発射した時間ではない。

その後、伊58潜は浮上航行して英艦隊を発見、追跡し、「敵は黒煙を吐きつつ240度方向に逃走す、われこれに触接中、0425」と打電した。だが、この重大な電報は上級司令部に届かなかった。伊58潜からは、さらに「われ触接を失す、0615」との電報が届いた。

このような動きがあったことを知らず、南方部隊本隊の司令部は、英艦隊の針路を

180度、つまり真南にむかって航行していると判断していた。これではいくら水上部隊が頑張ったところで、英艦隊に追いつくことはできない。伊58潜からの「034 1電」が、南方部隊本隊に着いたのは午前4時ごろ。ちょうど小沢部隊と仏印南方海上で合同したところであった。近藤長官は英艦隊を追跡することは不可能と判断、あとは航空部隊と潜水艦部隊に委ねることにして、午前8時15分、水上部隊は反転してカムラン湾へむかった。

一方、航空部隊の司令官松永少将は、英艦隊の現在地が判明したので、九六陸攻9機をもって索敵に当たらせ、午前6時25分、サイゴン基地を発進させた。英艦隊が針路180度、22ノットで南下しているとすれば、午前10時ごろには英艦隊を発見できる計算であった。午前7時55分、元山航空隊の九六陸攻26機（雷装17、爆装9）もサイゴン基地を離陸。時を移さず鹿屋航空隊の一式陸攻26機（雷装）がツドウム基地を発進する。続く美幌航空隊の九六陸攻33機（雷装8、爆装25）もツドウム基地を離陸していった。

洋上は断雲が多く、時々激しい雨が陸攻機の窓を叩いた。三群に分かれた攻撃部隊は、南下を続ける。すでに発見予定時間の午前10時は過ぎていた。

攻撃隊よりも一足先に離陸していった索敵部隊の4番機は、午前10時52分、進出限度点に達したので左へ旋回し、基地へ戻ろうとしていた。とその時、下方に駆逐艦を発見する。60キロ爆弾２発を投下したが命中しなかった。この駆逐艦は「テネドス」である。この後、午前11時43分、元山航空隊の第３中隊（９機）が「テネドス」の上空に達した。中隊長の二階堂大尉は、この艦を英主力艦と間違えて爆撃態勢に入り、水平爆撃したものの命中しなかった。

その時である。３番索敵機の帆足正音予備少尉機から敵主力艦隊発見の第一報が入った。「敵主力見ゆ、北緯４度、東経１０３度55分、針路60度、１１４５」。さらに続いて、「敵主力は30度に変針す、１１５０」「敵主力は駆逐艦３隻よりなる直衛を配す、航行序列『キング』型、『レパルス』、１２０５」と、次々に状況が報告されてきた。この報告を受けた司令部はすぐにこれを各攻撃隊に打電、すでに帰投中であった元山、美幌、鹿屋の各航空隊の陸攻隊もただちに反転を打って英艦隊の方向に機首を向けた。

執拗な攻撃に海の藻屑と消えた英新鋭戦艦

最初に英艦隊の上空に達したのは、美幌航空隊の第５中隊（中隊長・白井義視大尉）８機の九六陸攻であった。中隊は午後12時45分、戦艦「レパルス」に対し、高度３０００メートルで編隊爆撃を行った。投下されたのは２５０キロ爆弾８発。「レパルス」の全艦を水柱が覆い、うち1発が2本煙突の中間に命中した。

続いて元山航空隊の九六陸攻17機が上空に達した。第1中隊（中隊長・石原薫大尉）9機が戦艦「プリンス・オブ・ウェールズ」を、第2中隊（中隊長・高井貞夫大尉）8機は「レパルス」を目標にする。その直後、英駆逐艦からの対空射撃が始まった。

第1中隊は、第1、第2小隊が「プリンス・オブ・ウェールズ」の左舷から、第3小隊が右舷から攻撃を行った。この攻撃で第1小隊3番機は敵弾を受けて自爆。しかし、第1中隊は魚雷2本を命中させる。1本は1番砲塔やや後方の左舷、もう1本は後部第3砲塔やや後方の艦尾に近い左舷の艦底付近であった。この艦尾寄りの1本が「プリンス・オブ・ウェールズ」に致命傷を与えたのである。艦尾部に魚雷が命中、炸裂した結果、左舷外側の推進軸は魚雷の爆発力で大きく曲がってしまった。さらに曲がったままで推進軸が急速回転を行ったため、推進軸を通しているトンネル区画の隔壁が破壊され、推進軸の根元に開いた破口から浸水が始まった。推進軸はすさまじい衝撃音を上げ、船体を激しく震動させたので、ただちに機械が止められた。このとき、スクリューの羽根は船体に接触して吹っ飛んでいた。

水はものすごい勢いで艦内になだれ込み、左舷の機械室をはじめ、左舷発電室、動力室、左舷缶室などに及んだ。このため「プリンス・オブ・ウェールズ」は左舷に11度も傾く。中でも大きなダメージとなったのは発電機が停止したことであった。このため排水ポンプが動かず、照明は消え、対空砲の動力が断たれた。これにより対空砲が操作不能となって、対空戦闘が不可能になってしまった。こうして「プリンス・オブ・ウェールズ」は、最初の一撃で戦闘力を失ってしまったのである。

一方、「レパルス」の攻撃に向かった第2中隊は、まず高井中隊長が搭乗する九六陸攻が高度を下げ、右舷目がけて魚雷を発射しようとしたが、魚雷が落ちなかった。続いて第1小隊の3機と第2小隊1番機が右舷に魚雷を発射。「レパルス」は右へ急転舵しこれを回避する。このため、第2小隊2番機と第3小隊の2機は「レパルス」の左舷に発射する形となった。

攻撃をやり直した第2中隊長機は、再び左舷から「レパルス」目がけて突っ込んでいった。今度は見事に命中し、「レパルス」の艦腹に3本の巨大な水柱が上がるとともに、大きく傾斜していく。第1次攻撃を終えた美幌航空隊の第5中隊も高度400メートルで「レパルス」に対して250キロ爆弾6発を投下したが、命中にはいたらなかった。

しかし、英艦隊も日本軍機の攻撃にさらされているだけではなかった。対空砲火は熾烈を極め、1分間に総計6万発を発射するポムポム砲、対空砲、高射機関砲がいっせいに火を吐き、空一面に大きな弾幕を広げた。

続いて、美幌航空隊の第8中隊（中隊長・高橋勝作大尉）の8機が戦場に達した。午後1時27分、同中隊は「レパルス」に突撃。高橋中隊長機を先頭とする7機が左舷から、1機が右舷から雷撃を加える。美幌空に続き鹿屋航空隊26機も戦場に到達し、指揮官の宮内七三少佐機は、午後1時50分、「プリンス・オブ・ウェールズ」の右舷を狙って突入した。これに続いて鹿屋空第1中隊（中隊長・鍋田美吉大尉）の3機、第2中隊（中隊長・東森隆大尉）の2機が突入、約500メートルの至近距離まで迫って、魚雷を発射した。

第1中隊残りの5機は「レパルス」の右舷から攻撃をしかけ、第2中隊の6機はその左舷から攻撃した。さらに第3中隊（中隊長・壱岐春記大尉）は、右に回頭中の「レパルス」に襲いかかった。第1小隊は左舷から、第2、第3小隊は「レパルス」の右回頭に応じて左に回り込んで雷撃を加える。同艦は立て続けに爆発を起こし、さらに右舷に2つ、左舷に5つの水柱が立ち上った。いまや「レパルス」の運命は尽きようとしていた。「レパルス」の艦内放送では、艦長のテナント大佐が、「総員退去用意」を命じた。

その直後、「レパルス」の傾斜は70度に達した。しかし、艦と運命を共にしようとしたウイリアム・テナント大佐は、艦橋から離れようとしなかった。数人の士官が抵抗する艦長を担ぎ上げて外へ運び出す。「レパルス」は急速に傾斜し始め、午後2時3分、その巨体は転覆、艦首を空に向けていたが、やがて大きなウズを残して海中に没した。

マレー沖の戦場に最後にやってきたのは美幌空の第7中隊（中隊長・大平吉郎大尉）と第6中隊（中隊長・武田八郎大尉）の合わせて17機であった。第6中隊は数ノットの行足でのたうちまわっている「プリンス・オブ・ウェールズ」を目がけて、高度3000メートルから500キロ爆弾8発を投下、うち2発が艦尾付近に命中した。午後2時13分のことである。

それでも英戦艦は5インチ砲2門で激しく応戦していた。だが、「プリンス・オブ・ウェールズ」の傾斜は次第に深くなり、もはや沈没は時間の問題であった。駆逐艦「エキスプレス」は「プリンス・オブ・ウェールズ」の右舷後部に横付けし、生存者の収容を開始する。

英東方艦隊司令部の幕僚は、フィリップス司令長官に「提督、どうか退艦してください」と懇請したが、フィリップス長官は「ノーサンキュー」と退艦しようとしなかった。午後2時50分、ついに最期の時がきた。「プリンス・オブ・ウェールズ」の艦内で大きな爆発が起こり、突然左舷に転覆、イギリスの誇る新鋭戦艦は艦尾から急速に没していった。

海戦の後、「レパルス」の乗員1309名のうちテナント艦長以下796名が救助された。また、「プリンス・オブ・ウェールズ」は乗員1612名のうち1285名が救助されたが、その中にはフィリップス長官の姿はなかった。航空機だけの攻撃で作戦中の戦艦が撃沈されたことにより、マレー沖海戦は、航空機優位の時代が到来したことを世界に知らしめる歴史的な戦いとなったのである。

マレー沖海戦の戦力比較　1941年12月10日

■日本海軍

【南方部隊本隊】

第３戦隊第２小隊　戦艦　金剛　榛名
第４戦隊第１小隊　重巡洋艦　愛宕　高雄
第４駆逐隊　駆逐艦　嵐　萩風　野分　舞風
第６駆逐隊第１小隊　駆逐艦　暁
第８駆逐隊　駆逐艦　朝潮　大潮　満潮　荒潮

【マレー（馬来）部隊】

主隊　重巡洋艦　鳥海（旗艦）　駆逐艦　狭霧
護衛隊本隊
　第７戦隊　重巡洋艦　熊野　鈴谷　三隈　最上
　第11駆逐隊　駆逐艦　初雪　白雪　吹雪
第１護衛隊　軽巡洋艦　川内（旗艦）
　第12駆逐隊　駆逐艦　白雲　東雲　叢雲
　第19駆逐隊　駆逐艦　綾波　浦浪　磯波　敷波
　第20駆逐隊　駆逐艦　天霧　朝霧　夕霧
　第１掃海隊　掃海艇　掃海艇１号　掃海艇２号　掃海艇３号
掃海艇４号　掃海艇５号　掃海艇６号
　第11駆潜隊　駆潜艇　駆潜艇７号　駆潜艇８号　駆潜艇９号
第２護衛隊　軽巡洋艦　香椎（旗艦）　海防艦　占守
第４潜水戦隊　軽巡洋艦　鬼怒（旗艦）
　第18潜水隊　潜水艦　伊53　伊54　伊55
　第19潜水隊　潜水艦　伊56　伊57　伊58
　特設潜水母艦　名古屋丸
第５潜水戦隊　軽巡洋艦　由良（旗艦）

第29潜水隊　潜水艦　**伊62　伊64**
第30潜水隊　潜水艦　**伊65　伊66**
特設潜水母艦　**りおでじゃねろ丸**
第6潜水戦隊（一部）
第13潜水隊　潜水艦　**伊121　伊122**
第12航空戦隊　特設水上機母艦　**神川丸**（零式水上観測機×6機、零式水上偵察機×5機）（カムラン湾）　不明（零観×7機、零水偵×1機）（シンゴラ）**相良丸**（零観×2機）（リエム湾）　**山陽丸**（零　観×2機）（リエム湾）
輸送船隊　輸送船×20隻（海南島）　輸送船×7隻（サイゴン外港サンジャック）

【海軍航空兵力】
第1航空部隊　96陸攻×36機＋予備12機 元山航空隊、サイゴン
96艦戦×12機山田隊、南遣艦隊、サイゴン
96陸攻×36機＋予備12機 美幌航空隊、ツドウム
零戦×27機、98陸偵×6機＋予備2機　山田隊、ソクトラン
1式陸攻×27機＋予備9機 鹿屋航空隊、ツドウム

■連合軍海軍
【英東方艦隊】
シンガポール
戦艦　**プリンス・オブ・ウェールズ　レパルス**
軽巡洋艦　**ダナエ　ドラゴン　ダーバン**
駆逐艦　**エレクトラ　エキスプレス　テネドス　バンパイア**

（豪）　**エンカウンター**（修理中）　**ジュピター**（修理中）　**ストロングボルド**（修理中）　**アイシス**

潜水艦　**ローバー**

砲艦　**ドラゴンフライ**　**グラシュバー**　**スコーピオン**

特設巡洋艦　**マノーラ**（豪）

香港

駆逐艦　**スカウト**　**サーネット**　**スラシアン**（修理中）

砲艦　**ターン**　**シカラ**　**ロビン**　**モース**

魚雷艇×８隻

ペナン

特設巡洋艦　**カニンブラ**

上海

砲艦　**ペトレル**

インド洋

戦艦　**リベンジ**

【英東インド方面艦隊】

セイロン

軽巡洋艦　**エンタープライズ**（修理中）

特設巡洋艦　**コーフ**　**ランチ**

シンガポール

重巡洋艦　**エクゼター**

軽巡洋艦　**モリシアス**（修理中）

ダーバン

空母　**ハーミス**（修理中）

【オランダ海軍オランダ領インドシナ海軍部隊】

軽巡洋艦　**ジャワ**

駆逐艦　**エベルツェン**　**バンネス**

潜水艦　K11　K12　K13　O16　O17

【オーストラリア海軍部隊】
重巡洋艦　オーストラリア　キャンベラ
軽巡洋艦　シドニー　アデレイド
駆逐艦　バンパイア　他２隻
砲艦　セラ　ワレゴ　スワン
特設巡洋艦　マノーラ　他１隻

【ニュージーランド海軍部隊】（ニュージーランド水域）
軽巡洋艦　アキレス　リアンダー

第3章　スラバヤ沖海戦

昭和17（1942）年2月27日～3月1日

マレー方面最後の砦・東ジャワ

東南アジアの戦略資源（ジャワ・スマトラの石油、マレーのゴム、ボルネオの非鉄金属など）を入手し、対英米長期戦に備えるため、昭和16（1941）年12月、日本はマレーに進攻、さらに仏領インドシナへ進駐し、各地で進攻作戦を展開していた。そして昭和17年2月15日、難攻不落を誇っていたシンガポール要塞も、日本陸軍第25軍（司令官・山下奉文中将）の手によってついに陥落。アメリカ・イギリス・オランダ・オーストラリア（ABDA）連合軍の西の一角は崩れた。次いで日本軍は、マレー方面〝最後の砦〟ジャワ（現在のインドネシア、ジャワ島）攻略作戦を開始する。

作戦計画では、東部ジャワに上陸する部隊はマニラを攻略した第48師団と、ダバオ、タラカン、バリックパパンを転戦してきた坂口支隊であった。2月8日、第48師団はフィリピンのリンガエン湾を出撃する。一方、西部ジャワに上陸する部隊は第2師団と第38師団の一部。2月18日にカムラン湾を出撃した部隊は、その後、バタビアの西方ジャワ島最西端のバンタム湾に突入することになっていた。この東西両方面からの同時上陸は2月28日と決定した。

東部ジャワ攻略部隊はボルネオ北東沖のホロ島で待機していたが、2月19日午前8時、第4水雷戦隊司令官・西村祥治少将の指揮の下、第1護衛隊と陸軍輸送船38隻がホロ島を出撃した。第1護衛隊は、第4水雷戦隊を主力に軽巡「那珂」を旗艦とし、第2駆逐隊「村雨」「五月雨」「春雨」「夕立」、第9駆逐隊「朝雲」「峯雲」、第30掃海隊、第11掃海隊、第21駆潜隊、第20号哨戒艇、敷設艦「若鷹」、給油艦「早鞆」、給油船「蛭子丸」の艦艇合わせて22隻であった。これに輸送船38隻を加え、合計60隻の大船団となった。

2月22日朝、船団はバリックパパンに達した。ちょうどそのころ、坂口支隊を乗せた輸送船2隻が、第4号駆潜隊、敷設艦「蒼鷹《あおたか》」らに護衛されて合同する。2月24日、バリックパパンの仮泊地を抜錨した船団は、まもなく、連合軍の飛行艇に発見される。

この飛行艇は船団が見守る眼前で日本軍機によって撃墜されたものの、これにより、攻略部隊の輸送作戦が連合軍に察知されたと推測した西村司令官は、全護衛隊に厳重な警戒令を発した。船団は2月26日の日の出時にはパンジェルマシンの南方沖のジャワ海に達し、さらに西進。やがて24日にスターリング湾を出撃した重巡「那智」「羽黒」を中心とする第5戦隊（司令官・高木武雄少将）が合同し、船団の護衛任務についた。

その日の正午ちょっと前、船団が目標とするクラガン海岸まであと約320キロの地点で、連合軍のカタリナ飛行艇2機が触接してきた。これにより、日本側の行動は暴露した。午後4時ごろには、軽巡「神通」に将旗を掲げた第2水雷戦隊（司令官・田中頼三少将）が、麾下部隊の第16駆逐隊（「雪風」「時津風」「初風」「天津風」）を率いて、輸送船団と合同した。これにより、攻略部隊と護衛部隊のすべてがそろった。

このころ、ダバオ湾で損傷し佐世保へ戻って修理を受けていた重巡「妙高」は、無事修理を完了し、1月20日に佐世保を出港、東部ジャワ攻略作戦を支援するため南下していた。マカッサル入港予定は2月16日。そこには重巡「足柄」も入泊していた。

日本艦隊を求めてさまよう連合軍艦隊

そのころジャワにあった連合軍は、日本軍の怒涛の進攻にパニックに陥っていた。ジャワの最高司令官である英陸軍のサー・アーチボルド・ウェーベル元帥は、2月20日、イギリス軍のジャワからの撤退をＡＢＤＡ統合司令部に伝えた。撤退はイギリス軍だけではなかった。アメリカ陸軍航空部隊もインドへ転出することになっていたのである。こうして、ジャワに残った兵力はオランダ軍と、数隻のアメリカ・イギリス・オーストラリアの軍艦、アメリカ・オーストラリアの航空機のみであった。

これにより、ジャワ防衛の指揮はオランダ軍が執ることになった。全海軍を指揮するのはオランダ海軍のヘルフリッヒ中将。そして、ジャワを防衛するための兵力は、カレル・ドールマン少将率いる水上部隊だけであった。

2月25日夕刻、ドールマン司令官は、これまでの敵情報告に基づいて、蘭軽巡「デ・ロイテル」に座乗し、スラバヤを出撃する。後続の軍艦は軽巡2隻と駆逐艦7隻。しかし、ドールマン艦隊は日本艦隊を発見できず、26日夕刻、燃料補給のためスラバヤに帰投した。そこでドールマン司令官は、バンドンから発せられたヘルフリッヒ中将の「敵発見」の至急電を受領する。それには「輸送船30、巡洋艦2、駆逐艦4がジャワ海北方のアレンズ島付近を南西に進航中」とあった。同時にドールマン司令官に対しては、「直ちに出撃して夜間攻撃せよ。日本部隊を殲滅し終えるまで追撃戦を続行せよ」とも記されていた。

ドールマン司令官は26日午後10時、麾下の艦艇（米駆逐艦「ポープ」は機関故障で欠）を率いて再度スラバヤを出撃する。旗艦「デ・ロイテル」に続いて蘭軽巡「ジャワ」、英重巡「エクゼター」、米重巡「ヒューストン」、豪軽巡「パーズ」が単縦陣となり、これを護衛する米英蘭の駆逐艦９隻が続いた。艦隊はマヅラ島とジャワ島にはさまれた狭いスラバヤ海峡を通ってジャワ海に進出する。

明けて27日、艦隊は日本部隊を捜したが、会敵できなかった。やがて正午すこし前、突然上空に数機の日本軍機が来襲。巡洋艦部隊の「デ・ロイテル」「ジャワ」「エクゼター」「ヒューストン」の高角砲が砲撃を開始する。このため、日本軍機は艦隊上空に近づくことができなかった。こうして日本軍機の触接を受けたものの、艦隊は肝心の敵水上部隊に遭遇できない。そこで、ドールマン司令官はスラバヤへ帰投することにした。

するとそのとき、上空に日本海軍の九六陸攻が姿を見せた。陸攻は「敵巡洋艦５隻、駆逐艦６隻、スラバヤの３１０度63海里、針路80度、速力12ノット、１１５０」と打電する。ドールマンは知らなかったが、このとき日本の輸送船団は、艦隊の北方約１

１０キロの位置にあったのである。

両軍接近、艦隊決戦のとき迫る

報告を受けた第5戦隊の高木司令官は直ちに行動を開始した。敵艦に向かって増速しながら、重巡「那智」に搭載の零式三座水上偵察機を発進させる。それから約1時間後、「那智」搭載機は敵艦隊を発見。「敵は甲巡2、乙巡3、駆逐艦9、基点よりの方位１９４度、45海里、針路１８０度、速力24ノット、１４０５」と打電してきた。

そのころ、スラバヤを目指していたドールマン司令官も、ヘルフリッヒ中将から日本艦隊の所在を示す敵情報告を受けていた。「バウエアン島西方20海里の地点に巡洋艦2隻、駆逐艦6隻、輸送船25隻あり。さらに同島西方65海里に多数の輸送船及び駆逐艦、その後方約70海里に単独の巡洋艦1隻あり。直ちにこれを攻撃せよ」――ドールマン司令官は艦隊を反転させた。そして「われに続け、敵は90海里前方にあり」と下令。これは各艦に無線電話で伝えられた。艦隊は再びジャワ海にむかって北方し始めた。

触接を保っていた「那智」搭載機は、この様子をすぐに打電する。「敵は反転、針路20度、速力18ノット、１４１５」。緊急電を受けた第5戦隊司令部では、高木司令官が艦のスピードを上げさせるとともに、第2、第4水雷戦隊司令部に対し、「1635、われ針路220度、速力21ノット、敵を誘導しつつ合同す」と下令。船団の護衛任務についていた西村第4水雷戦隊司令官も、敵艦隊が反転したことを知らされると、麾下部隊に対し「魚雷戦用意」を下令した。そして、船団を西方へ避退させるとともに、第2駆逐隊の「村雨」「五月雨」「春雨」「夕立」と第9駆逐隊第1小隊の「朝雲」「峯雲」を敵艦隊へ向ける。

午後5時すこし前、ドールマン司令官率いる敵艦隊を目指して進撃中の第5戦隊、第2水雷戦隊、第4水雷戦隊に対し、第2水雷戦隊旗艦「神通」から「敵らしきマスト見ゆ、われよりの方位150度、距離16海里、1659」との連絡が入った。

一方、連合軍の艦隊もスラバヤ北西方約30海里の地点で、日本艦隊を捉えていた。英駆逐艦「エレクトラ」から「巡洋艦1隻、隻数不明なるも大型駆逐艦若干、方位330度、速力18ノット、針路20度」の報告があった。これを受けてドールマン司令官は巡洋艦部隊に26ノットの増速を命じる。いよいよ艦隊決戦のときが迫っていた。

夕暮れのスラバヤ沖で始まった最初の激突

田中第2水雷戦隊司令官は、針路を180度として連合軍の艦隊に向かい、午後5

スラバヤ沖海戦・第一次昼戦

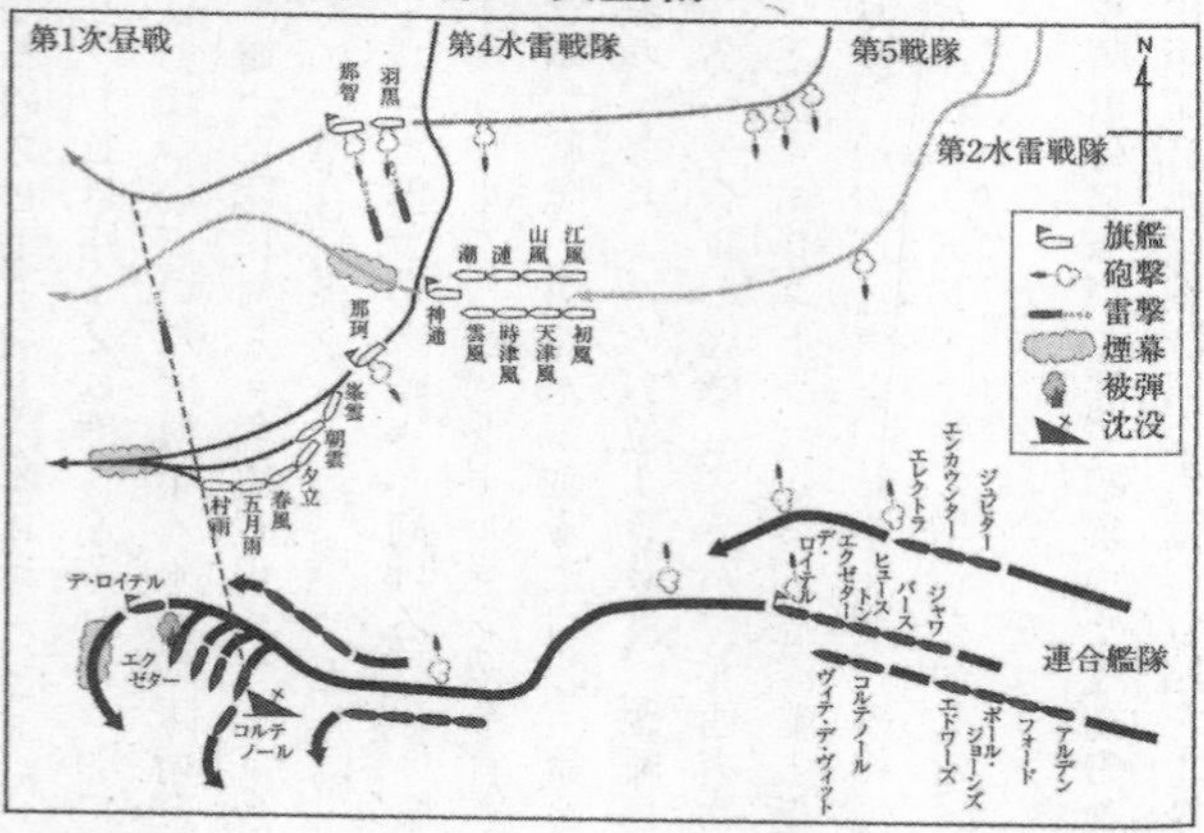

時20分、第5戦隊の前方約6海里に進出。旗艦「神通」から九五式水上偵察機を発進させた。午後5時45分、第2水雷戦隊は30ノットに増速して、連合軍艦隊に肉迫する。

距離1万7000メートルで、まず「神通」が砲撃を開始した。その砲撃は先頭を行く英駆逐艦「エレクトラ」「エンカウンター」「ジュピター」の3隻を挟叉する。日本軍の艦隊は、連合軍艦隊の針路に対してその前程を押さえるように隊列を西に向け、T字型の戦闘運動を行う。これに対してドールマン司令官は直角に進むことを避け、左に変針して日本艦隊と同航する針路をとった。

午後5時48分、ドールマン司令官は日

スラバヤ沖海戦・第二次昼戦

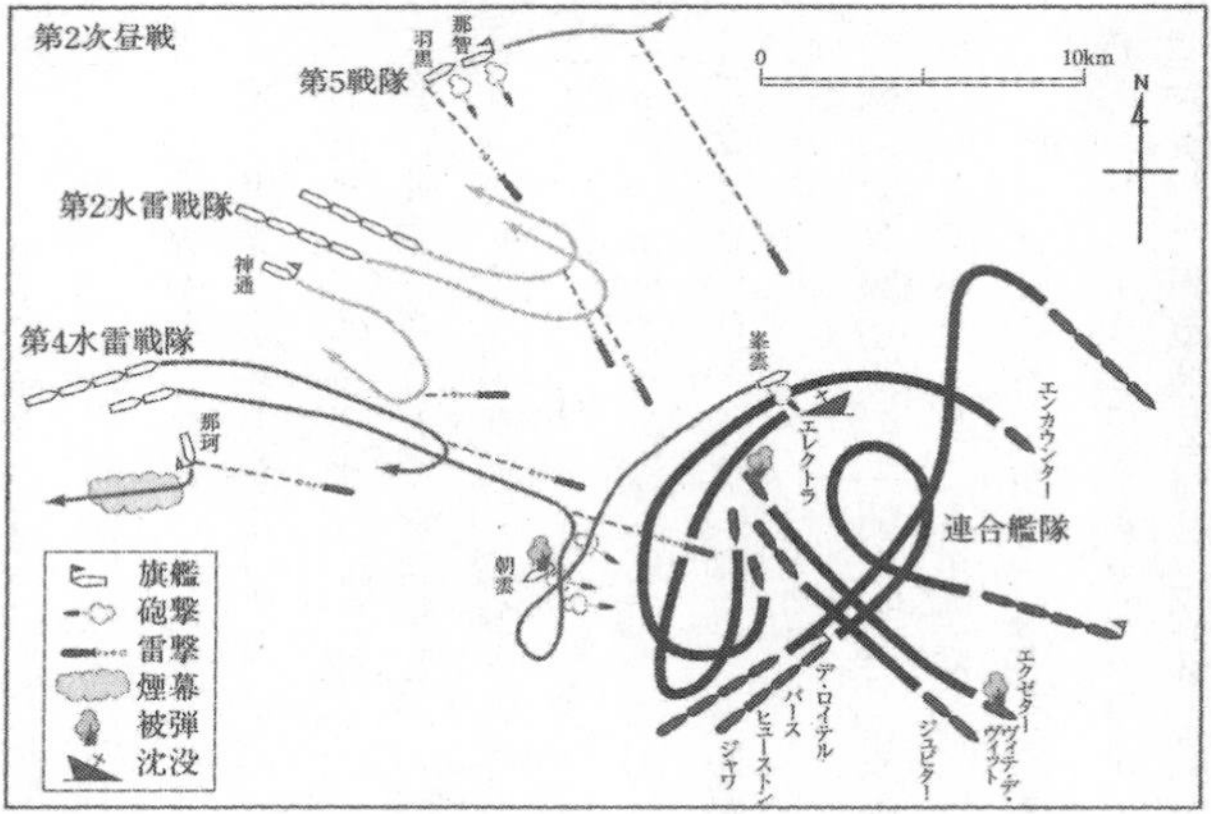

本艦隊への砲撃を下令した。「エクゼター」は3番砲塔から20センチ砲弾を発射。その1分後「ヒューストン」も砲門を開く。その砲弾は「神通」の至近に飛んできた。このため第2水雷戦隊は射撃を中止して、煙幕を張りながら避退する。

そのとき、北方から第4水雷戦隊が、第2水雷戦隊の前方を横切って連合軍の艦隊に接近、魚雷2本を発射した。しかし、いずれも命中せず、第4水雷戦隊は西に向かって避退した。

海戦場に残った第5戦隊の「那智」と「羽黒」は連合軍の艦隊に対して砲撃を続けた。お互いに決定打のない砲戦が続いていたが、午後6時35分ごろ、「羽黒」が放った20センチ砲弾が英重巡「エクゼター」の缶室に命中。これにより「エクゼター」の主蒸気管は破壊され、6個の缶が使用不能となった。同艦は急速に速力を落とし、と同時に艦も傾いていく。さらに「羽黒」が発射した魚雷8本のうちの1本がオランダ駆逐艦「コルテノール」の艦腹に炸裂。黒煙と吹き上がる炎とともに「コルテノール」はV字型に折れ曲がり、そのまま海中へと引き込まれていった。また、米海軍の重巡「ヒューストン」にも20センチ砲弾が命中。こうして連合軍艦隊の戦列は乱れていく。

戦況を見ていた第5戦隊司令官・高木少将は、このチャンスを逃してはならないと「全軍突撃せよ」と下令した。先頭を切って突撃に移ったのは第4水雷戦隊である。西村司令官が座乗する旗艦「那珂」は距離1万2000メートルで4本の魚雷を発射。続いて第2水雷戦隊の旗艦「神通」も距離1万8000メートルで魚雷を発射するが、命中しなかった。

この機に第9駆逐隊の「朝雲」と「峯雲」は突進し、連合軍艦隊に距離5000メートルまで近づいた。ところが煙幕が張られていたため敵味方の艦影を見ることができない。魚雷を放った「朝雲」「峯雲」はそのまま前進を続けていたが、そのとき突然、煙幕の中から英海軍の駆逐艦「エレクトラ」と「エンカウンター」が姿を現した。ここで会敵した両軍は2対2の砲戦を開始する。「エンカウンター」は、一斉射を行うと反転して煙幕の中へ逃げ込んだが、「エレクトラ」は単艦で接近してきた。2対1となった激しい砲撃戦の後、「エレクトラ」は缶室に被弾、航行不能となってしまう。波間を漂流している「エレクトラ」は、「峯雲」の正確な砲撃に捉えられ、午後7時54分、沈んでいった。

ドールマン司令官戦死、連合軍艦隊主力の壊滅

やがて陽は沈み、洋上にも夜の闇が訪れた。高木第5戦隊司令官は、これ以上連合軍の防御海域に接近することは適切でないと判断すると、追撃を中止して戦隊を立て直すことにした。そして、麾下部隊が集結したところで夜戦を決意する。心強いことに、第5戦隊の司令部がおかれている「那智」に、蘭印部隊指揮官・高橋伊望中将から、蘭印部隊主隊が「妙高」と合同してマカッサルを出撃、戦場に急行中との連絡が入った。

そのころ、ドールマン司令官率いる連合軍艦隊は、損傷した「エクゼター」と燃料の乏しい米駆逐艦4隻を先にスラバヤへ帰投させ、駆逐艦「ジュピター」「エンカウンター」の後に「デ・ロイテル」「パース」「ヒューストン」「ジャワ」の巡洋艦が続く単縦陣で進んでいた。この巡洋艦部隊の右舷に駆逐艦「オルデン」「ポープ」らが

続く。ドールマン司令官は部隊を率いてジャワ島の陸岸すれすれまで南下して、陸岸沿いに西進し船団を捕捉しようと考えていたのである。

部隊は日本艦隊を求めてさらに西進して行ったが、午後10時55分、先頭を行く「ジュピター」が突然大爆発を起こす。と同時に船体が真っ二つに折れ、一瞬のうちに海中に消えていった。実は艦隊の進む海面には、その日オランダ軍が敷設したばかりの機雷原があったのだ。ところが、連合軍艦隊はそのことを知らされていなかったのである。

これを日本軍の潜水艦による魚雷攻撃ではないかと考えたドールマン司令官の乗艦「デ・ロイテル」は右に反転、後続の艦もこれに従って一斉に右へ回頭する。しばらく航行していると、昼間の海戦で沈没した「コルテノール」の生存者たちが、救命筏に乗って漂流しているのを発見。「エンカウンター」は「コルテノール」乗員を救助するとともに単艦でスラバヤへ帰投した。これにより、艦隊の艦艇はさらに減り、軽巡3隻、重巡1隻の合わせて4隻となってしまった。それでもドールマン司令官の日本船団攻撃の決意は変わらず、やがて左舷前方に南下してくる日本軍の重巡2隻を認める。ドールマンは直ちに砲撃を下令。しかし、昼戦での砲弾の消耗が激しく、残弾は残り少なかった。

昭和17年2月22日、スターリング湾に停泊中の重巡「那智」。第5戦隊を編成していた僚艦「羽黒」からの撮影。この2隻は蘭印攻略部隊の主力であった

ジャワ方面の連合軍残存艦隊を率いたオランダ海軍ドールマン少将の旗艦、軽巡「デ・ロイテル」

スラバヤ沖海戦当日の重巡「羽黒」。昭和17年2月27日、会敵直前に撮影された艦橋左舷ウイングの様子

スラバヤ沖海戦時、駆逐艦「朝潮」から撮影した第4水雷戦隊所属の駆逐艦群。カモフラージュのための煙幕を展張している

3月1日、「エクゼター」に砲撃を加える重巡「妙高」。距離は23,500mであった

煙幕を展張して逃走を図るも、「足柄」「妙高」の砲撃によって撃沈された英重巡洋艦「エクゼター」。すでに大きく右に傾いている

スラバヤ沖海戦・第二次夜戦

第2次夜戦

第2水雷戦隊

第5戦隊

羽黒那智

連合軍艦隊

神通

敵発見 15km

天候　晴れ
視界　25km
月齢　12

デ・ロイテル
パース
ヒューストン
ジャワ

神通機接触

旗艦
砲撃
雷撃
沈没

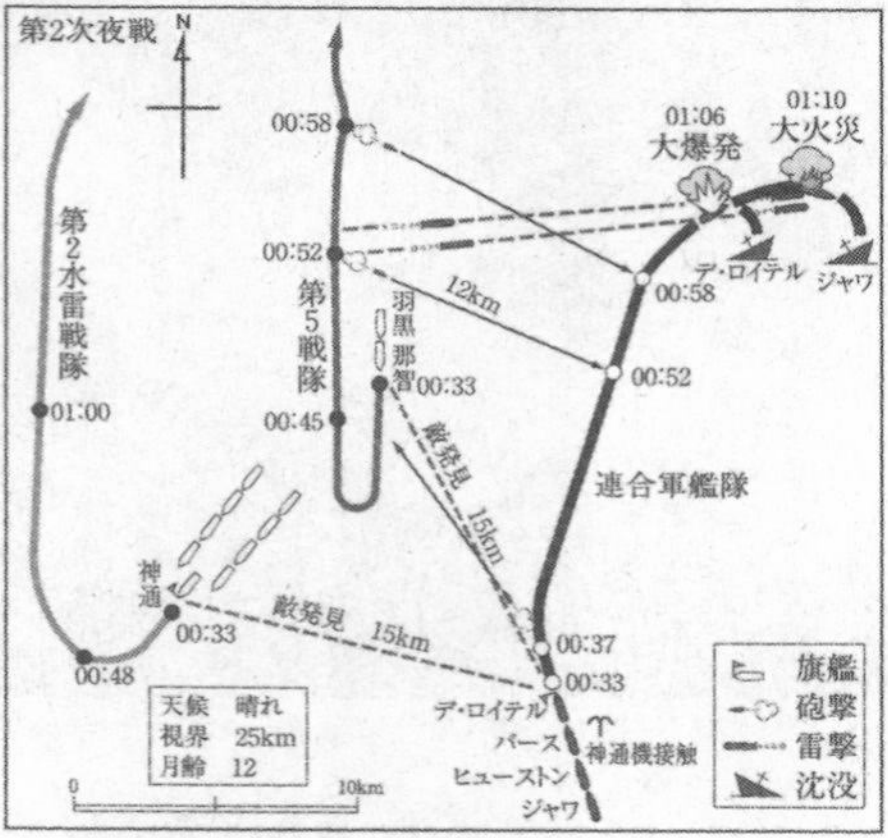

一方、28日の午前零時33分、高木司令官も南南東の方向に北上しつつある艦影4つを認めた。高木司令官はすぐに「那智」を反転させて速度を33ノットに上げ、同航北上する態勢をとる。砲弾の消耗が激しいのは日本側も同じであったが、第5戦隊は連合軍艦隊との距離を一万二〇〇〇メートルに保ちながら砲撃を開始、雷撃戦を挑んで「那智」が8本、「羽黒」が4本の魚雷を発射する。その数分後、「デ・ロイテル」に爆発が起きた。それに続き「ジャワ」の艦尾が吹き飛ん

で、激しく燃え上がる。

連合軍艦隊の旗艦「デ・ロイテル」は弾薬庫に引火、全艦が燃え上がった。艦橋にあったドールマン司令官は沈みゆく「デ・ロイテル」から最後の命令を下す。「『ヒューストン』および『パース』は、わが生存者にかまわずバタビヤに避退せよ」。やが

て「デ・ロイテル」はドールマン司令官以下、ほとんどの乗員とともにジャワ海の海中に沈んでいった。「ジャワ」と「デ・ロイテル」の沈没をみとった「ヒューストン」と「パース」は、ドールマン司令官の命令どおりに回頭すると、最大戦速でバタビヤを目指した。

高木第５戦隊司令官は、１隻轟沈、１隻火災後沈没を確認し、残敵掃討のため第２、第４水雷戦隊が集結するのを待っていた。しかし、敵艦を見失ったため、午前１時45分、「那智」から索敵機を発艦させる。が、付近海面をいくら索敵しても、連合軍の艦隊は見当たらなかった。28日の明け方まで残敵を発見することのできなかった第５戦隊は、索敵を打ち切ると、船団の護衛任務について東部ジャワ・クラガン泊地へと向かった。

クラガンへの入泊直前、船団は連合軍の急降下爆撃機約10機による空爆を受ける。この襲撃で「徳島丸」は至近弾により浸水して擱座。「じょほーる丸」は命中弾を受けて約１５０名の死傷者を出したものの、船体は異状なく、航行は続けられた。

こうして３月１日午前２時35分、船団は予定より１日遅れてクラガン泊地に入泊、午前４時ちょうど陸軍部隊は上陸した。

突破を図る連合国艦隊残存艦艇

スラバヤに戻った米駆逐艦4隻は、魚雷をすべて使い果たしており、このままでは戦闘ができる状態ではなかった。しかし、クラガン泊地には米駆逐艦に補給する魚雷はない。そこでヘルフリッヒ海軍中将は米駆逐隊に弾薬、魚雷を補給するためオーストラリアへ回航することを命じた。

さらに、損傷した「エクゼター」も修理のためセイロン島へ回航しなければならない。「エンカウンター」と、機関故障でクラガンにあった「ポープ」には6本の魚雷があったので、両艦には「エクゼター」の護衛任務が命じられた。

そこで問題になったのが、どの航路を航行するのが一番安全であるか、ということであった。米海軍のグラスフォード中将は、米駆逐隊にはバリ海峡の通峡を命じ、「エクゼター」部隊に対しては、バリ海峡は狭い上に浅海面が多いので、喫水の深い重巡は座礁する危険があるとして、ロンボク海峡を通峡することを提案した。

これに対し、連合軍水上部隊の英海軍A・F・E・パリサー参謀長は、2月19日に起きたバリ島海戦の悪夢を思い出し、日本軍はすでに大兵力をもってバリ島を占領しているものと考えていた。実際にはグラスフォード中将が提案したように、当時のロンボク海峡は手薄だった。しかし、パリサー参謀長は、グラスフォード中将の提案をしりぞけ、「エクゼター」部隊にジャワ海を西進してスンダ海峡を南下し、インド洋に出るよう命じる。ところが、日本軍が守備をかためていたのはまさにこの方面だったのである。

2月28日の日没後、米駆逐隊と「エクゼター」隊は、スラバヤを出港した。4隻の米駆逐隊はマヅラ海峡を東進し、「エクゼター」隊はスラバヤ海峡を北へ抜けていった。「エクゼター」は「エンカウンター」と「ポープ」を率いてスラバヤの機雷原を突破、一路セイロンを目指した。

3月1日、午前4時前、「エクゼター」隊は、バウエアン島の東側を迂回して西進していた。とそのとき、はるか前方に小型艦1隻と大型艦2隻が航行しているのを視認した。日本海軍の第5戦隊である。これを見た「エクゼター」の艦長ゴードン大佐は、ただちに反転。しばらくしてふたたび回頭し、西へ向かって航行した。

やがて午前11時をちょっと過ぎたころ、第5戦隊は、東方を航行する連合軍艦隊の重巡1隻、駆逐艦2隻を発見した。高木第5戦隊司令官はその方向に向かうことにしたが、先日来の砲戦で砲弾が残り少なかったので、重巡「足柄」と「妙高」に支援を依頼、自らも観測機を発進させた。

一方、「エクゼター」隊でも第5戦隊を南南西方向に発見した。だが、砲戦を避けたかったゴードン艦長は、ジグザグ航行で北西に転針する。これを逃してならないと考えた第5戦隊は北方に針路をとり、ついで北西に転針して追いすがった。

必死に追撃を振り切ろうとする「エクゼター」隊。すると午前11時40分、突然、西方海面に新たな日本艦隊を発見した。これは高橋伊望第3艦隊長官率いる「足柄」と「妙高」、それに駆逐艦の「雷」「曙」であった。

挟撃される形になった「エクゼター」は、この新たなる敵第3艦隊に向かって砲撃を開始。しかし、その砲弾はことごとく外れている。これに対して「足柄」と「妙高」の砲撃は正確であった。狭叉弾が「エクゼター」の周辺で水柱を上げ始める。「エクゼター」のゴードン艦長は絶望的な気持ちになっていた。行く手を押さえられ、南方からは新たな日本艦隊が迫ってきている。主隊の前方に出た「雷」と「曙」もまた、「エクゼター」隊に向かって砲撃を開始。ここで激しい砲撃戦が始まった。

砲戦を続けながら、「エンカウンター」と「ポープ」は煙幕を張って「エクゼター」を隠した。この煙幕の中を「エクゼター」隊は右に転舵して東方へ避退する。「足柄」「妙高」は「エクゼター」隊を追って北側に回り込んだ。第5戦隊も南から北上して「エクゼター」隊の右舷方向を東へ同航する。日本艦隊は南北から「エクゼター」隊を追いつめていた。

スラバヤ沖海戦・三月一日昼戦

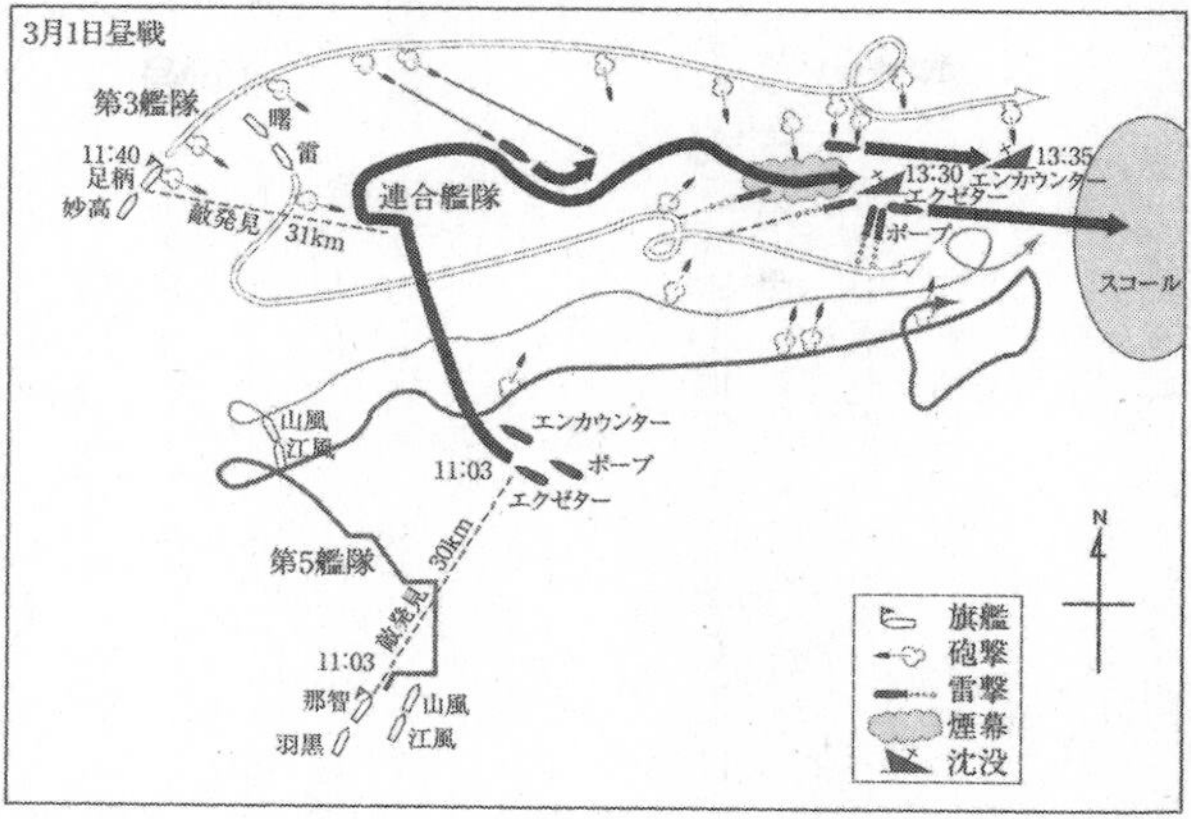
3月1日昼戦
第3艦隊
曙
雷
11:40
足柄
妙高
敵発見
31km
連合艦隊
13:30
13:35
エンカウンター
エクゼター
ポープ
スコール
山風
江風
エンカウンター
11:03
ポープ
エクゼター
第5艦隊
30km
敵発見
11:03
那智
羽黒
山風
江風
N
旗艦
砲撃
雷撃
煙幕
沈没

追いつめられた連合軍艦隊最後の戦い

「エクゼター」は、さらに煙幕を張りながら最大の速力で突破を図っていた。しかし、「エクゼター」はボイラーが破壊されていたため、23ノットの速力しか出せない。すぐに日本の駆逐艦「山風」「江風」「雷」「曙」が「エクゼター」隊に接近してきた。砲戦が始まり、午後12時40分ごろ「エクゼター」に多数の砲弾が命中するようになる。やがて「エクゼター」の中枢である缶室へも砲弾が命中。これが致命傷となって「エクゼター」は全動力が停止し、主砲も副砲も動かなくなってしまった。

「エクゼター」の船体は傾き始めた。艦長のゴードン大佐は、もはやこれまで、と考え、「総員退去を下令。乗員全員が最上甲板に集合し、次々と海に向かって飛び込み始める。午後12時50分、日本艦隊の各艦から一斉に魚雷が発射された。そのうちの1本が「エクゼター」の艦腹に命中する。「エクゼター」は右舷に傾いたかと思うと艦底を上にして、海中へ沈んでいった。

それから約40分後の午後1時30分、砲撃を受けた「エンカウンター」も海の藻くずと消えた。残りの1隻、「ポープ」は全速力で東へ向かい、スコールの中へ逃げ込んだ。

「ポープ」の艦長W・C・ブリン中佐は、スコールの中で応急修理を行い、同時に弾薬もそれぞれに配分した。「ポープ」はスコールを抜け出ると北上を開始する。するとすぐに九五式水上偵察機1機が上空に姿を見せ、「ポープ」に触接し始めた。「ポープ」は全速でボルネオ南岸を東へ進む。

やがて、単艦で東進する「ポープ」の上空に6機の九九式艦上爆撃機が飛来し、爆撃を開始した。左舷側に至近弾を受けた「ポープ」は、水中爆発により船体に大きな穴が開き、左舷推進軸が折れ曲がってしまった。さらに空母「龍驤」を飛び立った6機の九七式艦上攻撃機が、速力の落ちた「ポープ」に高度3000フィートから水平爆撃を行う。命中弾はなかったが、それでも浸水が激しく、もはや、航行は不可能に近かった。

プリン艦長は「ポープ」の航行を諦め、全乗員に退艦の準備を命じた。「総員退去」が下令され、乗員たちは内火艇や救命筏に乗って退艦を始めた。同時に、自沈するための爆薬が点火された。

ちょうどそのとき、重巡「足柄」と「妙高」が「ポープ」に接近してきた。すでに停止している「ポープ」に両艦は砲撃を加える。午後3時40分、「ポープ」は大爆発を起こして、そのまま沈没。漂流を続けるブリン艦長以下「ポープ」の乗員たちは、2日間波間を漂い、3日目の夜明け、日本の駆逐艦によって救助された。

スラバヤ沖海戦は、太平洋戦争勃発後、初めての大規模な水上艦同士の戦闘となった。結果は日本海軍の圧勝で、これにより蘭印方面の連合軍艦隊はほぼ壊滅し、この海域の日本軍の制海権を決定的なものにしたのである。3月1日にはバタビアに落ち延びた「ヒューストン」と「パース」も撃沈され、5日にはジャワ島のバタビア（現・ジャカルタ）が陥落、翌日、蘭印軍は降伏した。その後も日本軍の侵攻はとどまるところを知らず、ビルマ（現・ミャンマー）を制し、4月にはインド洋で英東洋艦隊を撃滅することになる。

スラバヤ沖海戦時の戦力比較　1942年3月1日

■日本海軍

第5戦隊　重巡洋艦　那智　羽黒

　第7駆逐隊第1小隊　駆逐艦　潮　漣

　第24駆逐隊　駆逐艦　山風　江風

第2水雷戦隊　軽巡洋艦　神通

　第16駆逐隊　駆逐艦　雪風　時津風　初風　天津風

第4水雷戦隊　軽巡洋艦　那珂

　第2駆逐隊　駆逐艦　村雨　五月雨　春雨　夕立

　第9駆逐隊第1小隊　駆逐艦　朝雲　峯雲

別働部隊　重巡洋艦　足柄　妙高　駆逐艦　雷　曙

■連合軍海軍

【オランダ海軍】

軽巡洋艦　デ・ロイテル　ジャワ

駆逐艦　ピテ・デ・ビット　コルテノール

【イギリス海軍】

重巡洋艦　エクゼター

駆逐艦　エレクトラ　エンカウンター　ジュピター

【アメリカ海軍】

重巡洋艦　ヒューストン（CL-30）

駆逐艦　オルデン（DD-211）　ポープ（DD-225）　ジフォード（DD-228）　ポール・ジョーンズ（DD-230）　エドワーズ（DD-619）

【オーストラリア海軍】

軽巡洋艦　パース

第４章　珊瑚海海戦

昭和17（1942）年5月7～8日

日米機動部隊、お互いに位置を探りながら珊瑚海に接近

連合艦隊は南方資源地帯攻略の第1段階を終えると、昭和17（1942）年4月、第2段作戦構想を内定した。この構想は、5月にニューギニア東南部に位置する連合軍の基地ポートモレスビーを攻略し、6月にはミッドウェー環礁を攻略するというものである。

作戦研究会の席上、連合艦隊司令長官の山本五十六大将は、「第2段作戦は第1段作戦と全然異なる。今後の敵は、準備して備えている敵である。長期持久的守勢をとることは、連合艦隊司令長官としてはできぬ。海軍は必ず一方に攻勢をとり、敵に手

痛い打撃を与える要あり。これに対して次々に叩いてゆかなければ、いかにして長期戦ができようか。常に敵の手痛いところに向かって、猛烈な攻勢を加えねばならぬ。しからざれば不敗の態勢など保つことはできない。これに対してわが海軍軍備を重点主義によって整備し、これだけは負けぬという備えを持つ要がある。わが海軍航空威力が、敵を圧倒することが絶対必要なり」と、第2段作戦における日本海軍の戦略を強調した。

連合艦隊はこれに基づき、第1着手として南東方面の戦略体制を整備するため、ソロモン諸島のツラギおよびポートモレスビーの攻略を行うことになった。ポートモレスビー占領の目的は、チモールからニューギニアを経てソロモンに至る線上に、航空兵力の全面展開を行うことにある。豪北を抑えることで、アメリカとオーストラリアを分断できるのだ。このポートモレスビー攻略戦は「MO作戦」と呼称され、MO機動部隊とMO攻略部隊が編成された。

昭和17年5月6日午後4時、MO攻略部隊は、軽巡「夕張」を第6水雷戦隊旗艦として、駆逐艦5隻、敷設艦1隻、掃海艇1隻、輸送船10隻をもってラバウルを出航した。艦隊には途中で2隻の輸送船とその他の艦艇が合流することになっていた。

一方、MO機動部隊は5月6日早朝には、ガダルカナル西方約110海里のソロモン海に進出していた。また、このツラギから九七大艇5機が、連合軍の機動部隊を求めて索敵任務についている。このうちの1機から「敵らしき空母1、戦艦1、重巡1、駆逐艦5見ゆ、針路190度、速力20ノット、0830」と報告があった。

九七大艇の「敵発見」の報告を受けた第5航空戦隊（指揮官・原忠一少将）の「瑞鶴」と「翔鶴」は、午前10時、駆逐艦「有明」「夕暮」の2隻を率いて針路を真南にとると20ノットの速力で南下した。重巡「妙高」に座乗していたMO機動部隊指揮官・高木武雄少将は、補給中だった駆逐艦4隻には給油を終え次第ただちに追及させることとし、第5戦隊は第5航空戦隊の後に続いた。

12時、九七大艇から次のような報告があった。「敵の航行序列、重巡、戦艦、空母。駆逐艦5はその前方3キロに捜索列を張る。各艦の距離500メートル、空母の飛行甲板に飛行機30機あり、1200」

そのころ、第17任務部隊の指揮をとるフランク・J・フレッチャー司令官は、オーストラリアのブリスベーンおよびパールハーバーの司令部から次のような情報を受け取っていた。「日本軍の攻略部隊は、ルイジアード諸島に水上基地を前進させたのち、ジョマード水道を経てニューギニアの南東角を迂回、進出し、もしこれが阻止されなければ、7日または8日に珊瑚海に入るだろう」

この情報はきわめて正確なものであった。第17任務部隊は給油を受けた後、午後5時30分から針路を北西にとった。というのは、5月7日早朝までに日本軍攻略部隊を攻撃圏内に置くためであった。

MO攻略部隊は、ソロモン諸島の西方海域を南下していた。この攻略部隊に合同すべくショートランドを出航したMO主隊は、5月6日午前8時30分、B－17爆撃機と会敵、爆撃されたものの、被害はなかった。しかし、連合軍機はたびたび触接してきて、午前8時30分から午後4時までの間に、MO主隊のすべてが発見されてしまう。

一方、5月7日朝、MO攻略部隊はその日の夕方にはジョマード水道を通過して珊瑚海に入る予定で、ルイジアード諸島北方海域を南に向かっていた。

これに対し、MO攻略部隊の所在を察知していた連合軍側は、これを攻撃するため6日夜から北西に針路を向けていた。そして5月7日——日米双方の機動部隊は、早朝から索敵機を飛ばして敵情を探っていた。

索敵ミスで攻撃のチャンスを逃したMO機動部隊

午前5時22分、空母「翔鶴」機から「敵発見」の第一報が届いた。「敵部隊は空母1、巡洋艦1を基幹とし駆逐艦3隻をともなう。針路30度、速力16ノット」。この報告を受けた「瑞鶴」艦上の原忠一司令官はただちに攻撃機を発進させる。「瑞鶴」「翔鶴」から零戦18、艦爆36、艦攻24合わせて78が「瑞鶴」の飛行隊長・嶋崎重和少佐の指揮の下、次々と発艦していった。

午前6時10分ごろ、約1時間前に敵空母発見を報じた「翔鶴」機が、今度は油槽船と重巡1隻の発見を打電してきた。この油槽船は報告された場所からみて、先に報告のあった空母部隊の南東25海里と判断された。しかし、実はこれらは「敵発見」と第一報を送ったときと同じ艦艇であったので、「空母1、巡洋艦1」の報は訂正しなければならなかったはずだが、「翔鶴」機はこれに気がつかなかった。そのため、司令部もこの2隻は空母部隊から離れた別行動の部隊のものと判断したのである。

さらにMO攻略部隊の「古鷹」から発進した索敵機からは、午前6時20分、ロッセル島の南方海域に敵機動部隊らしき艦影を視認したとの報告が入った。時を移さず「衣笠」機からも、「針路30度、速力20ノット、戦艦1、巡洋艦2、空母1」という、ロッセル島の170度、82海里に敵機動部隊発見との報告が入った。

午前7時。「瑞鶴」艦上の原司令官は「西方にある敵は、すでにわが友軍に対して攻撃を開始したことが判明したが、われもまた南方近距離にある敵空母部隊に対して、全力攻撃を指向しているので、まず南方の敵を撃破したのち、西方の敵に向かう」と全軍に伝えた。

そのころ、攻撃隊は目標を発見し、攻撃に移ろうとしていたが、よく見るとそれは空母ではなく油槽船であった。嶋崎飛行隊長は攻撃を控え、司令部に問い合わせると「油槽船の東側を探せ」という指令がきた。攻撃隊はさらに指示された海域を索敵するが、艦影はない。

午前8時51分、「翔鶴」機は、空母と報告した敵艦が油槽船であることに気がつき、第5航空戦隊司令部に打電した。司令部では、攻撃隊が指示された方向を探しても空母を発見できないことと、「翔鶴」機の報告から、ようやく敵空母部隊は油槽船の誤認であることを確認する。原司令官は直ちに全攻撃隊に対して爆弾、魚雷を投棄して帰投するように命じた。

帰投命令を受けた攻撃隊ではあるが、艦爆隊はこの油槽船を攻撃することにした。油槽船は給油艦「ネオショー」で、もう1隻は駆逐艦「シムス」である。両艦は米機動部隊に洋上給油を行うため、指定された会合点に向かって南進していたのだ。

九九艦爆の第1波攻撃は失敗し、第2波が「シムス」目がけて水平爆撃したが、これも失敗だった。「シムス」が20ミリ機銃で応戦する中、第3波は両艦に対して急降下爆撃を行う。急降下爆撃の精度は高く、250キロ爆弾3発が命中、そのうち2発が機関室内で爆発した。「シムス」は数分後に艦の中央部から真っ二つに折れて沈んでいった。また、「ネオショー」は直撃弾7発と至近弾8発を受けて航行不能となった。

「ネオショー」は大破したまま西寄りに漂流し続けた。そして11日の12時ごろ、ようやく友軍のカタリナ飛行艇に発見され、その後かけつけた駆逐艦「ヘンレー」によって生存者123名が救助された。「ネオショー」は友軍によって自沈させられた。

日本が失った初の空母「祥鳳」の最期

フレッチャー少将率いる第17任務部隊は、7日午前4時25分、ロッセル島の南方約115海里に達し、クレース少将の支援隊を分離西進させた。空母部隊は北へと変針し、午前4時30分ごろ「ヨークタウン」は索敵機を発艦させる。午前6時15分、このうちの1機が日本の機動部隊を発見。「空母2、重巡4、南緯10度10分、東経152度27分」と打電してきた。

フレッチャー少将はこれを日本機動部隊に間違いないと判断して、攻撃するために前進した。午前7時26分、「レキシントン」は発見位置の南東約200海里の地点に達すると、次々と攻撃隊を発艦させる。午前8時からは「ヨークタウン」からも発艦が始まった。攻撃隊が発艦を終えるとすぐに、入れ替わるように索敵機が帰投してきた。

索敵機の搭乗員の報告により、午前6時15分に発見した「空母2、重巡4」が、実は「巡洋艦2、駆逐艦2」の誤りであることがわかった。搭乗員の暗号作成の手違いから、誤った報告が伝わっていたのである。

一方、MO攻略部隊の空母「祥鳳」は、午前5時30分に零戦4機、九七艦攻1機を発艦させ、上空の直衛にあたらせていた。午前6時30分ごろ、「青葉」から敵機動部隊発見の報が伝えられ、「祥鳳」は九七艦攻に雷撃兵装の準備を開始する。しかし、その準備中に「衣笠」機の打電した「敵空母機発艦」の報が届く。「祥鳳」は艦上機の発艦を急ぐが、上空直衛機の収容・補給と重なって、すぐに発艦することができない。午前8時30分にようやく零戦3機を発艦させた20分後、敵機15機が来襲した。このときMO主隊は「祥鳳」を中心に左右を重巡2隻ずつ、後方に駆逐艦「漣」を配した輪型陣で航行していた。

午前9時7分。敵機は二手に分かれて攻撃を開始した。「祥鳳」は爆弾を避けるため回避運動を行い、至近弾はあったものの、命中弾はなかった。そこに「レキシントン」の爆撃隊に加え、さらに「ヨークタウン」の攻撃隊が入り乱れて殺到してきた。

「祥鳳」の伊沢艦長は、右へ左へと転舵してなんとか爆撃から逃れようとしていたが、突然、後部甲板で大音響が響く。飛行甲板後部のエレベーター前方に爆弾が命中、上格納庫の後方に火災が発生したのである。さらに右舷後部にも魚雷が命中、動力、電源が破損し、操舵装置も動かなくなった。それと同時に機関にも被害が及び、火災や浸水が激しくなっていった。午前9時31分、伊沢艦長は「総員退去」を命じる。そして午前9時35分、ついに「祥鳳」は海中深く沈んでいった。

フレッチャー司令官は「ヨークタウン」「レキシントン」の飛行隊に第2次攻撃隊の準備を命じていたが、「祥鳳」を沈めた今、他の護衛部隊を攻撃してもあまり意味のあることではないと判断して攻撃を中止。「祥鳳」は日本海軍が喪失した初めての空母となった。

米空母を求めて決死の薄暮攻撃も実らず

「瑞鶴」の第5航空戦隊司令部は重苦しい雰囲気につつまれていた。原司令官はなんとかして敵空母を攻撃できないものかと思案していたが、索敵機の情報からみて敵空母までの距離がありすぎる。

原司令官は、意を決して命令を下した。「本隊は珊瑚海北方に出現の敵有力機動部

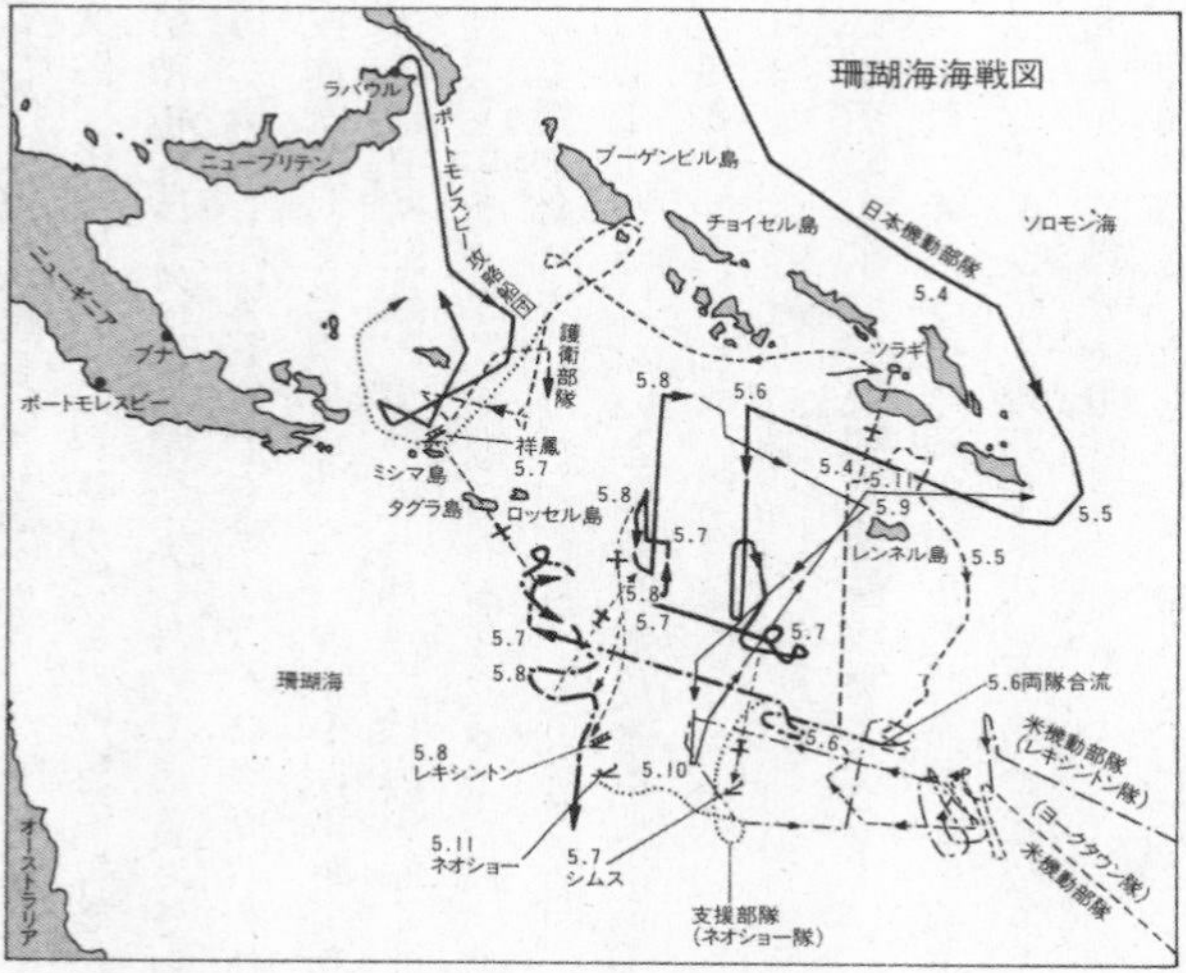

隊に対し薄暮攻撃を決行す。各艦は練達の搭乗員をもって艦爆6機、艦攻9機ずつを編成し、準備できしだい速やかに発進、決死の攻撃を敢行すべし」

「瑞鶴」では、夜間攻撃、夜間着艦のできる熟練搭乗員が選ばれた。艦爆隊指揮官に江間保大尉、艦攻隊指揮官に嶋崎重和少佐。また「翔鶴」では艦爆隊指揮官に高橋赫一少佐、艦攻隊指揮官に市原辰雄大尉が選ばれ、各艦それぞれ39名ずつのベテラン搭乗員が選ばれた。午後4時15分、攻撃隊の準備は整い、発艦が開始される。空中で編隊が組まれ、艦爆隊12機が先頭に、それに続いて右翼に

「瑞鶴」艦攻隊、左翼に「翔鶴」艦攻隊が飛行する。夜間飛行に出せる零戦はなく、戦闘機の護衛なしの出撃である。

攻撃隊は、敵機動部隊が航行していると推定されるポイントに進出したが、敵を発見することができなかった。そのうち攻撃隊は米空母のレーダーにキャッチされ、断雲の切れ間から突然、グラマンF4Fの襲撃を受ける。九九艦爆は250キロ爆弾をかかえ、九七艦攻は800キロ魚雷をかかえての空戦が始まった。しかし、戦闘機対艦攻・艦爆では勝ち目はない。一目散に逃げるしかなかった。グラマンF4Fの追尾を受け、たちまち「瑞鶴」の九七艦攻5機、「翔鶴」の九七艦攻2機が撃墜される。それでも12機の九九艦爆は敵戦闘機から逃れることができた。指揮官の高橋赫一少佐は敵空母を発見できないまま帰投命令を出したが、米空母の電波妨害のため、攻撃隊は母艦への帰投方向が受信できずに飛び続けていた。

そのとき、突然、残照の海上にくっきりと空母の艦影が認められた。各機は航空灯を点け、オルジス信号灯で「着艦よろしきや」と送る。発光信号の返ってきた空母に向かい、高橋隊長は着艦態勢に入った。すると、突然空母の対空砲火が火を噴いた。なんと味方空母だと思っていたのは、これまで探し続けていた敵空母だったのである。航空灯を消して逃げ切ったが、さらに九九艦爆1機が対空砲火の犠牲になって失われてしまう。

午後8時、攻撃隊はようやく母艦へと帰投する。真っ先に帰投したのは高橋隊長であった。彼は九九艦爆から飛び降りると、一気に艦橋へ駆け上がり叫んだ。「艦長、すぐそこに敵空母がいます！」。城島艦長はただちにそれを第5航空戦隊司令官の原少将に報告。しかし、今となっては戦機は過ぎ去っていた。暗夜の攻撃は不可能である。MO機動部隊は無念の涙をのんで北上することにした。

被弾し、戦線を離脱する空母「翔鶴」

5月8日午前4時、ロッセル島の東方海上約100海里に達したとき、原司令官は索敵を命じた。昨日の索敵ミスを重くみた司令官は経験豊かな搭乗員を充てるよう命じている。午前4時15分から25分かけて、「瑞鶴」の九七艦攻3機、「翔鶴」の九七艦攻4機がそれぞれの索敵線に沿って発艦していった。そのほぼ同時刻、米機動部隊からも索敵機18機が発艦していた。

索敵機が発艦して約2時間が経つころ、「翔鶴」の索敵機から「敵空母部隊見ゆ、0622」との第一報が届いた。続いて第2報「敵空母の位置、味方よりの方位205度、235海里、針路170度、速力16ノット」が届く。同じ時刻、米機動部隊も

昭和17年5月5日、空母「瑞鶴」艦上で待機する艦上機群。最前列に零戦、続いて九九式艦爆、九七式艦攻が待機している

5月7日、空母「瑞鶴」を発進寸前の零式艦上戦闘機

5月7日、米雷撃機の魚雷が命中した空母「祥鳳」。魚雷4～5本を喫してついに沈没した。「祥鳳」は、日本空母の喪失第1号となった

5月8日、米艦上機の攻撃を受ける空母「翔鶴」。米艦載機から撮影したもの

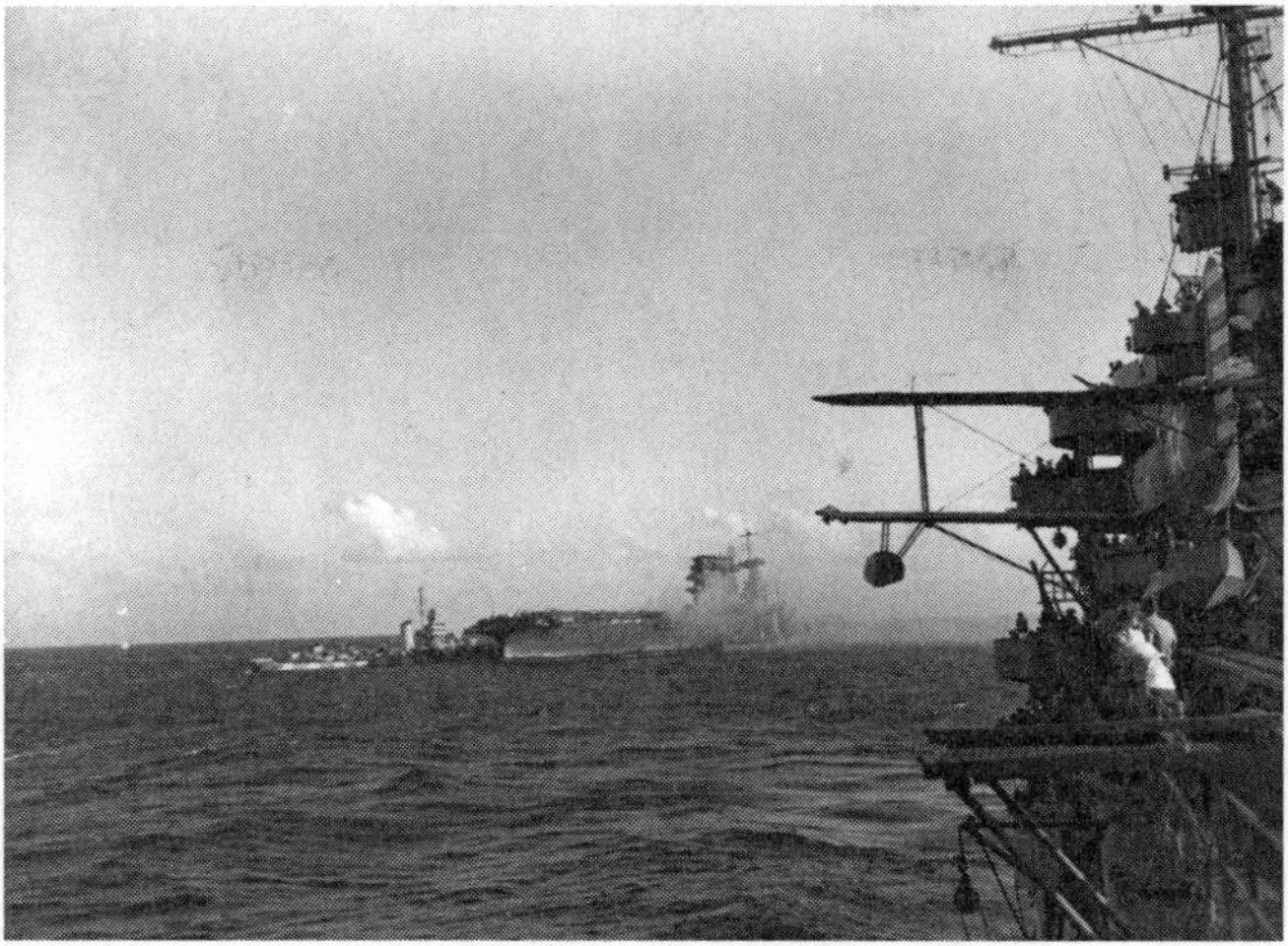

重巡「ミネアポリス」艦上から望んだ瀕死の空母「レキシントン」。駆逐艦が接近して乗員の救助と消火活動を行っている

沈みゆく「レキシントン」。総員退艦後、駆逐艦「フェルプス」が炎上する「レキシントン」に魚雷を発射、本艦は大爆発を起こして沈没した

日本機動部隊を発見。両軍はほぼ同時に敵を捉えたことになる。

「攻撃隊、発進せよ」。攻撃隊指揮官・高橋赫一少佐が「翔鶴」の飛行甲板を蹴って発艦。「瑞鶴」「翔鶴」から戦闘機18機、艦爆33機、艦攻18機合わせて69機が午前7時10〜15分の間に発艦する。

高橋隊長の率いる攻撃隊は高度5000メートルで敵艦を求めて飛行していた。そのとき攻撃隊の前方から1機の九七艦攻が引き返してきた。索敵に出て敵空母を発見した菅野機である。味方攻撃隊の姿を見た菅野兵曹長は、「ワレ誘導ス」と指揮官機に信号を送ると、突然、機首を反転し、攻撃隊の先頭についた。燃料の少なくなっている菅野機が旋回して誘導するということは、母艦へ帰投する可能性がほとんどなくなるということである。しかし、敵情を知っている菅野機は味方攻撃隊になんとしてでも有効な攻撃をさせたかったのだろう。「われ帰還をやめ味方攻撃隊を誘導す」と打電した。菅野機は、攻撃隊を敵機動部隊の上空に誘導すると帰還する態勢をとったが、「翔鶴」に戻ることはなかった。敵戦闘機と交戦して自爆したといわれているが、その最後を見届けた者はいない。

午前8時30分、「ヨークタウン」の攻撃隊41機も日本機動部隊を発見。雷撃隊の到着を待ち、午前8時57分より攻撃を開始した。その間に「瑞鶴」は前方のスコールの中に逃げ込む。低空で突っ込んでくる敵の雷撃機は「翔鶴」に殺到、対空機銃が一斉に火を噴いた。「翔鶴」は左へ右へと転舵し、魚雷を回避する。と、そのとき、「翔鶴」の前甲板に大振動が起きた。前甲板に爆弾が命中したのだ。前甲板の左舷側一帯が大破し、さらに航空用燃料に火がついて、もうもうたる黒煙が空を覆う。さらに後部甲板にも爆弾が炸裂した。

やがて「ヨークタウン」の攻撃隊は去ったが、新たな「レキシントン」の攻撃隊がやってきた。高度800メートルから投下した急降下爆撃機の1発が「翔鶴」の艦橋後方に命中。こうして、約1時間にわたる戦闘は終わった。「翔鶴」は大きな被害を受けたものの、機関は無傷だったので、航行に支障はなかった。ただ、飛行甲板がまくれあがり、航空機の発着艦が不可能となったため、攻撃隊の収容を「瑞鶴」に任せて戦場を離脱するしかなかった。

「レキシントン」を撃沈するも、戦略的に敗北した機動部隊

菅野機に誘導された攻撃隊は午前9時5分に敵機動部隊を発見した。そして午前9時10分、指揮官の高橋少佐は、全軍突撃せよの命令を下す。高度を下げた九七艦爆は、二手に分かれ、「瑞鶴」隊は右へ、「翔鶴」隊は左へ向かって空母を挟撃する態勢をと

る。

右に回った「瑞鶴」隊は目標を目前にして編隊を解き、空母「ヨークタウン」と「レキシントン」に襲いかかった。九七艦攻が魚雷を投下する。最初の魚雷が命中したのは「レキシントン」の左舷艦首部分であった。2分ほどして2本目の魚雷が左舷に命中。これにより「レキシントン」は左に7度傾いたが、艦の速力は落ちなかった。「レキシントン」の後方約8000メートルにあった「ヨークタウン」に対しても艦攻隊が攻撃を開始した。「瑞鶴」隊の九九艦爆14機も高度を落として爆弾を投下する。命中弾は1発だけであったが、敵機動部隊の陣形は大きく乱れてしまっていた。

これは攻撃隊にとってまたとない攻撃のチャンスではある。しかし、爆撃機も雷撃機も全弾を投下しつくしており、「ヨークタウン」「レキシントン」に止めを刺す攻撃機がいなかった。戦闘は約40分で終わり、攻撃隊は空中集合し帰投することにする。ところが、集合の途中、制空隊の零戦の援護がなかったため敵戦闘機に襲われ、九七艦攻4機、九九艦爆7機が失われてしまう。無事帰投できたのは46機。この戦闘で44名が戦死し、戦死者の中には指揮官の高橋赫一少佐も含まれていた。

こうして、史上初の空母対空母の航空戦は終わったが、左舷へ傾いたまま航行していた「レキシントン」では、艦を水平に戻す試みがなされていた。戦闘が終わって1

時間後には飛行甲板が使用可能にまでなっていたものの、艦内では航空用ガソリンのタンクのパイプがゆるみ、気化したガソリンが充満。そこに稼働中の発電器のスパークが飛び、大爆発が起きた。艦内のいたるところで火災が発生し、艦内の通信網は途絶、応急修理の中枢である中央指揮所は爆発によって破壊された。

12時45分、2回目の大爆発が起こった。この爆発により缶室と機械室が破壊され、艦の速力が落ちてきた。シャーマン艦長は第17任務部隊の司令官フレッチャー少将に助けを求める。フレッチャー司令官は重巡「ミネアポリス」に座乗して指揮をとっているキンケード司令官に救助作業の任務にあたるよう命じ、キンケード司令官は駆逐艦「モーリス」に消火を手伝うよう命じた。だが、そのとき「レキシントン」はすでに一面火焔に包まれており、消火は不可能な状態であった。

火災はハンガーデッキまで広がっていき、火災現場近くの魚雷や爆弾がいつ爆発するかさえ分からない危険な状況下にあった。負傷者と搭乗員が「モーリス」に移乗した後、「レキシントン」は航行不能に陥る。そして午後3時7分、「総員退去」が命じられた。駆逐艦「モーリス」「アンダーソン」「ハマン」の3隻が乗員のすべてを移乗させた。フレッチャー司令官は、駆逐艦「フェルプス」に対して、魚雷による「レキシントン」の処分を命じる。午後6時、「レキシントン」の右舷に4本の魚雷が発射され、艦は大きく傾いて、ついに海中へ没した。

これに対し、「ヨークタウン」は応急処置を済ませ、戦闘可能な状態にまで回復していた。しかし、搭載機のほとんどは損傷がひどく、爆弾・魚雷も払底し、戦闘の継続は困難な状況であった。珊瑚海海戦の戦闘状況の報告を受けたパールハーバーのニミッツ太平洋艦隊司令長官は、フレッチャー司令官に対して「第17任務部隊は珊瑚海から避退」するように命じる。

一方、日本軍も作戦の継続は不可能であった。第5航空戦隊の原少将は第2次航空攻撃を諦め、南方部隊を指揮する井上成美中将の許可を得て北上、戦場から離脱を開始する。井上中将のMO作戦中止の決定に対し、連合艦隊司令部は作戦継続を要求したが、すでに戦機は去っていた。5月10日、連合艦隊司令部もMO作戦の延期を決定する。

佐藤和正氏は「太平洋海戦Ⅰ 進攻篇」（講談社刊）の中で本作戦を次のように総括した。

「日本が計画したポートモレスビー攻略、それにつづくオーストラリア攻略の大バクチは、珊瑚海海戦の一撃によってついに阻止された。

MO作戦は、目的を達成できないまま、米軍の正規空母「レキシントン」を撃沈したということで日本軍にわずかの勝利の分があった。しかし、戦略的に見れば、ポートモレスビー攻略という日本軍の目的は挫折し、ついに再び計画することができなかった。この攻略失敗が、その後の戦局に大きく影響して、南東方面の日本軍を塗炭の苦しみに追いやるのである」

日本軍の破竹の進撃は珊瑚海でついに押しとどめられた。徹底さを欠く索敵や攻撃、兵力の分散など、この海戦でも見られた日本側のミスは、ミッドウェーで破滅的な結果をもたらすことになる。

珊瑚海海戦時の戦力比較　1942年5月7～8日

■日本海軍

【機動部隊】

◎主隊

第３戦隊　重巡洋艦　**妙高　羽黒**

第７駆逐隊　駆逐艦　**曙　潮**

◎航空部隊

第５航空戦隊　空母　**瑞鶴**（零戦20機、99艦爆22機、97艦攻21機）　**翔鶴**（零戦17機、99艦爆21機、97艦攻16機）

第27駆逐隊　駆逐艦　**有明　夕暮　白露　時雨**

◎補給部隊　補給艦　**東邦丸**

【攻略部隊主隊】

◎主隊

第６戦隊　重巡洋艦　**青葉　加古　衣笠　古鷹**

空母　**祥鳳**（零戦16機、97艦攻12機）

駆逐艦　**漣**

◎ポートモレスビー攻略部隊

第６水雷戦隊　軽巡洋艦　**夕張**（旗艦）

駆逐艦　**追風、朝風、睦月、弥生、望月**

敷設艦　**津軽**

掃海艇　**掃海艇20号**

給油艦　**五洋丸**

工作艦　**雄島**

海軍輸送船　6隻

陸軍輸送船　6隻

■連合軍海軍

第17任務部隊、攻撃隊

重巡洋艦　**チェスター（CA-27）　ニューオーリンズ（CA-32）　ポートランド（CA-33）　アストリア（CL-34）　ミネアポリス（CA-36）**

駆逐艦　**ファラガット（DD-348）　デューイ（DD-349）　モナハン（DD-354）　エイルウィン（DD-355）　フェルプス（DD-360）**

支援隊

重巡洋艦　**オーストラリア**（豪州）　**ホバート**（豪州）　**シカゴ（CA-29）**

駆逐艦　**パーキンス（DD-377）　ウォーク（DD-416）**

空母群

空母　**ヨークタウン（CV-5）**（F4F戦闘機21機、SBD急降下爆撃機38機、TBD雷撃機13機）　**レキシントン（CV-2）**（F4F戦闘機21機、SBD急降下爆撃機36機、 TBD雷撃機12機）

駆逐艦　**アンダーセン（DD-411）　ハンマン（DD-412）　ラッセル（DD-414）　モリス（DD-417）**

補給群

給油艦　**ネオショー　ティッペカヌー**

駆逐艦　**ウォーデン（DD-352）　シムス（DD-409）**

索敵群

水上機母艦　**タンジール**（PBY哨戒飛行艇12機）

第5章　ミッドウェー海戦

昭和17（1942）年6月5～7日

前哨戦で早くもつまづく連合艦隊

ミッドウェー作戦は、昭和17（1942）年4月中旬、第2段作戦計画の一環としてミッドウェー環礁に関する作戦案が上奏・裁可されたことに始まる。この「MI作戦」の目的は、ミッドウェーを占領してハワイ攻略の前進基地とすることを第一として、第二はミッドウェー攻略により米太平洋艦隊を誘い出し、これを一挙に壊滅しようというものである。これによって東方正面の防衛線を確保し、日本に必要な資源を運び込み、戦争の長期化に備えようというのだ。当初大本営や軍令部はこの作戦に反対であったが、4月18日の東京初空襲を受け、にわかに最重要の作戦として実行に移された。

MI作戦の出撃準備が整った連合艦隊は、攻略予定日のN日（6月7日）に照準を合わせて作戦任務につく。5月27日、空母「赤城」「加賀」「飛龍」「蒼龍」を基幹とする南雲中将の第1機動部隊が瀬戸内海の柱島泊地を出撃。翌々日の29日には、同地から近藤中将のミッドウェー攻略部隊主隊、続いて山本長官直率の主力部隊が出撃して行った。珊瑚海海戦で大きな損害を受けた空母「瑞鶴」「翔鶴」基幹の第5航空戦隊は不参加となった。

6月1日から4日までの間には、ハワイ西方の甲散開線に伊169潜、伊174潜、伊175潜、伊171潜の4隻が進出、乙散開線には6月4日から8日までに伊156潜、伊157潜、伊158潜、伊159潜、伊162潜、伊165潜、伊166潜の7隻が進出する。ところが、米機動部隊は5月29、31日にパールハーバーを出撃していたので、日本の潜水艦が進出する前にその海域を通って北上。日本軍に発見されることなくミッドウェー海域へと入ってしまっていた。

一方、第13潜水隊の伊121潜と伊123潜は5月29、30日にフレンチフリゲート礁に展開していた。連合艦隊は二式飛行艇2機をマーシャル諸島のウォッゼから発進させ、フレンチフリゲート礁で待機しているこの2隻の潜水艦から燃料の補給を受け、

5月31日にパールハーバーへ向かい、在泊艦艇を偵察、攻撃する「K作戦」を計画していたのである。

二式飛行艇と合同するためフレンチフリゲート礁に現れた伊１２１潜と伊１２３潜は、そこに米水上機母艦2隻の在泊と飛行艇1機が着水しているのを発見した。伊１２３潜はこの様子を見て、「警戒厳重、見込みなし」と連絡。二式飛行艇のフレンチフリゲート礁への派遣は中止となり、パールハーバー偵察も一日延期された。しかし、翌日になっても2隻の水上機母艦は、哨戒任務についており、この厳重な警戒のため、ついに「K作戦」は中止された。これにより、最重要点であった敵情偵察の手段が一つ崩れた。

伊１２１潜と伊１２３潜は、そのままフレンチフリゲート礁付近の哨戒任務についていたが、予備の補給潜水艦とされていた伊１２２潜は故障修理のために遅れて出航、予定の補給地点を通過し、6月4日にフレンチフリゲート礁とミッドウェーの中間にあるレイサン島周辺に展開して偵察任務についた。しかし米空母は潜水艦が展開する前に通過してしまっており、作戦は最初から後手に回った。潜水艦による米機動部隊の捕捉攻撃はならず、連合艦隊の作戦はハナから大きく崩れていたのである。

アリューシャン作戦の開始

ミッドウェー作戦の開始とともに、その陽動として北方のアリューシャン作戦（AL作戦）も実行に移された。第1潜水戦隊第4潜水隊の伊25潜、伊26潜の2隻が5月11日に横須賀を出航。続いてアリューシャン列島の要地偵察のため、第1潜水戦隊の旗艦伊9潜と第2潜水隊の伊15潜、伊17潜、伊19潜が5月19日に大湊を出航した。アラスカ方面に向かった第4潜水隊の2隻は27日にコジアク島を偵察、重巡1隻、駆逐艦2隻を発見。また、アリューシャン方面に向かった第1潜水戦隊の主力は、ダッチハーバー方面で小艦艇や飛行艇などを視認した。

5月26日、空母「隼鷹」「龍驤」を基幹とする第2機動部隊は陸奥湾を出航してダッチハーバー攻撃に向かう。5月28日、キスカ攻略部隊も陸奥湾を出航、幌筵に回航し、6月2日幌筵を出航した。

6月3日（Nマイナス4日）、第2機動部隊はダッチハーバーの南西約180海里の攻撃開始地点に達し、ミッドウェー作戦の先制攻撃としてダッチハーバー空襲を開始する。第2機動部隊指揮官・角田少将は空母「龍驤」から零戦3機、九七艦攻14機、「隼鷹」から零戦13機、九九艦爆15機による第1次攻撃隊を発艦させた。

各攻撃隊は悪天候の中を飛び続けた。4日零時40分、「龍驤」の零戦3機がウナラ

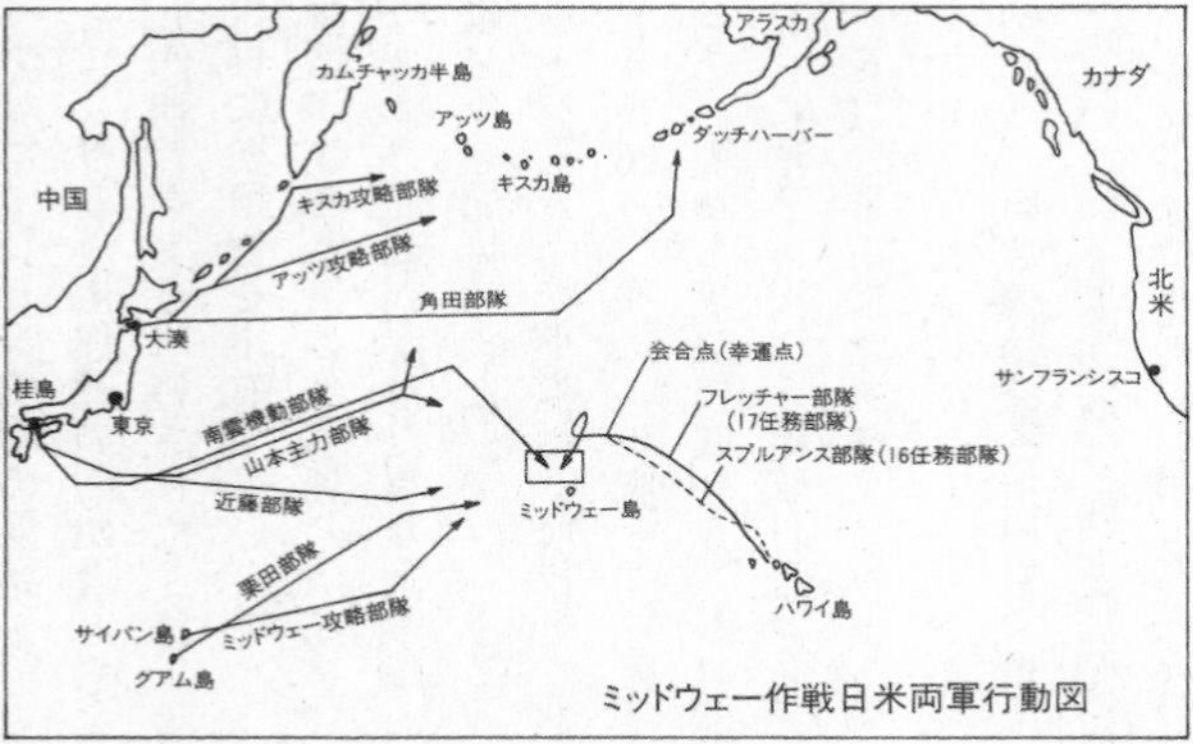
アラスカ
カムチャッカ半島
カナダ
アッツ島
ダッチハーバー
中国
キスカ攻略部隊
キスカ島
アッツ攻略部隊
北米
角田部隊
大湊
会合点（幸運点）
桂島
サンフランシスコ
南雲機動部隊
フレッチャー部隊
（17任務部隊）
東京
山本主力部隊
スプルアンス部隊（16任務部隊）
近藤部隊
ミッドウェー島
栗田部隊
ハワイ島
サイパン島
ミッドウェー攻略部隊
グアム島
ミッドウェー作戦日米両軍行動図

スカ島上空に到達し、間もなくダッチハーバーの港を発見、湾内にあったPBYカタリナ飛行艇や重油タンクを銃撃した。続いて九七艦攻が倉庫群、電信所、重油タンク、兵舎などを爆撃する。しかし、「隼鷹」の攻撃隊の方は天候が悪く攻撃は不発に終わった。「龍驤」の九七艦攻隊は帰投時にウナラスカ島北西部のマクシン湾に米駆逐艦5隻が在泊しているのを視認、この報告を受けた角田司令官は使用できる全機で第2次攻撃隊を編成し、この駆逐艦群を攻撃することとする。

第2次攻撃隊として、「龍驤」から零戦9機、艦攻17機、「隼鷹」から零戦6機、九九艦爆15機が発進。さらに重巡「高雄」「摩耶」からも九五式水上偵察機各2機が発艦していった。だが、悪天候に行く手を阻まれ、とても攻撃できる状態ではなかった。なんとか「高雄」の艦載機２機がマクシン湾に突入したが、P－40の邀撃により1機は撃墜され、もう1機は帰投着水したものの、被弾のため機体は放棄された。

この作戦は戦略的にはほとんど意味がなく、それどころか、４日に不時着した「龍驤」の零戦は、米軍が捕獲した初の飛行可能な零戦となり、後に徹底的な調査によってその弱点を暴くのに大いに役立ってしまっている。

米陸上機の攻撃を受ける日本艦隊

６月４日の朝、第２機動部隊からダッチハーバー攻撃の報告を受けた第1機動部隊（南雲司令長官）は、ミッドウェーを目指して南下を続けていた。海霧は未明からしだいに薄らいで、午前5時ごろの視界は15キロであった。

そのころ、山本五十六長官が指揮する主力部隊は、ミッドウェー環礁の北西約１０００海里にあった。ここで予定通り、高須四郎中将率いる警戒部隊（戦艦「伊勢」「日向」など）を分離して、キスカ南方５００海里付近の配備海域へ向かわせた。そして、主力部隊は針路を90度に向けると、14ノットの速力でミッドウェー作戦支援の配備点へと向かった。

6月4日未明、ミッドウェー環礁サンド島にある水上機基地から、PBYカタリナ飛行艇が哨戒任務につくため、次々と離水していた。そのうちの1機がはるか水平線上にいくつかの点を発見。情報はただちに「敵主力部隊を発見、方位262度、距離700海里」と打電された。この報告を受けたサンド島は色めきたった。いよいよ日本艦隊がやってくる。しかし、カタリナ飛行艇が発見したのは主力部隊ではなく、田中第2水雷戦隊司令官率いる旗艦「神通」と駆逐艦部隊が護衛する船団であった。

午前9時30分、イースタン島から300キロ爆弾4発を抱いたB－17爆撃機9機が離陸する。B－17は午後1時ごろに日本船団の上空に達し、高度3000～4000メートルで、3回にわたり水平爆撃を行った。しかし、どれも命中せず被害はない。米軍は攻撃を続け、薄暮時には魚雷をつけた4機のカタリナ飛行艇が飛び立つ。午後11時54分、船団の最後尾を航行していた特設運送艦「あけぼの丸」に魚雷が命中。これにより弾薬搭載の船倉が誘爆を起こして11名が戦死、13名の負傷者を出している。

一方、6月4日午後3時ごろ、第17任務部隊の空母「ヨークタウン」、第16任務部隊の空母「ホーネット」「エンタープライズ」を集結させた米機動部隊は、ミッドウェー環礁の西北西約300海里の海域を航行していた。指揮官のF・J・フレッチャー少将は、日本軍の船団を西方に発見したとの報告を受け、これで日本の空母部隊が北西方から南下してくるのは確実と判断。日本機動部隊は明5日の払暁を期してミッドウェー環礁を攻撃するだろうと結論する。そこでフレッチャー司令官は、針路を210度に向けると、翌5日早朝までにミッドウェー北方約200海里の海域まで進出しようと南下を始めた。

そのころ、南雲忠一司令長官率いる第1機動部隊は24ノットで南東に向かって航行していた。そして、6月5日の黎明前、針路130度で攻撃隊の発信地点へと向かう。空母「赤城」「加賀」「飛龍」「蒼龍」の飛行甲板では第1次攻撃隊の試運転が始まっていた。この攻撃隊の総指揮官はパールハーバーを攻撃した歴戦の淵田美津雄中佐が予定されていたが、虫垂炎を発病し、艦内医務室で手術を受けていたので参加できなくなった。そこで急遽「飛龍」の飛行隊長友永丈市大尉が任命された。

ミッドウェー環礁サンド島攻撃開始

やがて東の空が明るくなってきた。第1機動部隊はミッドウェー環礁の北西約210海里付近まで到達。ここで南雲長官は第1次攻撃隊の発進を下令する。4隻の空母は一斉に風上に艦首を向け、午前4時45分、友永大尉率いる制空戦闘機36機、急降下爆撃機36機、艦攻機36機合わせて108機が発艦していく。編隊は上空で集合を終え

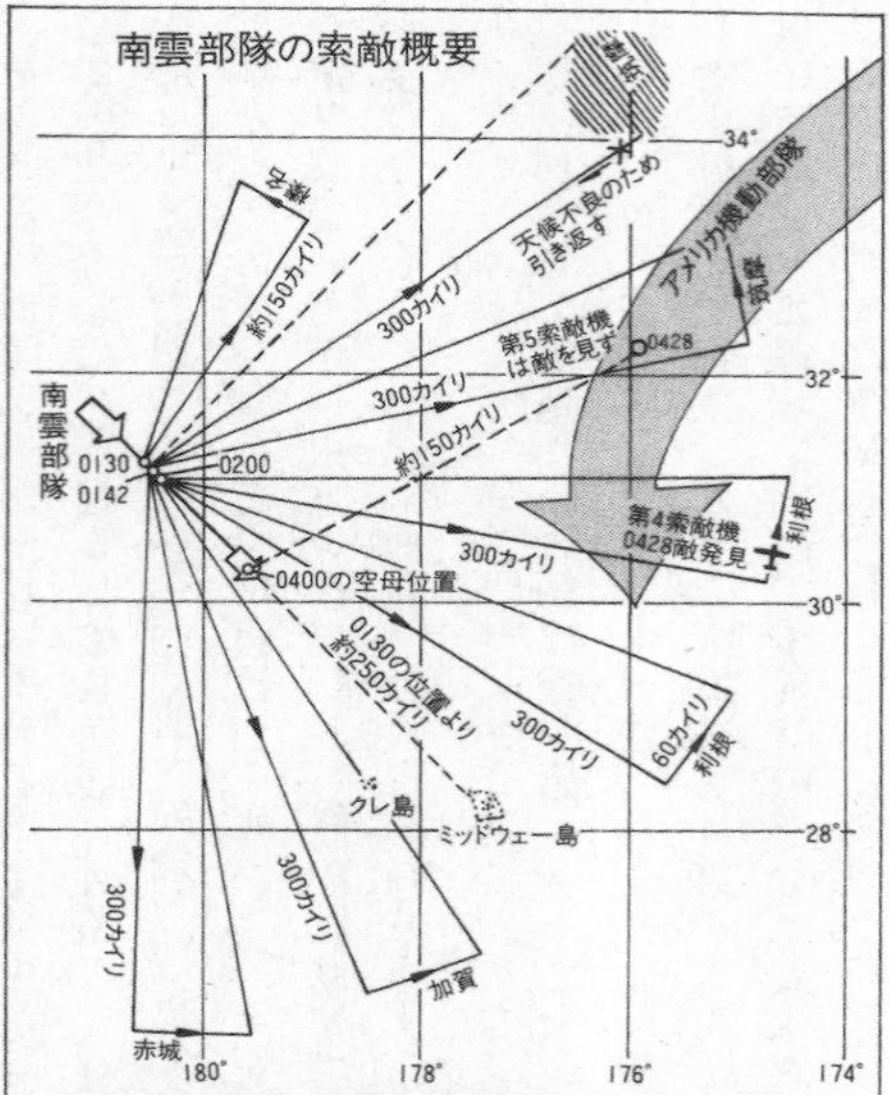

この索敵線は、南から第１～第７索敵線と定められていた。利根の索敵機は出発が約30分遅れた。これが発見遅れの原因となった。しかも同機の発見報告位置は、図のように筑摩機の索敵線上であった。実際の敵は利根索敵線上、すなわち発見位置の南方にいたのである。

るとミッドウェーを目指した。予定では攻撃隊の発艦と前後して、７機の索敵機が米機動部隊を求め発艦するはずであった。しかし「利根」の索敵機４号は30分以上も発艦が遅れてしまった。

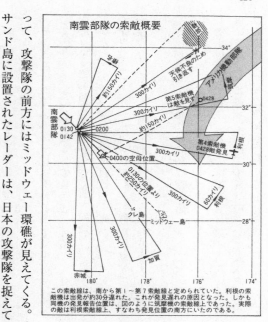

母艦を発艦した戦爆連合の攻撃隊は、高度３０００メートルで進空していった。晴れ間が多くなって、攻撃隊の前方にはミッドウェー環礁が見えてくる。そのころ、ミッドウェーのサンド島に設置されたレーダーは、日本の攻撃隊を捉えていた。「日本機多数を捕捉、方位３１０度、距離93海里、高度1万フィート」。サンド島内の空襲警報のサイレンが鳴り響いた。時を移さず、戦闘機26機が邀撃のためイースタ

ン島の滑走路を飛び立つ。続いてB－26マローダー4機、TBFアベンジャー6機、SB2Uビンディケーター11機、SBDドーントレス16機が離陸して、空中待機した。このほか、PBYカタリナやB－17フライングフォートレスなどは全機索敵攻撃に向かっていたので、イースタン島、サンド島の機体は故障機以外すべて空中にあった。

ミッドウェー環礁に接近した攻撃隊指揮官・友永大尉は「突撃準備隊形ツクレ」を下令した。するとその前方にF4FとF2Aの戦闘機群が待ち伏せしているのを発見する。と同時に、F4F 3機が先頭をいく「飛龍」艦攻隊の正面から機銃を乱射しながら突っ込んできた。

そこへ制空隊の零戦が割り込んでたちまち激しい空戦が展開される。が、F4FやF2Aは零戦の敵ではなかった。制空隊の奮戦で「飛龍」艦攻隊は高度3400メートルでサンド島上空に進入、友永大尉の率いる第1中隊九七艦攻3機が、800キロ爆弾を島の東側にある燃料タンク目がけて投下、3基の燃料タンクに命中炎上させた。続いて第2中隊長菊地大尉の率いる6機の九七艦攻が、サンド島東側の高角砲陣地に800キロ爆弾を投下、一部を破壊した。このとき、1機が撃墜されている。

この間、「蒼龍」艦攻隊の阿部平次郎大尉率いる第1中隊の九七艦攻5機は、高度2700メートルでサンド島の西側に向かい、西岸の高角砲陣地を爆撃した。続く伊東大尉率いる第2中隊の九七艦攻6機と山本大尉率いる第3中隊6機はイースタン島に向かう。そして滑走路や格納庫を爆撃した。

総指揮官友永大尉は滑走路の破壊が不十分なことや地上陣地がまだ破壊されずに残っていたので、「第2次攻撃の要あり」と「赤城」の司令部へ打電した。

この報告を受けた南雲長官は、米空母発見に備えて雷爆装で待機していた第2次攻撃隊に対し、「攻撃隊は陸用爆弾に兵装を転換せよ」と下令した。というのも、早朝発進し、予定された300海里の進出距離に達しているはずの索敵機から、「敵艦隊発見」の報告がなかったためだ。付近に米艦隊が航行している可能性はないものと判断してのこの命令で、第1航空戦隊（「赤城」「加賀」）の九七艦攻は魚雷を800キロ爆弾に、第2航空戦隊（「飛龍」「蒼龍」）の九九艦爆の大部は通常爆弾から陸用爆弾への兵装換えを開始する。たちまち、母艦の格納庫はハチの巣をついたような大騒ぎとなった。

兵装の転換は、九九艦爆では250キロ通常爆弾を250キロ陸用に換えるだけなので問題はなかったが、九七艦攻の場合は大変である。まず装着してある魚雷を外し、次いで機体の胴体下につけられている投下器を外して爆弾投下器につけ換える。そして800キロ陸用爆弾を胴体の下に運んできて装着し、いったん投下試験を行って爆弾が間違いなく落下することを確認してから再び装着するのだ。「赤城」全機の転換作業に要する時間は約1時間半、「加賀」では2時間から2時間半かかる計算であった。この間、米基地航空隊のB－17が飛来し、高空から機動部隊を爆撃する。損害はなかったが、兵装転換の混乱にさらに輪をかけることになった。

再び兵装転換、退けられた山口少将の進言

そんななか、兵装転換の作業中に「利根」の索敵機4号から緊急電が飛び込んできた。「敵らしきもの10隻見ゆ、ミッドウェーの方位10度、距離240海里、針路150度、速力20ノット以上、0428」。待ちに待った米水上部隊発見の報告だ。ところが、この報告がさっぱり要領を得ない。なにしろ、空母がいるのか、どんな艦種が航行しているのか具体的な情報が何ひとつなかったのだ。ただちに「赤城」の第1機動部隊の司令部から「艦種知らせ」の司令電が打電された。

このとき、艦隊の上空にイースタン島を飛び立った16機のSBDドーントレスがあらわれた。空中哨戒にあたっていた零戦により8機が撃墜され、残りのSBDが「飛龍」に襲いかかったが、1発の命中弾もあたえることができなかった。

そうこうしているうちに「利根」4号機は敵の兵力を次々に打電してきた。「敵の兵力は巡洋艦5隻、駆逐艦5隻よりなる、0509」。この電報によると米空母がいないことになっている。「赤城」の司令部は「空母がいないのなら予定通りミッドウェーを攻撃することにしよう」と考えたが、「利根」機からはさらに「敵はその後方に空母らしきもの1隻をともなう、0520」との報告が入る。

これにより南雲長官はミッドウェー空襲を止めて、敵艦隊を攻撃することを決意した。すぐに「敵艦隊攻撃準備、雷撃機雷装そのまま」と下令された。再び兵装の転換命令である。九九艦爆も九七艦攻もこのときほぼ全機が陸用爆弾への装備換えを終えていた。が、空母が発見された以上、兵装は艦艇攻撃用でなければならない。

第2航空戦隊司令官・山口多聞少将は、「飛龍」から旗艦「赤城」の司令部に信号を送った。「ただちに攻撃隊発進の要ありと認む」。山口司令官からせめて第2航空戦隊の艦爆隊だけでも攻撃に向かわせるべきだと思っての意見具申である。

だが、この意見は退けられた。兵装の転換は、さらに1時間半から2時間を要する。全機の兵装転換が終わっても、これを格納庫から飛行甲板に上げ、発艦準備が終わるまで約40分はかかる。艦内では時間との戦いが続けられていた。庫内のいたるところに陸用爆弾が置かれたままになった。弾庫に戻す時間がないのだ。

一方、第1機動部隊を先に発見したカタリナ飛行艇からの緊急信により、スプルーアンス司令官率いる第16任務部隊は、空母2隻、巡洋艦6隻、駆逐艦9隻を、針路240度、速力25ノットで航行していた。スプルーアンス司令官は、日本の攻撃隊がミッドウェーを空襲しているとの報告を受けると、一つの作戦を立てた。それは日本機がミッドウェー攻撃を済ませて母艦に帰投、再攻撃のために飛行甲板上で燃料弾薬の補給を行っているところを捕捉攻撃しようというものであった。

友永総指揮官がミッドウェーの攻撃を終えて「第2次攻撃の要あり」と打電していたころ、「エンタープライズ」「ホーネット」から攻撃隊が発艦を始めていた。発艦した攻撃隊はF4Fワイルドキャット戦闘機20機、SBDドーントレス急降下爆撃機65機、TBDデバステーター雷撃機29機の合わせて114機である。

攻撃隊が母艦を次々と発艦して約20分が過ぎたころ、スプルーアンス司令官は、1機の日本軍水上偵察機に接触されていることを知った。この水偵こそ「利根」4号機である。スプルーアンスはこれを見て、日本機動部隊への奇襲のチャンスを失ってしまったと判断、強襲することにした。

また、第17任務部隊のフレッチャー司令官が座乗する「ヨークタウン」は、スプルーアンス隊の後方から同じ針路、同じ速力で航行していた。フレッチャー司令官は、索敵機の情報が日本空母2隻となっているのを疑っていた。もっとほかに数隻いるはずだと考えたフレッチャー司令官は攻撃隊の発艦を遅らせていたのだ。

しかし、その後なんの情報も入らなかったので、フレッチャー司令官は艦爆の半数と艦攻の全機を、護衛戦闘機をつけて発艦させることにした。「ヨークタウン」からF4F戦闘機6機、SBD急降下爆撃機17機、TBD雷撃機12機合わせて35機が発艦していった。

矢継ぎ早に来襲する米空母艦上機

日本の第1機動部隊を最初に発見したのは「ホーネット」のTBDデバステーター15機であった。指揮官のウォルドロン少佐はバンクして列機に合図を送る。

午前6時18分、第1機動部隊では第1次攻撃隊を全機収容し終わっていた。と、そのとき上空直衛機が「敵航空機の大群来襲」と通報してきた。それを裏づけるように「赤城」の見張り員がこの敵機を発見。15機のデバステーター雷撃機の機影がみるみるうちに大きくなる。上空で哨戒任務についていた制空隊の零戦が米雷撃機に襲いかかり、撃墜していくが、零戦の追撃を逃れた数機が「蒼龍」に対して魚雷を投下した。「蒼龍」はジグザグに艦を操って、魚雷を回避。そのうち、零戦が残りの雷撃機を撃墜した。

空母「ホーネット」の雷撃機が全滅した後、今度は「エンタープライズ」のデバステーター14機が日本の空母上空に姿をあらわした。雷撃機はすぐさま攻撃態勢に入る。デバステーターが自分たちの方に向かってきているのを確認した「加賀」の艦上では対空機銃が火を噴き、雷撃を回避するため船体を右に左にとひねった。そのとき、制空隊の零戦がこの雷撃機に襲いかかり、たちまち10機のデバステーターを撃墜する。

そのころ、「赤城」艦橋の南雲長官は、山本連合艦隊司令長官および各部隊の指揮官宛に次のよう電文を送った。「０５００、敵空母１、巡洋艦５、駆逐艦５をミッドウェーの10度、２４０海里に認めこれに向かう」。さらに「昼戦を持って敵を撃滅せんとす、第10、第８、第３戦隊の順序、針路70度、速力20ノット」と麾下部隊に信号を送り、航空攻撃に加えて水上部隊による昼戦を行う意図を示した。

一刻も早く攻撃隊を発艦させたい南雲長官は、「赤城」「加賀」「飛龍」「蒼龍」の指揮所に雷装の進捗状態を問い合わせた。これに対する答えは、第１航空戦隊の艦攻隊は７時半に、第２航空戦隊の艦攻隊は８時までに全機の発艦が可能というものであった。少なくともあと１時間半以内に零戦、九九艦爆、九七艦攻の大攻撃隊が、米機動部隊に向けて母艦を飛び立つことが可能になるのである。

午前７時、第１機動部隊の後方から12機のデバステーター雷撃機が、６機のＦ４Ｆ

に護衛されて進入してきた。これは「ヨークタウン」の艦上機である。しかし、F4Fは制空にあたっていた零戦に全機撃墜されてしまう。零戦は続いてデバステーターに襲いかかり、6機を撃墜。撃墜を逃れた5機が「赤城」「加賀」「蒼龍」に向かって魚雷を投下したが、命中しなかった。

奇襲となったドーントレス急降下爆撃機の攻撃

同時に発艦したとしても、艦爆は雷撃機より高空を飛ぶため上昇に時間がかかり、敵艦隊到達までよけいに時間がかかる。「エンタープライズ」を発艦したSBDドーントレス急降下爆撃機30機は、針路を南西にとって進空していた。日本機動部隊はミッドウェー環礁に向かって南下を続けていると考えたからである。ところが、推定地点に到着しても日本機動部隊を捕捉することができなかった。そこで針路を北方へ変針。しばらくすると、洋上を1隻の駆逐艦が北東方向へ航行しているのを発見した。これは第1機動部隊の駆逐艦「嵐」であった。

マックラスキー少佐に率いられた30機のSBDはその駆逐艦を針路線上に入れて追跡した。その延長線上に日本機動部隊がいると考えたからである。しばらく飛行を続けていると、マックラスキー少佐は前方に白い航跡を引きながら航行する3隻の日本空母を発見する。西端に「赤城」、その右舷正横に「蒼龍」、両艦の間を少し遅れて「加賀」が航行していた。いよいよ日本空母を攻撃するときがきた。

マックラスキー少佐は、ガラハー大尉率いるＳＢＤ１コ中隊に対して自分と一緒に「加賀」を攻撃をするよう命じ、ベスト大尉率いるＳＢＤ１コ中隊には「赤城」を攻撃するよう指令した。二手に分かれたＳＢＤの攻撃隊は急降下爆撃態勢に入る。直掩の零戦は「ヨークタウン」の雷撃機を邀撃した際低空に引き寄せられ、急降下爆撃機の突入してきた高度はガラ空きだったのだ。うなりを上げ急降下するＳＢＤ――「加賀」の右舷にもの凄い水柱が立ち上った。さらに爆弾１発が艦橋直前に命中して爆発、艦長の岡田治作大佐以下、艦橋にいた全員が一瞬にして戦死した。立て続けに艦首部へ１発、飛行甲板中央部に１発、後部右舷に１発が命中。爆弾は格納庫を突き破って爆発し、その下方にある燃料庫、弾薬庫が相次いで誘爆し、赤黒い火焔が大空へ舞い上がった。

そのとき飛行甲板にあった全機は燃料を満載しており、爆装から雷装へ換装後、取り外された陸用爆弾が片付ける時間もないまま格納庫の床に放置されていた。それらが次々と誘爆して被害はさらに拡がり、わずか数分で「加賀」は火焔につつまれてしまった。

このとき、「赤城」艦上では制空隊の零戦1機が発艦し終わったばかりであった。見張り員は「赤城」に突っ込んでくる敵機を発見、対空機銃が一斉に火を噴く。SBDドーントレスはさらに突っ込んでくる。SBDは高度500メートルくらいで爆弾を投下。投下された最初の1発が左舷の艦橋前方、舷側10メートルの至近海面に落下した。続く2発が飛行甲板中央エレベーター付近に命中。飛行甲板を貫通した後、上部格納庫を貫通して中部格納庫で炸裂した。

「赤城」にとってこの2発目が致命傷となった。というのはここには攻撃準備を終えた九七艦攻、九九艦爆が、爆弾、魚雷を搭載したままスタンバイしていたからである。航空機が次々と燃え上がり、爆発し、機付整備員を巻き添えにして轟然たる大音響とともに飛び散った。さらに3発目が艦尾左舷の飛行甲板に命中、格納庫で爆発した。この爆発により「赤城」の飛行甲板の後部がめくれ上がり、航空機から流れ出たガソリンに引火、激しい炎が辺りをつつんだ。

このころすでに「蒼龍」も黒煙を噴き上げていた。ほぼ同時刻に北から突入した「ヨークタウン」のSBD艦爆隊による急降下爆撃は、1発目が飛行甲板の前部を貫通して格納庫の中で爆発、前部エレベーターを押し曲げた。2発目は艦中央部に命中、発進準備を急いでいた航空機を炎上させ、飛行甲板の後半部は一面が火の海と化していた。そして3発目が後部エレベーター近くに命中、艦内は猛火につつまれた。一瞬のうちに、空母3隻が被爆、炎上したのである。

南雲長官、赤城を脱出

第1機動部隊（第1航空艦隊）司令部がある「赤城」の戦闘艦橋では、南雲司令長官が無言で立ちつくしていた。その後ろには草鹿参謀長、左には艦長青木泰二郎大佐の姿があった。その他の司令部要員も沈痛な面持ちで立っていた。艦橋内は重苦しい空気が漂っていた。

そうこうしているとき、艦橋の下からペンキの燃える匂いがしてきた。さらに煙が艦橋内にこもりはじめる。参謀の一人が防毒マスクを持ってきて南雲長官以下の参謀たちに手渡した。爆撃を受けて相当なダメージを受けている「赤城」であったが、このときはまだ20ノットで航行していた。しかし、艦内のあちこちで誘爆が起こり、炎はさらに大きくなって艦橋を舐めはじめた。

これを見て第10戦隊の旗艦である軽巡「長良」が「赤城」に近づいてきた。そして発光信号で、司令部の移乗をうながす。草鹿参謀長の「長良」へ移乗してくださいという進言にも、「赤城」へ残る南雲長官の決意は固かった。だが、「赤城」の艦橋で目の前にもうもうと立ちのぼる火炎を見て、もうこれ以上「赤城」に残って指揮をとることは不可能と判断、草鹿参謀長の進言どおり艦橋を降りることにした。

先に艦橋を降りて、南雲長官の身の安全をと思った艦隊機関長・田中実大大佐は、艦橋後部のラッタルを降りようとして滑って転び、足を骨折してしまった。転んだ瞬間、思わず手摺につかまったが、とたん両手の掌にやけどを負い、ペロリと皮膚がむけてしまう。手摺は炎にあぶられて焼け火ばしのような状態になっていたのである。ラッタルばかりではなかった。艦橋後部の鉄板やその下の甲板も焼けただれていて、降り立つことができなかった。

そうなると艦橋前の窓から脱出する以外になかった。艦橋の外鈑に縛りつけてあるマントレット（防弾用）のロープを切り取って窓から吊り下げた。このロープをつたって上甲板に降りるしか道はない。まず最初に南雲長官が降りた。続いて参謀長の草鹿少将、そして他の司令部要員たちが一人ずつ降りていった。

この艦橋脱出の模様を草鹿龍之介少将は『連合艦隊＝草鹿参謀長の回想』で次のように記している。「私は体重が重いので、皆のように機敏に行動することはできない。ロープの途中まで下りたときに飛行甲板に墜落した。右足の靴が脱げて先の方にころがっている。拾おうかと思ったが、甲板の木が燃えているので、そこまで行けそうにもない。

参謀長ともあろうものが靴半足のために火傷を負ったとあっては末期までの恥である。探照灯台に上がって全般の状況を見定めてからと思ったのでその鉄の手摺に飛びついた。赤くなっていなかったが、鉄が焼けていたので両手に火傷をした。

司令部要員はすでに飛行甲板の前端に集まり〝参謀長、参謀長〟と呼んでいる。そこへ行く途中は前面火が拡がってプスプス木がいぶっている。機銃弾がピュンピュン眼前を無軌道に飛び交うし、片方の靴はなし、一瞬ちょっと躊躇したが、観念して火の中をノコノコ歩いて行った。それでまた右足に火傷した。墜落の際捻挫したらしく両足首がズキズキ痛む」――

「赤城」の飛行甲板の前部には多くの戦死者が運ばれていた。胴体だけの者、両腕をもぎとられた者など、まるで地獄絵図を見ているようであった。しばらくすると、艦内で大音響が続けて起こり、「赤城」が激しく揺れた。搭載してある魚雷や爆弾の誘爆である。すると「赤城」の速力が急に衰えてきた。

「赤城」から下ろされた内火艇に乗った南雲長官以下司令部要員は、「赤城」にもっとも接近していた駆逐艦「風雲」に移乗した。ところが、駆逐艦には司令部設備がない。ここでは全軍の指揮をとることができないため、「風雲」は軽巡「長良」に横付けして、南雲長官以下司令部要員すべてを「長良」に移乗させた。「長良」は南雲長官旗を揚げ、全軍に南雲司令長官の所在を明らかにした。

孤軍奮闘する「飛龍」の反撃

空母「赤城」「加賀」「蒼龍」3隻が戦闘不能となっていることを知った第2航空戦隊司令官の山口多聞少将は、「われ航空戦の指揮をとる」と信号を送り、「飛龍」1艦だけで米艦隊に向かって航行していった。

山口司令官は「飛龍」の飛行甲板でスタンバイしていた攻撃隊に発進を命じた。小林道雄大尉を指揮官とする九九艦爆18機と、森茂大尉指揮の零戦6機の第1次攻撃隊は、午前7時58分、次々と発艦していった。

そのころ、「筑摩」の零式水上偵察機の5号機が「敵空母1隻発見」と報告してきた。位置はミッドウェー環礁の北130海里付近。山口司令官はその方向に攻撃隊を向ける。その空母は「利根」4号機が発見したのと同じ第17任務部隊の「ヨークタウン」であった。

「ヨークタウン」では艦上戦闘機F4Fワイルドキャット12機が上空直衛のため発艦していた。時を移さず「蒼龍」を爆撃したレスリー少佐率いるSBDドーントレス急降下爆撃機が「ヨークタウン」上空に戻り、旋回を始める。そのとき、「ヨークタウン」のレーダーが40海里先の西南西より約30機の日本軍機が接近しているのを捉えた。これは上空のレスリー少佐に伝えられ、旋回していたレスリー隊は「ヨークタウン」から離れる。

米機動部隊の攻撃に向かった小林隊が「飛龍」を発艦してすでに20分ほどが過ぎていた。と、高度500メートルで進空してくる6機の米雷撃機を発見。すぐに空戦態勢をとる。零戦の森隊は襲いかかったが、1機も撃墜できなかった。それどころか森隊の1機が被弾、1機が機銃を射ちつくし、引き返していった。

午前8時55分、攻撃隊は約30海里前方に米空母を視認した。攻撃隊はしだいに高度を下げる。そのとき、どこに隠れていたのか、上空から12機のワイルドキャットが襲いかかってきた。艦爆隊の護衛任務につくのは森隊のわずか4機の零戦。いくら優秀な零戦といえども4機では艦爆隊を護衛することはできなかった。それでも空戦を行いながら8機の艦爆が、米軍機群を突破して「ヨークタウン」の上空に達したが、待ち構えていたかのように輪型陣の米艦は猛烈な砲火を浴びせてきた。2機が火だるまとなって落ちていった。先頭の1機は小林隊長機であった。

残る6機の九九艦爆は、機首を下に向けて突っ込んでいった。3発の爆弾が「ヨー

上空から見たミッドウェー環礁。手前からイースタン島、スピット島、サンド島。102機の航空機と3000人の兵が配備されていた

日本機の爆撃によって炎上するサンド島の燃料タンク。第1次攻撃隊108機は6月5日午後3時過ぎからミッドウェー環礁への爆撃を開始した

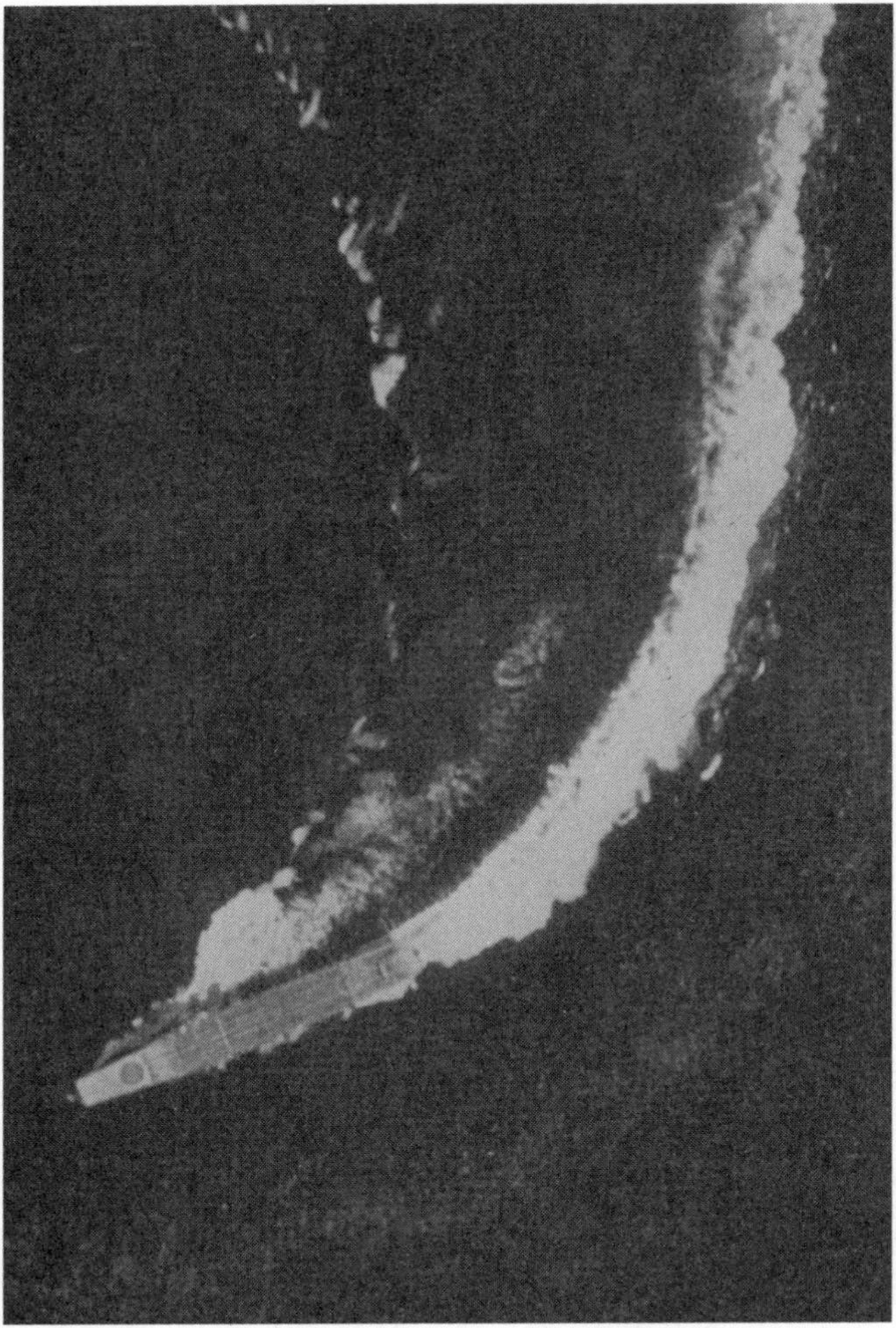

6月5日早朝、B-17爆撃機の水平爆撃をかわす「蒼龍」。爆弾はまったく当たらず、余裕をもった回避行動を行っている

空母「エンタープライズ」艦上で発進準備中のデバステーター雷撃機。デバステーターはミッドウェー海戦で多くが撃墜され、「ホーネット」「ヨークタウン」の雷撃戦隊も大きな損害を受けた

3空母が撃破されたあと、ただ1隻残った空母「飛龍」

「飛龍」の艦上機の攻撃を受ける空母「ヨークタウン」

被弾し、左舷に傾斜した空母「ヨークタウン」。右方を乗員収容に当たる駆逐艦「バルチ」が微速で移動している。「ヨークタウン」はその後、伊168潜の雷撃を受けて沈没する

6月5日午後2時ごろ、唯一残った空母「飛龍」にも23機のドーントレスが襲いかかった。艦橋前方に吹き飛ばされた前部エレベーターに注意

味方駆逐艦の雷撃によって沈没処分とされた「飛龍」だが、6日朝になっても炎上したまま海上にとどまっていた。この後間もなく沈没する

ミッドウェー海戦で活躍したダグラスSBDドーントレス急降下爆撃機。写真は同海戦で炎上する「三隈」への3度目の攻撃をかける「ホーネット」搭載機

撤退の混乱の中、第7戦隊の重巡「三隅」と「最上」が衝突。落伍した「三隅」は米艦載機の攻撃で撃沈された

クタウン」の艦尾付近に落下。1機の九九艦爆は爆弾を投下して機首を引き起こしたが、米艦から発射された機銃弾が命中、上昇中にコントロールを失い、そのまま海面に激突した。

「ヨークタウン」はジグザグ航行しながら九九艦爆の攻撃をかわす。だが、残った九九艦爆はさらに突っ込んでゆく。ついに1発が艦橋そばの飛行甲板に命中、と同時に爆発した。爆発により艦内に火災が発生し、もくもくと黒煙を吹き上げた。続いて2発目が左舷から右舷へと飛行甲板を貫通して、缶室から出ている煙路の中で爆発した。これにより、第2缶室、第3缶室が完全に使用不能となる。続いて3発目が前部エレベーターを貫通したあと、ボロ布倉庫の中で爆発した。アッという間に火災が発生する。倉庫に隣接する前部ガソリン庫、火薬庫に火の手が回ったら大変なことになると、消火班は必死になって消火作業を行った。

やがて日本の攻撃隊は去っていった。だが「ヨークタウン」の速力は、30ノットからわずか6ノットにまで落ち、さらに速力ゼロとなった。運の悪いことに艦橋にも火災が発生し、レーダー類が壊れた。フレッチャー司令官は司令部を重巡「アストリア」に移すことを決意し、「アストリア」を接舷させ移乗した。

「ヨークタウン」から離れたフレッチャー司令官は、これ以後の米機動部隊の総指揮を「エンタープライズ」に座乗している次席指揮官のスプルーアンス少将に委譲した。と同時に「このあとの作戦は君の命令に従う」と伝えた。

「ヨークタウン」を撃破した「飛龍」の第1次攻撃隊だが、その損害は大きかった。指揮官小林艦爆隊長以下13機が撃墜され、直掩隊の零戦も3機が撃墜された。帰投してきたのは九九艦爆5機と零戦1機だけという惨状である。

南雲長官は「飛龍」の攻撃隊が発進したあと、米機動部隊に対する航空攻撃に策応して水上部隊を突入させ、こちらの攻撃により半身不随状態になっているであろう米艦隊に砲雷撃を加えて戦果を上げようと考えた。午前8時53分、南雲長官は麾下の水上部隊に昼間における水上戦の準備を下令した。南雲長官は米機動部隊との距離がわずか90海里であり、米機動部隊は西へ進んでいるので、たがいに接近しつつあると判断したためである。

「飛龍」の飛行甲板上では、ようやく雷装が終わった九七艦攻を主力とした第2次攻撃隊が編成されていた。そして友永丈市飛行隊長を指揮官とする九七艦攻10機、零戦6機が発艦準備を行っていた。

「飛龍」第2次攻撃隊、「ヨークタウン」を再攻撃

そのころ、小林隊長率いる第1次攻撃隊を誘導した「筑摩」5号機は、「ヨークタウン」に接触して戦況を偵察していたが、米軍機の追撃を受け、東方へ避退した。そこで偶然にも別の米艦艇が遊弋しているのを発見し、午前9時20分「ミッドウェーより の方位15度、距離130海里、敵大巡らしきもの2隻見ゆ、敵空母らしきもの1隻見ゆ、針路北方、速力20ノット」と報告してきた。

この米艦隊の位置は「ヨークタウン」の東方約40海里ということになる。この報告により、山口司令官は米空母は2隻であると判断、友永隊長にはこの新なる米空母を攻撃するよう命じた。

午前10時30分、友永隊長率いる第2次攻撃隊は次々と発艦していった。その直後、第1次攻撃隊の6機が「飛龍」に着艦してくる。また「蒼龍」から発艦していった二式艦偵も、母艦を失ったので「飛龍」に着艦してきた。

この二式艦上偵察機（のちの艦爆「彗星」）は、午前8時40分ごろ、米空母部隊が3群であることを打電したのだが、電信機の故障で味方のどの艦艇にも着電していなかった。ここで改めて報告を聞いた山口司令官は午前11時、「艦爆（二式艦偵）の報告によれば、敵空母はおおむね南北に約10海里間隔に2、3隻あり」と全軍に伝えた。

指揮官の友永隊長の搭乗する九七艦攻は、ミッドウェー島攻撃の際に被弾して左舷の燃料タンクに穴が開いていたが、その修理が間に合わなかった。周囲の者は出撃をやめるか、搭乗機を替えるよう進言したが、「近いから大丈夫だろう」と言って、右翼タンクの燃料だけで出撃した。確かに目標までの距離は短かったが、攻撃や空戦などによる燃料の消費を考えると、不安があった。

午前11時30分、進空していく第2次攻撃隊は、右方約35海里に米空母を発見した。その位置は「飛龍」を発艦するときに知らされた場所とは違っていたが、火災が認められなかったので、友永隊長は、これを新なる空母と判断した。しかし、それは復旧作業により航行可能となっていた「ヨークタウン」だったのである。友永隊長は機首を空母に向け、11時40分、突撃を下令した。そのとき、前方に十数機のＦ４Ｆワイルドキャットを発見。これを見て制空隊の零戦６機が猛然と突っ込んでいった。

このＦ４Ｆ戦闘機12機は、「ヨークタウン」を護るため上空で旋回していた。日本軍攻撃隊の来襲を随伴の重巡のレーダーでキャッチしたとき、復旧なった「ヨークタウン」の飛行甲板上には燃料補給中のＦ４Ｆが10機おり、空襲が切迫したので給油を途中で打ち切って緊急発進していたのだ。

６機の制空隊の零戦は、十数機のＦ４Ｆを相手に空戦を行い、わが雷撃機を襲うＦ

4Fをなんとか食い止めようとしていた。九七艦攻隊は5機ずつに分かれて「ヨークタウン」に接近していく。このとき「ヨークタウン」は、スプルーアンス少将が派遣した重巡2隻、駆逐艦2隻の援護を受け、巡洋艦4隻、駆逐艦7隻による輪型陣の中心にいた。

「ヨークタウン」艦隊の陣形の左舷方向から2群に分かれた九七艦攻隊が突っ込んでいく。第1中隊は右、第2中隊は左に位置し、「ヨークタウン」の左舷を狙っての突入であった。攻撃隊はたちまち激しい対空砲火を浴びることになった。しかし、第2次攻撃隊の雷撃機は超低空で接近していったので、米艦の巡洋艦や駆逐艦は僚艦の射線をさえぎることになった。その上、九七艦攻はかなりの高速で飛行するので、米艦の砲術長たちを混乱させた。米艦側は日本の雷撃機はスピードが遅いだろうとバカにしていたのだ。そのため時速240キロくらいと推定し、それに合わせて高角砲弾の時限信管を調定していた。しかし、実際には約330〜370キロのスピードで接近しており、砲弾はつねに雷撃機の後方で炸裂する。米艦の砲術長たちの目算は外れ、彼らはあらためて日本機の優秀さに驚いた。

第1中隊は海面スレスレに突入し、2機が撃墜された。激しい弾幕をかいくぐって3機が魚雷を発射。友永隊長は射点が得られなかったのか、発射に失敗したのか、魚雷を抱いたまま避退すると再び突入した。

「ヨークタウン」のバックマスター艦長は、攻撃隊が発射態勢に入ったのを見るやいなや面舵を命じて右へ回頭し、魚雷を回避した。続く第２中隊は回頭した「ヨークタウン」を追ってぎりぎりまで接近し、次々に魚雷を発射する。バックマスター艦長は今度は取舵を命じた。

友永隊長を含めた第２中隊は、３機ずつ相前後して「ヨークタウン」の左舷から攻撃した。４本の魚雷は回避されたが、機首方向の至近距離から遅れて発射した２本の魚雷が「ヨークタウン」の艦腹中央目がけて駛走していく。そして左舷中央部とその前方に相次いで２本の魚雷が命中。燃料タンクの大半を破壊し、舵を動かなくさせ、あらゆる動力系統を寸断した。第２、第６缶室の防水隔壁が吹き飛び、海水がドッと浸入してきた。さらに第１、第４缶室にも激しい漏水が発生。「ヨークタウン」は左舷に17度傾斜し、20分後にその傾斜は26度にまでなった。

攻撃は成功したが、第１中隊は全機未帰還となった。第２中隊で最後に魚雷を発射した丸山１飛曹機の浜田電信員は、「友永機が魚雷発射後、敵の防御砲火を受け、ガソリンに引火したまま敵空母の艦橋目がけて突入していくのを認めた」と報告した。

この攻撃により雷撃隊は５機を失い、５機が帰投できたものの被弾のため修理不能が

4機、修理した上で使用可能なものが1機であった。制空隊は零戦2機を失い、3機が帰投。1機が味方上空に帰投したが、被弾のため海上に不時着した。

日本の雷撃機による攻撃で、「ヨークタウン」はついに復旧の見込みがなくなった。午前11時55分、バックマスター艦長により「総員退去」が命ぜられ、乗員約2300名は7隻の駆逐艦に分乗した。

「飛龍」損傷、打つ手が裏目裏目の連合艦隊

第2次攻撃隊の第2中隊長橋本敏男大尉は、午前11時45分に「われ敵空母を雷撃す。2本命中せるを確認す」と打電した。この報告を受けた山口司令官は、これで米空母2隻を撃破したと考えた。となると、残る1隻をどう攻撃するかということである。

山口司令官は第2次攻撃隊が発進した直後、南雲長官に「第3次攻撃隊、艦爆6、艦戦9の発進を準備中」と伝える。第3次攻撃は薄暮に行うことになっていた。南雲長官は部隊の針路を北西に取り、前方に「長良」を配置、北寄りに「霧島」「榛名」の第3戦隊、南寄りに「利根」「筑摩」の第8戦隊を配備した。

一方、フレッチャー司令官は、日本機動部隊の4隻目の空母が発見できないことが気になっていた。ところが、早朝発進させた「ヨークタウン」の索敵機から午前11時

30分、日本の空母1隻、戦艦2隻、巡洋艦3隻、駆逐艦4隻が北上しているとの報告を受ける。フレッチャー司令官はこの報告を日本機による第2次攻撃中に受けとった。スプルーアンス司令官は12時ごろ報告を受け、この空母を攻撃することを企図した。

12時30分、「エンタープライズ」のSBDドーントレス11機と「エンタープライズ」に着艦していた「ヨークタウン」の14機、合わせて25機の急降下爆撃機が発進していった。攻撃隊の指揮官は「赤城」「加賀」を攻撃したマックラスキー少佐であった。

そのころ、「ホーネット」の甲板上には、作戦可能な攻撃機はいなかったが、ミッドウェーで燃料補給を受けた艦爆11機が帰投してきた。そこでこの11機に5機を加えて、午後1時に発艦させる。「エンタープライズ」を発艦した攻撃隊はほどなく「飛龍」を発見、高度5500メートルで接敵していった。午後1時12分、「筑摩」「榛名」が、この攻撃部隊を発見し、「飛龍」からは待機中の零戦8機が発艦する。

午後1時40分、上空直衛に当たっていた零戦は12機のSBDドーントレスを発見、「飛龍」に連絡したが、通信機の不具合で届かなかった。このため「飛龍」では、頭上に敵機が迫っていることを知らなかったのである。午後2時1分、「飛龍」の見張り員が「敵機、急降下ッ！」と叫んだ。

見上げると、太陽を背にして急降下してくる13機のSBDがあった。左右両舷の機銃から弾丸が狂ったように撃ち上げられる。30ノットで航行していた「飛龍」は、加来艦長の「面舵一杯ッ！」の号令に右へ回頭しながら爆弾を回避しようとした。しかし、「飛龍」の甲板に4発の爆弾が立て続けに命中する。最初は前部エレベーターを直撃、そのエレベーターは吹っ飛んで艦橋の側面に当たり、残りの3発は艦橋の右側に集中、飛行甲板が見るも無残に破壊された。

命中弾は飛行甲板を突き貫けて格納甲板で爆発した。そこには、薄暮攻撃のために準備されていた九九艦爆、九七艦攻、零戦などが並んでおり、攻撃用の爆弾、魚雷が無数にあった。これらがたちまち誘爆を起して大火災となる。総員による消火活動が行われたが、消火装置が破壊されて効果が上がらない。火炎と黒煙を吹き上げながら、「飛龍」はなお30ノットの速力で航行していた。

SBDの攻撃が終わった午後3時ごろ、今度は6機のB－17が来襲する。この爆撃機は、ハワイからミッドウェーに増援部隊として派遣されてきたのだが、イースタン島には降りず、直接、日本部隊攻撃に向かったものである。B－17のクルーは初陣だったせいもあり、零戦の攻撃を受けての爆撃だったので、1発の命中弾もなかった。

山本長官、起死回生の夜戦を企図

後方から進んでいる旗艦「大和」の連合艦隊司令部では、「赤城」「加賀」「蒼龍」被爆の知らせをうけ、悲痛な雰囲気の中にあった。

山本司令長官も3空母被爆はこたえた。しかし、「飛龍」の攻撃隊が空母1隻を撃破したことにより、「飛龍」があるなら、残り1隻の敵空母の撃破は可能であり、これに水上部隊を協力させれば、敵艦隊を全滅させることができるであろうと判断した。そこで山本長官は午後9時20分、北方作戦に当っているアリューシャン方面の第2機動部隊に対して、急ぎ第1機動部隊に合同するよう命じると同時に、各部隊にミッドウェー北方の敵を攻撃するよう命じた。

このあと山本長官は、もう一群の敵空母部隊発見の報に接した。つまり、米空母2隻が健在であることが分かったのだ。しかし、山本長官は、全部隊を集中して米機動部隊を捕捉撃滅し、この作戦をぜひとも押し切ろうと考えた。そのためには、今夜中にもミッドウェーの米航空兵力を完全に叩きつぶしておく必要がある。万が一、ハワイから航空機の増援部隊が到着するとなると、この水上決戦は困難なものになるからだ。

そこで山本長官は午後10時10分、第2艦隊の近藤長官に対し、「攻略部隊は一部兵力をもって今夜なるべく陸上航空基地を砲撃破壊すべし」と命じた。近藤長官はこの命令に基づいて現在ミッドウェーに最も近づいているはずの第7戦隊にミッドウェーの砲撃を命じた。命令を受けた第7戦隊の栗田司令官は、針路75度としてミッドウェーに向かい、速力を最大戦速の35ノットに上げた。

このとき、攻撃命令を受けとった第7戦隊は、予定よりも進撃が遅れていて、ミッドウェーの西方約410海里の地点にあった。この距離では速力を上げてミッドウェーに向かったとしても、砲撃するときは夜明け前となり、砲撃後は空も明るくなって、米軍機の集中攻撃をうけるハメになることは明らかである。そこで栗田司令官は第7戦隊の位置の報告を行って、暗に砲撃中止を希望した。しかし、第2艦隊司令部からは何の回答もなく、第7戦隊は、一路ミッドウェーをめざして航行を続けた。

そのころ、被爆した最後の空母「飛龍」は黒煙を吹き上げていた。南雲長官は「飛龍」を援護部隊で囲み、護衛しながら戦場から北西の方向に避退していった。「飛龍」の被爆で、今夜企図していた夜戦の見込みが薄くなったものの、南雲長官はなおも強気で夜戦を行うつもりでいた。

しかし、敵に接触していた唯一の索敵機である「筑摩」2号機が、午後4時ごろまでに報告し続けた情報によって、敵方にはまだ3〜4隻の空母がいることが判明した。

この予想外の報告に南雲長官はハンマーで殴られたようなショックを受けた。これまで発見した米空母は3隻で、そのうち2隻を撃破し残るは1隻と考えていたからである。

米空母が1隻だけなら、夜戦を決行する策もある。しかし、空母4隻が健在となると話は違ってくる。南雲長官はもはや夜戦の見込みがなくなったと判断、「飛龍」を護衛して北西方に避退し始めた。

これに対し、山本長官はこの難局を打開するため、攻略部隊と第1機動部隊の決戦兵力をもって夜戦を断行しようと考えた。そして、午後4時15分、夜戦命令を全軍に発した。

落日の海に次々と沈んでいくトラの子主力空母

炎につつまれた4空母のうち、まず「蒼龍」が最後のときを迎えようとしていた。柳本艦長は、すでに消火不能と判断、艦を放棄することを決意して、総員退去を命令。午後3時2分までに駆逐艦「浜風」「磯風」に移乗した。ところが柳本艦長は、艦橋右舷の信号台に立って指揮をとり続け、一向に降りようとしなかった。艦橋にもめらめらと炎が広がり、艦橋にいた人々は、飛行甲板の前部に移っていった。

艦橋に残っているのは柳本艦長だけであった。火炎を浴びて半身に火傷を負った艦長は部下たちによる再三の懇願にも耳を貸そうとしなかった。やがて柳本艦長は炎を浴びながら、最後に退艦する部下に手を振ると「蒼龍万歳」を連呼しながら火炎のうず巻く艦橋の中へ飛び込んでいった。

午後4時12分、「蒼龍」はついに艦尾から沈みはじめた。すっかり海没した直後の4時20分、突然、水中で大爆発を起した。戦死者は718名であった。

「加賀」もまた沈没寸前であった。「加賀」は艦橋の直前に落ちた1発の爆弾で艦橋の前半が飛び散り、岡田艦長以下、艦橋にいたほとんど全員が戦死してしまった。そのため飛行長の天谷中佐が指揮をとっていた。しかし、消火装置も消防ポンプも破壊されて、思うような消火活動はできなかった。鎮火の見込みがないと判断した天谷飛行長は総員退去を決意。そこで、機関科にもなんとかして退去命令を伝えようと伝令を走らせたが、激しい火勢にさえぎられて機関科にたどり着くことができなかった。やむをえず、天谷飛行長は、機関科には不達の総員退去を命じ、乗組員は駆逐艦「萩風」「舞嵐」に移乗を始めた。

総員退去した乗組員の移乗が終わったあと、「加賀」は前部および後部のガソリン庫に引火して2回の大爆発を起こした。戦死者は艦長以下約800名であった。

「赤城」でも総員退去の命令が下され、乗組員は駆逐艦に移乗を開始した。青木艦長は「赤城」を自沈させるため、駆逐艦の魚雷による処分を南雲長官に要請する。しかし、山本長官から「赤城」の処分中止命令が届いた。「赤城」は日本海軍の、そして機動部隊の象徴であったので、なんとしてでも日本へ回航したかったのである。

しかし「赤城」の火災に消火の見込みはなく、自力で航行することも不可能であった。6日午前1時50分、山本長官も「赤城」の処分を了承した。午前2時、「萩風」「舞風」「野分」「嵐」の第4駆逐隊の駆逐艦から魚雷が発射された。魚雷命中から約20分後、「赤城」は艦尾から沈んでいく。戦死者は263名であった。

夜戦を断念、離脱撤退する連合艦隊

南雲長官は夜戦を断念し、「飛龍」を護衛しながら北西進を続けていた。南雲長官は、それを午後6時30分になって山本長官に報告する。連合艦隊司令部の夜戦命令は、敵の残存空母数に間違いがあったためと判断したからである。「大和」にある連合艦隊司令部では、南雲長官の戦意のなさに怒った。山本長官は南雲長官は消極的であるとして、攻略部隊の近藤長官に第1機動部隊を統一指揮するよう命令した。

しかし司令部内でも、夜戦を決行するかどうかについて、宇垣参謀長と幕僚の間で激論がかわされていた。結論は、夜戦を断念して兵力の集結を図りながら、敵からの離脱を策するよりほかないというものであった。つまり、ミッドウェー攻略作戦は中止されることになったのだ。

南雲長官が連合艦隊司令部に報告した6時30分ごろ、「飛龍」は炎上しながらも18ノットで航行していた。火災はしだいに下甲板に移っていき、火災と熱気のため機関科員が倒れていった。艦は浸水のため左15度に傾斜。ついに「飛龍」は停止した。「飛龍」に駆逐艦4隻が消防蛇管をかけ渡し、駆逐艦の動力で放水した。そのかいあって、鎮火の望みもでてきたが、再び誘爆が起こった。加来艦長は、山口司令官の許可を得て、午後11時30分、総員退去準備を命じた。そして50分、「総員集合」が令された。

艦橋から下りてきた加来艦長と山口司令官は、左舷後部の飛行甲板に集結した乗務員に対した。加来艦長は「諸君が一生懸命努力したけれども、この通り本艦はやられてしまった。力つきて陛下の艦をここに沈めねばならなくなったことはきわめて残念である。どうかみんなで仇を討ってくれ。ここでお別れする」と言った。そして山口司令官が続けた。「私からは何も述べることはない。お互い、この会心の一戦に会い、いささか本分をつくし得た歓びあるのみだ。皆とともに宮城を遙拝して天皇陛下万歳を唱し奉りたい」

山口司令官の態度は平常と変わることはなかった。甲板上で水盃をかわしたあと、皇居を遙拝して天皇陛下万歳を唱え、軍艦旗と将旗を撤去した。

6日午前零時15分、加来艦長は総員退去を命じた。第2航空戦隊の参謀やその他部下たちが再三にわたって、山口司令官と加来艦長に退艦するよう懇願したが、頑として受け入れなかった。それならと幹部たちが艦に残りたいと申し出たが、それも許されなかった。山口司令官と加来艦長は、退艦者たちに別れの帽を振っていた。

午前2時10分、駆逐艦「巻雲」は「飛龍」に2本の魚雷を発射した。戦死者は416名であった。

しかし「飛龍」はこのときまだ沈んでいなかった。6日早朝、「鳳翔」の九六艦攻が偵察に飛来し、浮いている「飛龍」を発見、これを報告した。南雲長官は「谷風」に残留乗組員の収容と「飛龍」の処分を命じた。「谷風」は途中で敵機の攻撃を受け、夜になって現場についたが、そのときすでに「飛龍」の姿はなかった。

そのころ、ミッドウェー沖にあった伊168潜は、第3潜水戦隊司令官から特別緊急電報を受け取った。それは「ヨークタウン型空母を攻撃せよ」というもの。地点はミッドウェーの北北東約150海里。7日午前1時、ようやく水平線がほのかに白み始めたそのとき、伊168潜の見張り員から「前方に黒点」との報告があった。田辺艦長は双眼鏡をのぞいた。間違いなく空母である。距離1万3000メートル。伊168潜はすぐに潜航した。田辺艦長は潜望鏡の昇降台に立ったまま攻撃計画を考えていた。空母は左舷に傾いているので、左舷から攻撃すればより効果的だが、現在の位置と速力では、左舷に回り込むのは時間がかかる上に困難と判断、右舷からの攻撃を決意する。

「ヨークタウン」との距離は約1000メートル。空母は横腹を向けている。田辺艦長はすかさず命令した。「ヨーイ、撃て！」。魚雷発射は2回に分けて行った。1秒、2秒、時計が秒を刻んでいく。40秒——そのとき、海を裂くような大爆発が起こり、激しい波動が伊168潜をつつんだ。

まず「ヨークタウン」の右舷に応急用具を渡すため横付けしていた駆逐艦「ハマン」に2本目の魚雷が命中、続く2本が「ヨークタウン」の艦腹に命中した。「ハマン」は船体が真っ二つに折れ、わずか4分で沈没した。そして、右舷に2本の魚雷を受けた「ヨークタウン」にも、浸水が始まり、徐々に沈みはじめた。

バックマスター艦長は6月8日の日の出とともに「ヨークタウン」の救難作業を再開しようと準備していたが、夜明けとともに傾斜はさらに増した。「ヨークタウン」

は艦尾からしだいに沈み始め、やがて巨体を海面下に沈めた。

敵空母１隻と引き換えに、連合艦隊はトラの子の空母４隻を失った。この敗北によって日本機動部隊はその優勢だった海上航空戦力を失い、米海軍と同等の戦力にまで落ち込んでしまったのだ。米海軍はやがて戦力を拡充し、日本を圧倒するが、日本には失った優位を回復する術はなかった。大本営はこの大敗北の埋め合わせとして、戦略的にはあまり意味のないアリューシャン作戦のキスカ島占領（６月６日）、アッツ島占領（６月７日）を大々的に報道し、ミッドウェーでの悲惨な敗北の実態を国民の目から隠すことに奔走するのであった。

ミッドウェー海戦時の戦力比較　1942年6月5～7日

■日本海軍

【主隊】

第1戦隊　戦艦　大和　陸奥　長門

第3水雷戦隊　軽巡洋艦　川内（旗艦）

第11駆逐隊　駆逐艦　吹雪　白雪　初雪　叢雲

第19駆逐隊　駆逐艦　磯波　浦波　敷波　綾波

空母隊　空母　鳳翔　（零戦9機＋補用2機、97艦攻6機＋補用2機）

駆逐艦　夕風

特務隊　潜水母艦　千代田　日進

第1補給隊　油槽船　鳴戸　東栄丸

駆逐艦　有明

第2戦隊　戦艦　伊勢　日向　山城　扶桑

第9戦隊　軽巡洋艦　北上　大井

第24駆逐隊　駆逐艦　海風　江風

第27駆逐隊　駆逐艦　夕暮　白露　時雨

第20駆逐隊　駆逐艦　天霧　朝霧　夕霧　白雲

第2補給隊　輸送船　さくらめんて丸　東亜丸

駆逐艦　山風

【第2艦隊／攻略部隊】

空母　瑞鳳（96艦戦12機、97艦攻12機

駆逐艦　三日月

第4戦隊第1小隊　重巡洋艦　愛宕　鳥海

第5戦隊　重巡洋艦　妙高　羽黒

第3戦隊第1小隊　戦艦　金剛　比叡

第４水雷戦隊　軽巡洋艦　由良（旗艦）
　第２駆逐隊　駆逐艦　五月雨　春雨　村雨　夕立
　第９駆逐隊　駆逐艦　朝雲　峯雲　夏雲
給油船団　油槽船　佐多　鶴見　健洋丸　玄洋丸
第２水雷戦隊　軽巡洋艦　神通（旗艦）
　第15駆逐隊　駆逐艦　親潮　黒潮
　第16駆逐隊　駆逐艦　雪風　時津風　天津風　初風
　第18駆逐隊　駆逐艦　不知火　霞　陽炎
第16掃海隊　掃海艇　第三玉丸　第五玉丸　第七昭和丸　第八昭和丸
第21駆潜隊　駆潜艇　第十六号駆潜艇　第十七号駆潜艇　第十八号駆潜艇
　　　　　　　哨戒艇　第一号哨戒艇　第二号哨戒艇　第三四号哨戒艇
　　　　　　　魚雷艇　５隻
　　　　　　　運送艦　宗谷
　　　　　　　輸送船　清澄丸　ぶらじる丸　あるぜんちな丸　慶洋丸　五州丸　第二東亜丸　吾妻丸　北陸丸　鹿野丸　霧島丸　南海丸　善洋丸　明陽丸　山福丸　あけぼの丸
第７戦隊　重巡洋艦　熊野　鈴谷　三隈　最上
　第８駆逐隊　駆逐艦　朝潮　荒潮
　　　　　　　給油船　日栄丸
　第11航空戦隊　水上機母艦　千歳　（零式三座水偵７機、零式水上観測機16機）　神川丸（零式三産水偵４機、零式水上観測機８機）
　　　　　　　駆逐艦　早潮
　　　　　　　哨戒艇　第三五号哨戒艇
補給隊　輸送船　尾上丸　北上丸　健良丸　海上丸　明石

【第１機動部隊】

第１航空戦隊　空母　赤城　（零戦24機＋補用３機、99艦爆18機＋補用３機、97艦攻18機＋補用３機）
空母　加賀（零戦27機＋補用３機、99艦爆18機＋補用３機、97艦攻27機＋　補用３機）

第２航空戦隊　空母　飛龍　（零戦21機＋補用３機、99艦爆18機＋補用３機、97艦攻18機＋補用３機）
空母　蒼龍（零戦21機＋補用３機、99艦爆18機＋補用３機、97艦攻18機＋補用３機、２式艦上偵察機、彗星２機）

第８戦隊　重巡洋艦　利根　筑摩

第３戦隊第２小隊　戦艦　霧島　榛名

第10戦隊　軽巡洋艦　長良（旗艦）

第10駆逐隊　駆逐艦　秋雲　夕雲　巻雲　風雲

第17駆逐隊　駆逐艦　谷風　浦風　浜風　磯風

第４駆逐隊　駆逐艦　萩風　舞風　野分　嵐

第１補給隊　輸送船　旭東丸　神国丸　東邦丸　日本丸　国洋丸

第２補給隊　輸送船　日朗丸　第二共栄丸　豊光丸

【第６艦隊／先遣部隊】

軽巡洋艦　香取（旗艦）

第３潜水戦隊　潜水艦　伊８（旗艦）（修理のため帰還）

第11潜水隊　潜水艦　伊174　伊175

第12潜水隊　潜水艦　伊168　伊169　伊171　伊172（修理のため帰還）

第５潜水戦隊

第19潜水隊　潜水艦　伊156　伊157　伊158　伊159

第30潜水隊　潜水艦　伊162　伊164（５月17日、米潜水艦に

より撃沈）　**伊165　伊166**

第13潜水隊　潜水艦　**伊121　伊122　伊123**

【北方部隊】

第5艦隊　重巡洋艦　**那智**

駆逐艦　**雷　電**

第4航空戦隊　空母　**龍驤**（零戦12機＋補用4機、97艦攻18機＋補用2機）

空母　**隼鷹**（零戦18機＋補用2機、99艦爆15機＋補用4機）

第4戦隊第2小隊　重巡洋艦　**高雄　摩耶**

第7駆逐隊　駆逐艦　**潮　曙　漣**

【アッツ攻略部隊】

第1水雷戦隊　軽巡洋艦　**阿武隈**（旗艦）

第21駆逐隊　駆逐艦　**若葉　初春　初霜**

輸送隊　輸送船　**衣笠丸**

特設砲艦　**まがね丸**

駆逐艦　**子ノ日**

【キスカ攻略部隊】

第21戦隊　軽巡洋艦　**木曽**（旗艦）　**多摩**

駆逐艦　**響　暁　帆風**

第13駆潜隊　駆潜艇　**第二五号駆潜艇　第二六号駆潜艇　第二七号駆潜艇**

第22戦隊　特設巡洋艦　**浅香丸　粟田丸**

特設砲艦　**快鳳丸　俊鶴丸**

輸送隊　輸送船　**白山丸　球磨川丸**

第1潜水戦隊　潜水艦　**伊9**（旗艦）

第２潜水隊　潜水艦　伊15　伊17　伊19

第４潜水隊　潜水艦　伊25　伊26

水上機部隊　特設水上機母艦　君川丸　（零式水偵、零式水観、8機）

駆逐艦　潮風

基地航空部隊　97大艇　6機　（東航空支隊）

特設輸送船　神津丸　第二日の丸　第二菱丸　第五清寿丸

給油船　帝洋丸　富士山丸　日産丸

■連合軍海軍

【第１艦隊】

第17任務部隊

空母　ヨークタウン　（CV-5）（F4F戦闘機25機、SBD急降下爆撃機37機、TBD雷撃機13機）

重巡洋艦　ポートランド（CA-33）　アストリア（CA-34）

駆逐艦　ヒューズ（DD-410）　アンダーソン（DD-411）　ハンマン（DD-412）　ラッセル（DD-414）　モリス（DD-417）　グイン（DD-433）

第16任務部隊

空母　エンタープライズ（CV-6）（F4F戦闘機27機、SBD急降下爆撃機38機、TBD雷撃機14機）

空母　ホーネット（CV-8）（F4F戦闘機27機、SBD急降下爆撃機38機、TBD雷撃機15機）

重巡洋艦　ペンサコラ（CA-24）　ノーザンプトン（CA-26）　ニューオーリンズ（CA-32）　ミネアポリス（CA-36）　ビンセンス（CA-44）

軽巡洋艦　アトランタ（CL-51）

第１水雷戦隊　駆逐艦　ウォーデン（DD-352）　モナハン（DD-354）　エイルウィン（DD-355）　フェルプス（DD-360）

第６水雷戦隊　駆逐艦　パルチ（DD-363）　コニンガム（DD-371）　ベンハム　（DD-397）　エレット（DD-398）　モーリー（DD-401）

補給部隊　給油艦　シマロン　プレート

駆逐艦　デューイ（DD-349）　モンセン（DD-436）

潜水艦部隊　（ミッドウェー西方）　潜水艦　ノーチラス（SS-168）　ドルフィン（SS-169）

カシャロット（SS-170）　カトルフィッシュ（SS-171）　タンボー（SS-199）　トラウト　（SS-202）　グレイリング（SS-209）　ガジョン（SS-211）　ガトー（SS-212）　グローバー（SS-214）　フライング・フィッシュ（SS-229）　ガーナード（SS-254）

潜水艦部隊　（ミッドウェー、　オアフ中間海域）　潜水艦　ナーワル（SS-167）　プランジャー（SS-179）　トリガー（SS-237）

潜水艦部隊　（オアフ北300海里）　潜水艦　パイク（SS-173）　ターポン（SS-175）　グロウラー（SS-215）　フィンバック（SS-230）

第6章　第1次ソロモン海戦

昭和17（1942）年8月9日

連合国軍、ガダルカナル奪回作戦を始動

ミッドウェー海戦で4隻の正規空母を失って大敗した日本海軍は、残る「翔鶴」「瑞鶴」の2隻と、商船改造だが正規空母に代用できる「隼鷹」「飛鷹」の4隻をもって新たなる機動部隊の再建に取りかかることになった。ミッドウェー作戦が失敗したため、海軍軍令部は予定していたFS（フィジー・サモア）作戦を延期、昭和17（1942）年9月中旬の実施を内定した。

その間、ガダルカナル島に航空基地を整備し、占領しているツラギの水上基地の基地航空部隊をもってニューヘブライズ諸島のエファテおよびニューカレドニア方面で

航空撃滅戦を実行。その後、エファテ、次いでニューカレドニアを攻略し、ここを基点として1ヵ月以内にフィジー・サモアを攻略するという方針を立てた。

一方、米海軍は、太平洋艦隊司令長官・チェスター・W・ニミッツ大将の麾下に南太平洋部隊を編成、その指揮官にロバート・L・ゴームリー中将を任命した。そして司令部をニュージーランドのオークランドに置き、エファテ島に次いで、エスピリッツサント島にニューヘブライズにおける第2の基地建設を開始した。

昭和17年6月25日、ゴームリー司令官はミニッツ司令長官からツラギ方面に対する攻撃準備に入るよう指示を受けた。ところが7月上旬になって、この作戦が非常に困難であることが判明する。日本軍がツラギ対岸のガダルカナル島に航空基地を作り始めていることが分かったからである。

7月10日、ニミッツ長官はゴームリー司令官に対し、ツラギ、ガダルカナル島およびサンタクルーズ諸島のヌデニ島攻略に関する作戦を命じた。兵力は海兵隊1個師団、空母機動部隊3群、ハワイから増強されたB－17を含む南太平洋方面の各種陸上基地の航空機293機、それに多くの艦艇、輸送船からなっていた。

ゴームリー司令官は麾下部隊に対して7月26日午後2時までにフィジー諸島の南東方に集結するよう下令。8月1日を期して、「望楼作戦」が開始されることになった。

これはニミッツ大将指揮の下にサンタクルーズ諸島およびツラギを、南西太平洋方面軍司令官マッカーサー大将指揮の下にソロモン諸島の残余とラエ・サラモアおよびニューギニア北東岸を奪取。ニューブリテン島、ニューギニア、ニューアイルランド各地におけるラバウルへの接続要地攻略、あるいは占領を目的とした作戦である。

フランク・J・フレッチャー司令官が指揮する遠征機動部隊31隻、リッチモンド・K・ターナー司令官の指揮する水陸両用戦部隊50隻、合わせて81隻はガダルカナル島へ向かう。この遠征部隊に呼応するかのように、エファテ島とエスピリッツサント島から、B－17爆撃機が次々と発進、ガダルカナル島とツラギ島に対して爆撃を行った。フィジー諸島を出撃したフレッチャー司令官率いる遠征部隊も、途中、日本軍に発見されることもなくガダルカナルへ接近していった。

8月7日未明、ガダルカナル上陸部隊を乗せたX輸送船団はサボ島とエスペランス岬の間の水道を通峡してルンガ沖に向かい、ツラギ上陸部隊を乗せたY輸送船団はサボ島の北側を通ってツラギ沖に向かっていた。

そのころ、ガダルカナル上陸部隊を援護する艦砲射撃部隊はルンガ岬沖に先行し、黎明から日本軍の沿岸砲台と思われる地域へ向けて砲撃を行った。また、機動部隊の艦上機も銃爆撃を開始。こうして海空からの援護を受けた第1次上陸部隊は午前7時

13分、テルナ川東方の海岸に第一歩をしるした。日没までに1万1000名が上陸したものの、日本軍による反撃はほとんどなかった。

ガダルカナル上陸が成功した同じころ、海兵隊はツラギ、ガブツ、タナンボコに上陸した。ここで約400名の日本軍守備隊は激しい反撃に出る。そのためこの日の夕ナンボコ占領は失敗したが、翌日、3000名の海兵隊の攻撃によって日本軍守備隊は玉砕、完成したばかりの飛行場を奪取されてしまう。

8月7日、アメリカ軍の奇襲を受けたツラギから、「敵来襲」の電報がラバウルの第8艦隊司令部に飛び込んできた。そして、ツラギに進出していた横浜航空隊司令・宮崎重敏大佐から打電された「敵兵力大、最後の一兵まで守る、武運長久を祈る」との電文を最後に連絡は途絶した。

ガダルカナル島には門前大佐を指揮官とする海軍第11設営隊の1350名と、岡村少佐を指揮官とする第13設営隊の1221名、ガダルカナル守備隊として遠藤大尉を指揮官とする第81警備隊と呉三特の陸戦隊247名がいた。これらの部隊は、ルンガ道路に8センチ高角砲4門、25ミリ3連装機銃2門、13ミリ機銃4梃、山砲2門で守備にあたっていたが艦砲射撃で破壊され、門前大佐以下の設営隊と守備隊員は西方に避退した。

敵襲来の報を受け、三川艦隊ただちに出動

南東方面の警備を担任するため、7月14日に新編された第8艦隊（司令長官・三川軍一中将）は、7月30日、ラバウルに進出したばかりであった。ツラギからの電報を受け取った第8艦隊司令部では、敵兵力を過大に見ているのではないかと判断。今アメリカ海軍と干戈を交えるなら、第8艦隊の兵力で十分と考えた三川長官は、重巡「鳥海」以下の主要艦艇をもってガダルカナル島へ向かう。同時に麾下の艦艇に対して出撃準備を命じた。

カビエン方面では第6戦隊が行動中で、戦隊司令官の五藤存知少将はツラギからの緊急電を直接受けとっていた。そのため五藤少将は独断で行動予定を変更し、ラバウルに向かう。このことは三川長官を勇気づけた。第8艦隊司令部では、当初、旗艦「鳥海」と第6戦隊（「青葉」「古鷹」「衣笠」「加古」）の重巡4隻だけによるガダルカナル泊地への深夜殴り込みを企図していたが、さらに軽巡「天龍」「夕張」、駆逐艦「夕凪」を同行させることにした。

第8艦隊が出撃したあと、ラバウル基地から陸攻27機、これを護衛する零戦17機が発進していった。目標はアメリカ海軍の空母群である。だが、そこに空母の姿はなかった。そこで目標を変更し、ツラギ上空へと向かう。ところが、そこには約60機のア

メリカ海軍機が待ち構えていた。零戦隊は突っ込み、激しい空戦が展開される。この空戦で台南空の零戦隊は敵機40機を撃墜。しかし、日本側も陸攻5機、零戦2機を失った。さらにエースとしてその名を知られた坂井三郎一飛曹はグラマン戦闘機を撃墜するも、自らもSBDドーントレスの弾を被弾、血まみれとなってラバウル基地に帰還した。

8月8日午前4時、三川艦隊はブーゲンビル島の東方海面で「鳥海」「衣笠」「加古」「青葉」から水上偵察機1機ずつを放ち、ガダルカナル泊地の敵艦艇の索敵とソロモン諸島の東方海面に遊弋していると思われる敵空母部隊の捜索を行った。しかし、これといった情報は得られなかった。

三川艦隊は甲板上の可燃物を投棄して戦闘準備を整え、突入隊形をもってサボ島の南方水道に向かって航行していた。目指す第1目標は敵の輸送艦。合同訓練を行ったことのない新編の艦隊であることを考え、隊形は単縦陣、一航過のみの襲撃とする。さらに敵機の空襲を避けるため、夜明け前に敵機の攻撃範囲外へ避退することとした。

このころ、現地の連合軍側は指揮官不在の状況だった。ターナー司令官も、護衛艦隊を指揮するビクター・クラッチレー英海軍少将も、泊地で作戦会議中だったのである。

全軍突撃、奇襲となった深夜の殴りこみ

サボ島南方水道にさしかかると、「鳥海」は右舷前方からこちらに向かってくる1隻の敵艦を捕捉する。三川長官はただちに「戦闘」を下令したが、敵艦は暗夜の中へ消えていった。これは米駆逐艦「ブルー」で、レーダーを装備していたが第8艦隊を捉えることができなかったのである。三川長官はいったん予定を変更して、サボ島の北方水道から進入する旨を麾下部隊へ連絡したが、その後に訂正して「南水道より入る」ことになった。午後11時31分、南水道に突入しサボ島の南方に達したとき、三川長官は「全軍突撃せよ」と命じた。その直後、「鳥海」は左舷7度に敵艦を視認。すぐに雷撃を行ったが、命中しなかった。

すると今度は右舷9度に巡洋艦3隻を発見した。「鳥海」はこの敵艦を攻撃するため左へ変針するとともに、搭載機の水偵に対して照明弾の投下開始を下令した。この敵艦はオーストラリア重巡「キャンベラ」、米重巡「シカゴ」、その前方の米駆逐艦「バークレー」「パターソン」を含む南方部隊で、哨戒航行しているところであった。「鳥海」は午後11時47分、「キャンベラ」に魚雷4本を照準して発射。やがて闇の中で閃光が走った。「キャンベラ」の右舷艦首には2本の魚雷が命中、さらに日本艦隊の砲弾が降り注ぎ戦闘不能となった。「シカゴ」にも魚雷が命中し、多数の砲弾が命

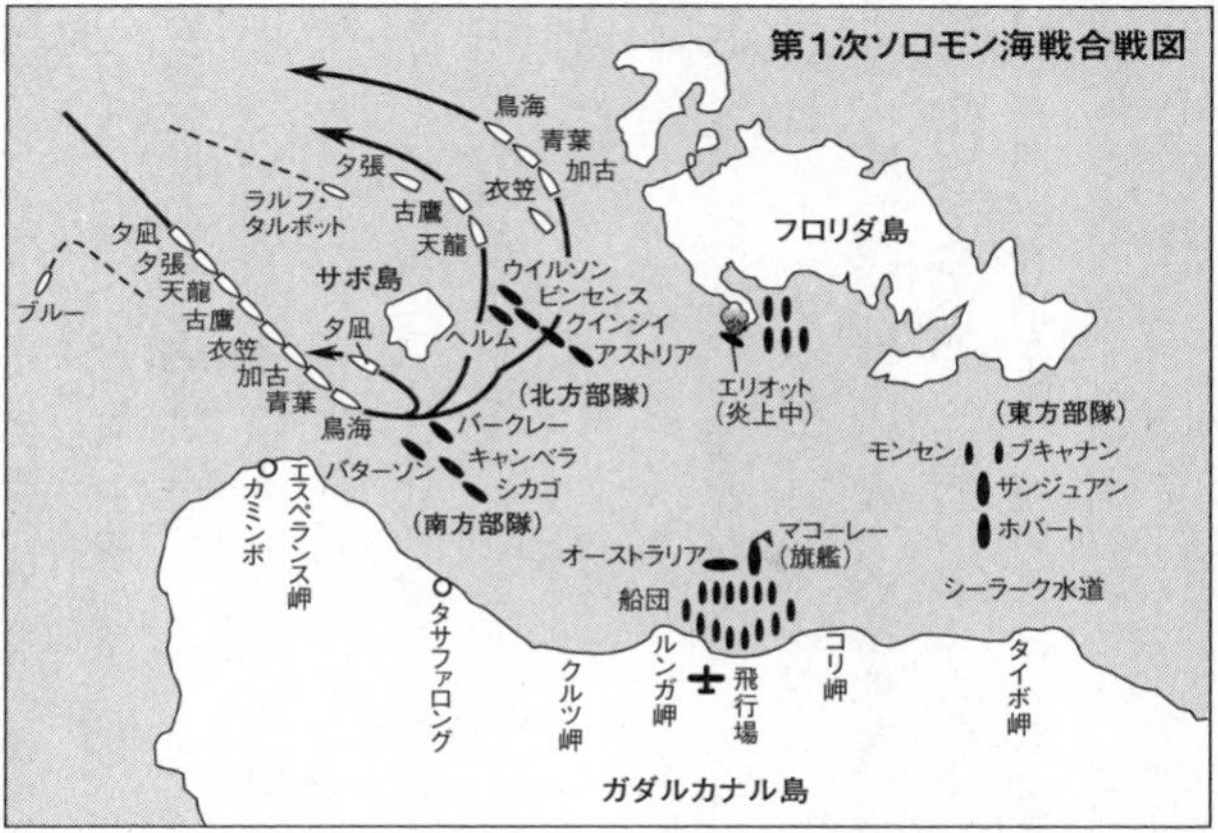
第1次ソロモン海戦合戦図
鳥海
青葉
加古
衣笠
夕張
古鷹
天龍
ラルフ・タルボット
夕凪
夕張
天龍
古鷹
衣笠
加古
青葉
鳥海
ブルー
サボ島
夕凪
ヘルム
ウイルソン
ビンセンス
クインシイ
アストリア
（北方部隊）
バークレー
キャンベラ
パターソン
シカゴ
（南方部隊）
フロリダ島
エリオット（炎上中）
（東方部隊）
モンセン
ブキャナン
サンジュアン
ホバート
エスペランス岬
カミンボ
タサファロング
オーストラリア
マコーレー（旗艦）
船団
シーラーク水道
クルツ岬
ルンガ岬
飛行場
コリ岬
タイボ岬
ガダルカナル島

中する。「パターソン」も砲撃を受け沈黙、三川艦隊は初手で南方部隊を一方的に撃破した。

艦隊はいつの間にか二手に分かれて航行していた。「鳥海」は「キャンベラ」に雷撃を加えたあと、針路を北東に変針、サボ島東岸沖を進む。第6戦隊の「青葉」「加古」「衣笠」がこれに続いた。一方で、「夕凪」は主隊を見失って戦列を外れ、主隊が北東に変針する前に北方へ転舵してしまった「古鷹」「天龍」「夕張」の3艦も分離してしまった。

「鳥海」は変針後、艦首の左舷方向に連合軍の巡洋艦3隻を発見する。この一群は北方部隊で、米重巡「ビンセンス」「クインシー」「アストリア」などが単縦陣で航行していた。
「鳥海」はこの敵艦に探照灯を照射して麾下部隊にその存在を知らせるとともに、敵艦隊に向かって突進していった。「鳥海」の探照灯により、「古鷹」隊も右舷に敵艦を発見。いま自分たちが主隊と相対態勢にあることを知った。「古鷹」隊は敵艦隊を挟撃することにして北上。三川長官も探照灯の明かりの向うに味方を確認した。味方識別のため作戦に入る前につけた両舷檣桁の白い吹き流しでそれと分かったのである。三川長官は味方射ちを回避するため、自分たちの隊を北進させ第6戦隊と離れるようにした。これにより三川艦隊はアメリカ艦隊を東西から挟撃にするような態勢となった。

午後11時53分、まず最後尾にいる「アストリア」が探照灯で照らし出される。「鳥海」は20センチ主砲でこれを砲撃し、後続する第6戦隊の重巡隊、敵艦の反対側にいる「古鷹」隊も集中砲火を浴びせた。第一斉射は至近弾で、第五斉射が艦の中央に命中、魚雷も命中した。艦砲射撃の命中によりガソリンタンクが爆発し、カタパルト上の搭載機が炎上する。続いて砲弾が1番砲塔に命中。命中弾は艦橋、上甲板、砲塔など艦上の構造物すべてを破壊した。これにより速力は落ち、サボ島付近に停止したまま、沈黙した。

午後1時55分、次に「鳥海」は「クィンシー」に接近、砲撃を行った。一斉射、二斉射は外れたが、三斉射目から連続して命中。「クィンシー」もカタパルト上の搭載機が命中弾を浴びて炎上し、この炎によって、よい目標となった。そのため主隊と「古鷹」隊の一斉砲火を浴びる。魚雷も命中し、左舷船腹に大きな穴が開いた。それでもなんとか反撃の砲戦を挑んだが、零時35分ごろ左に転覆するとそのまま沈んでいった。

もう一艦の「ビンセンス」は、探照灯で照射された直後に砲撃を受けた。このとき、リーフコール艦長は、ようやく自分たちが日本艦隊の攻撃にさらされていることを知った。すぐに左へ転舵するよう命じたがすでに遅く、砲弾が立て続けに艦の中央部に命中。やはりカタパルト上にあった搭載機が燃え上がり、その炎が格好の目標となって日本艦隊からの集中砲火を浴びた。追い撃ちをかけるように主隊から発射された魚雷3本が左舷に命中、さらに「夕張」が放った魚雷も命中した。

この激しい十字砲火と魚雷攻撃を受けて、「ビンセンス」の砲塔は破壊され、船腹にも穴が開き、そこから海水がなだれ込んだ。艦はしだいに傾斜をし始め、零時3分、航行不能となった。しかし、日本艦隊の攻撃は続き、零時50分、海中に没した。

こうした惨状の中、駆逐艦「ヘルム」と「ウィルソン」はまったく損害を受けていなかった。「ヘルム」は南方部隊の方向に向かう途中、高速で航行する日本艦隊を発見、急反転して追いかけたものの、捕捉することはできなかった。

また「ウィルソン」は日本艦隊の探照灯目がけて5インチ砲を放ったが、混乱の中での射撃なので命中するはずもなかった。その上、高速で航行しているうち、危うく「ヘルム」と衝突しそうになっている。

この間に第6戦隊の最後尾にあった「衣笠」は、東方約10海里離れたルンガ沖泊地の敵輸送船団に向けて魚雷4本を発射した。この魚雷は長距離に調定されたものであったが、命中しなかった。

混乱する連合軍艦隊

一方、ルンガ沖のターナー司令官にもクラッチレー司令官にも、哨戒隊の米駆逐艦「ラルフ・タルボット」が発した警報は届いていなかった。彼らは協議を終えて艦に戻っていたが、突然、日本海軍の水偵から頭上に投下された照明弾に驚いた。

それと同時にサボ島方面で、空を焦す砲火が望見できた。それはその海域で、海戦が生起していることを意味する。しかし、クラッチレー司令官は、海峡を防備している二つのグループの艦隊がいるので安心していた。そのため、どんな戦闘状況になっているのかわからないときに、あわてて重巡「オーストラリア」を向かわせると、いたずらに混乱を招きかねないと考え、しばらく輸送船団を護衛して状況を見守ることにした。ルンガ沖の泊地に吊光弾が落とされたあと、今度はツラギ泊地の輸送船団上空にも吊光弾が落とされた。

そのころ、三川艦隊の主隊は、戦場から離脱するため左へ回頭し、北西に針路をとっていた。後方では赤々と燃え上がる艦艇の炎が海面を照らしている。ここで三川長官は、戦闘はほぼ終わったものと判断し、8月9日零時23分「全軍引け」を下令。艦隊の速力を30ノットとし、避退行動に移った。

「古鷹」隊はサボ島を中心に内回りの航路をとっていたので、主隊より飛び出すおそれがあった。そこで速度を落として主隊との距離を保ちながら右舷のアメリカ艦隊を砲撃、そのまま左へ針路を向けた。そのとき最後尾にあった「夕張」は、途中から「古鷹」「天龍」を追い越していた。

その勢いで航行していると、前方に駆逐艦1隻を発見。すぐに砲撃を加えたものの、もしかするとこれは第6戦隊の艦ではないかと考え砲撃を中止する。しかし、しばらくしてやはりこれはアメリカ駆逐艦であるとして、今度は探照灯を照射して砲撃を再開した。続いて後方の「古鷹」からも射撃が始まった。

重巡「鳥海」の探照灯に浮かび上がる「クィンシー」。第1次ソロモン海戦の記録写真としてもっとも有名なシーン

第1次ソロモン海戦の主役となった重巡「鳥海」。作家・丹羽文雄は同艦に乗り込み、この海戦を目撃している

米重巡「ビンセンス」。一方的に叩かれ、炎上した

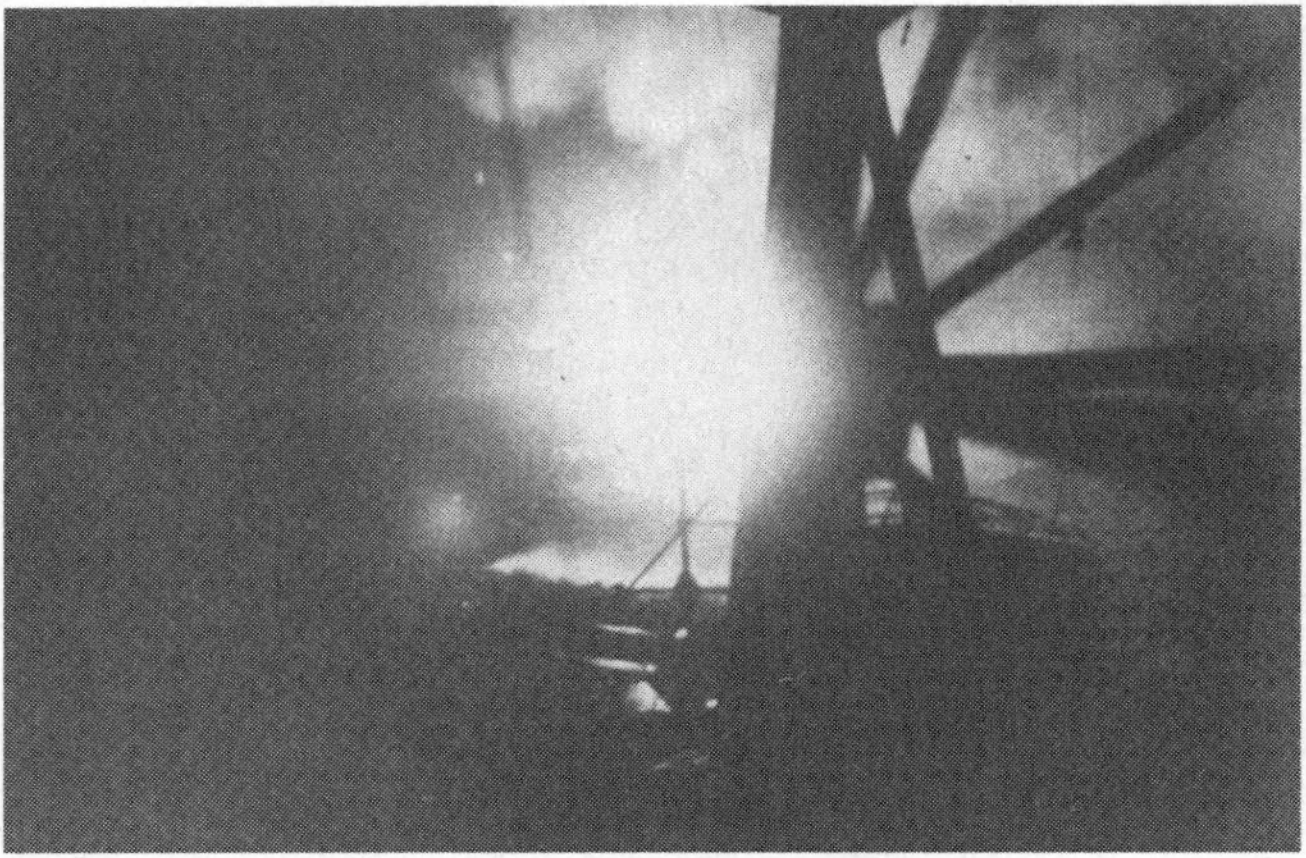
味方艦載機の吊光弾の明かりの下で、主砲を発射する重巡「鳥海」

8月9日、今まさに沈み行く豪重巡「キャンベラ」

そのとき「全軍引け」が命じられた。そんな折、「夕張」は左舷正横に1隻のアメリカ海軍の駆逐艦を発見する。すぐに砲撃を加えながら前方に出ると、駆逐艦はマストに味方識別の灯をともした。これは明らかに敵が誤判断していると思った「夕張」の阪匡身艦長は、反転すると左舷反舷の態勢で駆逐艦に激しい砲撃を加えた。

この駆逐艦は哨戒を続けていた「ラルフ・タルボット」である。「ラルフ・タルボット」のジョセフ・W・カラハン艦長は、まさか日本艦隊が味方の警戒網を突き破って大戦果を挙げ、避退中だとは思ってもみなかった。カラハン艦長は「全速前進」を命じると、ジグザグ運動で砲弾を避けながら、無線電話で「貴艦は味方に発砲中なり、砲撃を中止せよ、貴艦は味方に発砲中なり」と声をからして叫んだ。と同時に味方識別の信号灯を点灯した。

しかし、「夕張」は情容赦なく砲撃を加えた。1弾が魚雷発射管に命中、その場にいた水雷科員を吹き飛ばし、もう1弾は上甲板を貫通して士官室で爆発した。さらにもう1弾は4番砲塔に当たって5インチ砲を破壊し、もう1弾は左舷の吃水線の直下に命中して艦腹に大きな穴を開けた。

「ラルフ・タルボット」は満身創痍の状態であり、炎上しながら左舷へ大きく傾き出した。戦闘不能となった「ラルフ・タルボット」だが、幸運なことに突然やってきたスコールにつつまれ、視界がさえぎられた。このため「夕張」は敵艦を見失い、反転して主隊と合流すべく北上していった。

三川艦隊の中で大きな損傷を負った艦は1隻もなかった。「夕張」はアメリカ駆逐艦の5インチ砲弾を右舷吃水線近くに被弾したが、被害は小さかった。また、「青葉」は左舷魚雷発射管に機銃の命中弾を受け、一瞬、火が上がったが、すぐに消し止められた。

船団撃滅の最終目標を果たせず

アメリカ海軍の砲撃を一番浴びたのは「鳥海」であった。というのも探照灯をともしながら戦闘を行っていたため、目標にされたのである。命中弾は20センチ主砲弾6発、12・7センチ高角砲弾4発であった。この命中弾は重巡「クィンシー」のものがほとんどだった。

「鳥海」への最初の命中弾は3番砲塔であった。砲塔の正面から水平に2連装の砲身の間を通り、砲塔後壁を貫通して右舷の舷外洋上で炸裂した。このため砲塔内は破壊されて使用不能となり、砲塔内にいた者は全員が戦死した。

2番目の命中弾は艦橋後方にある作戦室に飛び込んだが不発。しかしここにいた数

第一次ソロモン海戦行動図
（昭和17年8月7日～10日）

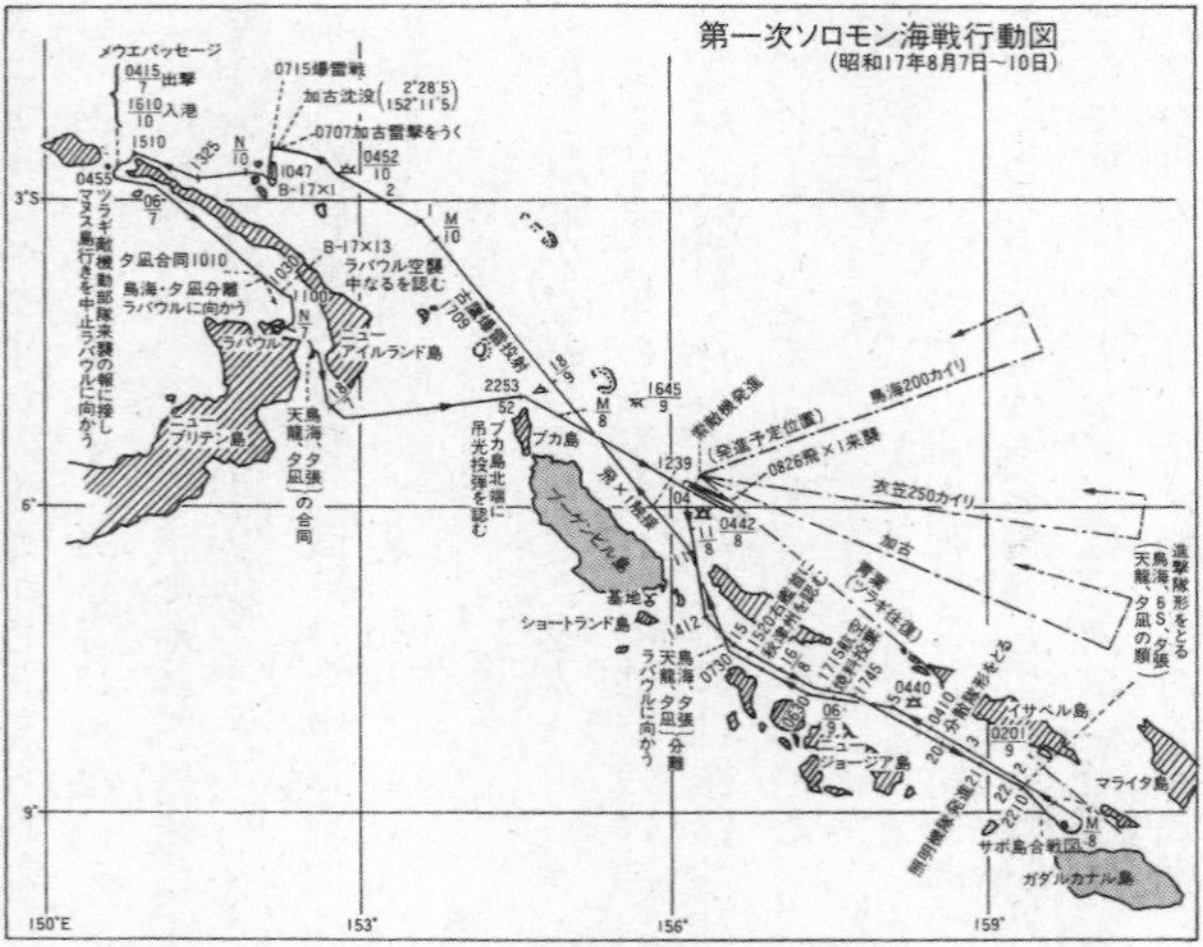

名が戦死し十数名が負傷した。第3弾
は後部マスト付近に命中、艦橋後部の
旗甲板を貫通している。また、煙突、
舷側などに命中弾があった。「鳥海」
の戦死者は34名、重軽傷48名であった。

この戦闘での損害は以下の通り。

沈没＝豪重巡「キャンベラ」、米重巡
「アストリア」「クィンシー」「ビンセ
ンス」

大・中破＝米重巡「シカゴ」、米駆逐
艦「ラルフ・タルボット」「パターソ
ン」

戦死者＝アメリカ軍1023名、オー
ストラリア軍約150名。

連合軍の艦隊を殲滅した三川艦隊は、
サボ島の北島を西進していた。このま

ま航行していけば海戦場を離脱することになる。「鳥海」の艦橋では一つの議論が戦わされていた。というのは「わが艦隊の被害は皆無に近い状態である。敵の警戒部隊を撃破したのだから、ただちに反転してガ島泊地の輸送船団を攻撃すべきである」という意見が多くを占めていたのだ。

「鳥海」艦長の早川幹夫大佐が進言した。「もう帰るという手はありません。残弾はまだ6割以上あります。引き返して敵輸送船を全滅させましょう」。だが、三川長官はそれには答えなかった。また、神重徳参謀も言葉を発しなかった。そこで大西参謀長はこう切りだした。

「いま引き返したのでは、攻撃後の離脱が明け方となり、敵空母の艦上機の攻撃を避けられなくなる。味方航空部隊の援護がない限り、われわれは飛行機と戦うべきではないだろう。長官、このまま引き上げたほうがよいと考えます」。大西参謀長の提言を聞いていた三川長官は「ウン」と一言うなずくと、帰投を命じた。

歴史に「もし」はないが、もし早川艦長の提言が受け入れられて敵輸送船団を殲滅していたなら、ガダルカナル島に上陸した米海兵隊は、兵站が不完全のまま取り残されることになり、それ以後のガダルカナル島の攻防戦はどうなっていたか分からない。この不徹底な攻撃がのちに禍根を残すことになったのである。

山本五十六連合艦隊司令長官は、三川長官が引き上げを命じたことを電報で知った。山本長官は三川艦隊が所期の作戦目的を達成していないので、ショートランドで補給を行って翌日ふたたび突入するものと思っていた。しかし、ラバウルまで引き上げてしまったので、非常に不満だったようである。

帰路の三川艦隊、潜水艦により「加古」を失う

この海戦のあった8月8日の夜半過ぎ、第61任務部隊の「ワスプ」の空母部隊はソロモン諸島南端のサンクリストバル島南西端沖を南下していた。が、実はこの空母部隊はゴームリー長官からの避退許可をもらっていない。そのためフレッチャー司令官は、いったんガダルカナル島方面に向かって引き返した。

ところがその途中に、ガダルカナル島周辺で海戦が起きたとの緊急電が飛び込んできた。そこで空母「ワスプ」のフォレスト・P・シャーマン艦長はフレッチャー司令官に「燃料の十分にある駆逐艦を伴ってフルスピードで北西進し、艦上機を発進させて中央航路を避退する日本艦隊を追跡すべきだ」と進言した。しかし、零時半すぎにオーストラリアのオークランドにいるゴームリー中将から避退を許可する電報が届く。これによりフレッチャー司令官はガダルカナル島海域の戦闘は無視してふたたび針路

を南東にとった。

ターナー司令官は夜明けとともに護衛部隊と輸送船団を引き上げようと計画していたが、実行されなかった。それは日本艦隊によって損傷を受けた艦艇の救助作業を行わなければならなかったことと、輸送船の揚陸作業が大幅に遅れていたからである。

一夜明けた９日、午前６時に航行不能となった「キャンベラ」が味方の魚雷によって処分され、午前10時15分には「アストリア」が沈没した。

一方、三川艦隊は30ノットの速力で、ソロモン中央水道をラバウルに向かっていた。フレッチャー司令官率いる空母機動部隊が日本海軍の雷撃機の攻撃をおそれて、南へ避退していることなど、三川艦隊の長官をはじめ参謀たちは知るよしもなかった。

三川長官は帰投する途中、第６戦隊に対してカビエンに回航するよう命じ、午前８時、ベララベラ島の北方地点で第６戦隊を解列した。さらに「夕張」と「夕凪」はショートランドに向かって分かれ「鳥海」と「天龍」はブーゲンビル島の西側に出て、８月10日早朝ラバウルに着いた。

主隊と別れた第６戦隊はブーゲンビル島の東側航路をカビエンに向けて北上を続けていた。そして10日の朝、カビエンから１００海里の海域にさしかかったとき、突然、「加古」が右舷方向から雷撃を受けた。

そのときの天候は晴れで視界40キロ、海上はおだやかで上空には味方の偵察機が1機哨戒任務についていた。この海域は日本海軍の制海圏内である。「加古」は「青葉」の後方800メートルに位置し、「衣笠」と「古鷹」もその距離で航行していた。速力は16ノット。まさに平穏な航海そのものであった。

ところが「加古」の見張員が「右舷に魚雷ッ！」と叫んだときはすでに遅かった。ズシンという鈍い音とともに右舷艦首に1発、右舷中部と後部に各1発、あわせて3発の魚雷が命中して、「加古」はわずか5分で沈んでしまった。

「加古」を撃沈したのは、オーストラリアのブリスベーンから出撃したアメリカ潜水艦「S44」であった。「加古」との距離約650メートルから発射された魚雷が命中したのである。

たった5分で沈没したのに、准士官以上6名、下士官兵61名の犠牲だけで済んだ。それは高橋雄次艦長の素早い処置があったからである。それにしても帰投まであと一歩というところで「加古」は仇討ちにあったことになる。

三川艦隊は当初の目標であった輸送船攻撃を放棄したため、米軍の上陸部隊に橋頭堡を築かせることになってしまった。だが、ソロモン海戦の大戦果は、ミッドウェー海戦の大敗で暗く沈んでいた日本海軍に一条の光を与えたことは確かである。

第１次ソロモン海戦（サボ島海戦）時の戦力比較　1942年8月8日～9日

■日本海軍

第８艦隊　重巡洋艦　鳥海（旗艦）
　第６戦隊　重巡洋艦　青葉　古鷹　衣笠　加古
　第18戦隊　軽巡洋艦　天龍　夕張
　　　　　　駆逐艦　夕凪

■連合国海軍

南方部隊
重巡洋艦　オーストラリア（豪）　キャンベラ（豪）　シカゴ（CA-29）
駆逐艦　バグレー（DD-386）　パターソン（DD-392）

北方部隊
重巡洋艦　アストリア（CA-34）　クインシー（CA-39）　ビンセンス（CA-44）
駆逐艦　ヘルム（DD-388）　ウィルソン（DD-408）

東方部隊
軽巡洋艦　サンファン（CL-54）　ホバート（豪）
駆逐艦　モンセン（DD-426）　ブキャナン（DD-484）

レーダー哨戒隊
駆逐艦　ブルー（DD-387）　ラルフ・タルボット（DD-390）

【第61任務部隊】

第11任務群
空母　サラトガ（CV-3）（F4F戦闘機34機、SBD急降下爆撃機36機、TBM雷撃機16機）
重巡洋艦　ニューオーリンズ（CA-32）　ミネアポリス（CA-36）

駆逐艦　ファラガット（DD-348）　マクドノー（DD-351）　ウォーデン（DD-352）　デイル（DD-353）　フェルプス（DD-360）

第16任務群

空母　エンタープライズ（CV-6）（F4F戦闘機36機、SBD急降下爆撃機36機、TBM雷撃機15機）

戦艦　ノースカロライナ（BB-55）

重巡洋艦　ポートランド（CA-33）

軽巡洋艦　アトランタ（CL-51）

駆逐艦　バルチ（DD-363）　ベンナム（DD-397）　モーリー（DD-401）　グウィン（DD-433）　グレイソン（DD-435）

第18任務群

空母　ワスプ（CV-7）（F4F戦闘機29機、SBD急降下爆撃機30機、TBM雷撃機10機）

重巡洋艦　ソルトレイク・シティ（CA-25）　サンフランシスコ（CA-38）

駆逐艦　ラング（DD-399）　スタック（DD-406）　ステレット（DD407）　ラフェイ（DD-459）　アーロンワード（DD-483）　ファーレンホルト（DD-491）

補給部隊

油槽船　プレート　カナウエア　セービン　シマロン　カスカスキア

【第62任務部隊、水陸両用戦部隊】

◎X輸送船団（ガダルカナル上陸部隊）

A輸送船隊　輸送船　フラー　ベラトリックス　アメリカン・リージョン

B輸送船隊　輸送船　マコーリー　バーネット　リブラ　ジョージF.エリオット

C輸送船隊　輸送船　フォマルハート　ハンター・リゲット　ペ

テルギュース　アルチャイバ
D輸送船隊　輸送船　プレジデント・ヘイズ　クレセント・シティ　プレジデント・　アダムス　アルヘナ
◎Y輸送船団（ツラギ上陸部隊）
E輸送船隊　輸送船　ネビル　ゼイリン　ヘイウッド　プレジデント・ジャクソン
輸送駆逐艦　マッキーン　コールハウン グレゴリー　リドル

【第62任務部隊、上陸部隊援護】
◎第2群（船団護衛）
重巡洋艦　オーストラリア（豪）　キャンベラ（豪）　ホバート（豪）
第4水雷戦隊　駆逐艦　セルフリッジ（DD-357）　マグフォード（DD-389）　ラルフ・　タルボット（DD-390）　パターソン（DD-392）　ジャービス（DD-393）
第7駆逐隊　駆逐艦　バグレー（DD-386）　ブルー（DD-387）ヘルム（DD-388）　ヘンリー（DD-391）
◎第3群（艦砲射撃）
重巡洋艦　アストリア（CA-34）　クィンシー（CA-39）　ビンセンス（CA-44）
駆逐艦　デューイ（DD-349）　ハル（DD-350）　エレット（DD-398）　ウィルソン（DD-408）
◎第4群（艦砲射撃）
軽巡洋艦　サンファン（CL-54）
駆逐艦　モンセン（DD-436）　ブキャナン（DD-484）
◎第5群（掃海）
掃海駆逐艦　ホプキンス（DMS）　サウザード（DMS）　ゼーン（DMS）　トリーバン（DMS）　ホーベ（DMS）

【陸上航空部隊】

エフェテ島　F4F 戦闘機 18 機　B-17 爆撃機 17 機

ニューカレドニア島　F4F 戦闘機 16 機　SBD 急降下爆撃機 17 機　P-39 戦闘機 38 機　B-26 爆撃機 10 機　ハドソン爆撃機 6 機　B-17 爆撃機 9 機　PBY 哨戒機 22 機

フィジー島　F4F 戦闘機 12 機　ハドソン爆撃機 12 機　B-17 爆撃機 8 機　B-26 爆撃機 12 機　PBY 哨戒機 6 機

トンガタブ　F4F 戦闘機 24 機

サモア島　F4F 戦闘機 18 機　SBD 急降下爆撃機 17 機

第7章　第2次ソロモン海戦

昭和17（1942）年8月24日

新編成の南雲機動部隊、ソロモンへ

日本海軍にとって第1次ソロモン海戦は圧倒的な勝利に終わった。連合艦隊司令部内では真珠湾攻撃以来の勝ち戦に先行きを楽観する者すらいたという。しかし、勝つには勝ったが、本来の目的である米軍のガダルカナル島攻略部隊の撃滅は果たせなかった。そして、ガ島をめぐってさらなる日米激突が展開される。

ガダルカナル島への米軍の侵攻は本格的なものではないと判断した日本軍は、ガ島が米軍の前進基地となる前に、奪還しようと考えていた。そこで連合艦隊主力はトラック島へ進出、作戦に備えることになった。昭和17（1942）年8月11日、近藤信竹第2艦隊司令長官の率いる前進部隊が内地を離れる。続いて南雲長官率いる新編成の機動部隊が8月16日、瀬戸内海の柱島泊地から出撃。ミッドウェー海戦で壊滅的なダメージを受けた機動部隊は、南雲忠一司令長官が指揮を執る第3艦隊第1航空戦隊（旗艦「翔鶴」「瑞鶴」「龍驤」）と第11戦隊、第8戦隊、第10戦隊、第10駆逐隊、第16駆逐隊、第19駆逐隊として再編成されていた。

一方、ガダルカナル島に反攻上陸した米海兵隊を叩き潰すための準備が、トラック諸島ですすめられていた。陸軍の歩兵第28連隊長・一木清直大佐率いる一木支隊約2400名と、海軍の横須賀第5特別陸戦隊司令・安田義達大佐率いる616名である。

もともと一木支隊・横須賀第5特別陸戦隊はミッドウェー攻略のための部隊だったが、作戦が失敗した後グアム島にあった。そこでこの部隊をガダルカナル島の早期奪回目指して投入することとなったのである。8月16日、まず一木支隊から先遣隊として、916名が駆逐艦「嵐」「萩風」「浦風」「谷風」「浜風」「陽炎」の6隻に分乗してトラック諸島を出撃、ガ島へ向かう。一木支隊残りの約1500名と横5特は、同じ日に「金龍丸」「ぼすとん丸」「大福丸」の3隻の輸送船に分乗して出港した。

先遣隊は18日午後9時頃、ガ島飛行場から東へ40㎞離れたタイボ岬に入泊し、逆上陸に成功する。上陸した一木支隊長は、後続の部隊が到着するのを待つことなく攻撃することを決意。情報ではガ島の米軍兵力は２０００名程度、これなら後続部隊を待つまでもなく撃破可能と考えたのだが、ところが実際には1万を超える兵力が控えていたのである。先遣隊は夜の闇の中を前進、海岸を西に進んでいった。翌日、敵味方の斥候同士が出会いがしらに交戦、味方は全滅した。しかし先遣隊は前進し、20日の夜半にガ島飛行場をのぞむ中川の線に到着。そこで21日未明、先遣隊は中川を強行突破して米海兵隊の防御陣地を攻撃する。ところが、予想以上の猛烈な米軍の砲火につつまれて立往生してしまう。さらに、午後になると米軍の戦車が先遣隊の背後から攻撃してきた。

先遣隊も奮戦したが、前後からの挟み撃ちで戦況は不利となった。午後3時頃、一木支隊は敢闘むなしく壊滅、一木支隊長は軍旗を焼いて自決した。それに続くかのように部下の将兵も壮烈な戦死をとげた。この日の戦闘での日本軍の戦死者は７７７名、戦傷者約30名。戦闘を離脱して後退した者と上陸地点で警戒任務についていた者など合わせて１２８名の生存者がいたが、彼らにはもはや戦力はなく、後発した第2梯団の到着を待つしかなかった。

８月20日の朝、ショートランド島を発進した九七大艇が、ガ島の南東約２５０海里を遊弋する米空母部隊を発見した。この空母部隊はガ島上陸作戦後に南方に後退していた米第61任務部隊司令長官フレッチャー中将が率いる機動部隊であった。この部隊は日本機の索敵圏外にあって、ガ島への海上交通路を防衛するように命ぜられ、エスピリッツサント島の北方海域で哨戒にあたっていたのだ。

このことを知った南東方面部隊の指揮官である塚原二四三長官は、陸軍の川口清武少将率いる約5000名の川口支隊を乗せてガ島へ向かっていた第2梯団に対して、反転避退を命じ、ガ島への突入を24日に変更する。

瀬戸内海柱島泊地にあった山本五十六連合艦隊司令長官の座乗する旗艦「大和」も、8月17日、ソロモン作戦の支援のため柱島泊地を出撃していた。目指すはトラック諸島。そこで山本長官がじきじきに指揮を執ることになったのである。

同じころ、南雲長官率いる機動部隊はトラック諸島へ向かって南下していたが、進出途中の8月20日、米機動部隊がガ島南方に出現したとの報告により、トラック諸島に寄港するのを中止してそのまま南方に急進撃した。また、トラック諸島に入泊していた前進部隊もこの報を聞き、近藤長官は麾下部隊に出撃準備を命じると、午後7時、トラック諸島を後にした。そして翌21日午前5時、前進部隊は機動部隊と会同、共に南下した。

九七大艇が発見したガ島南方の米第61任務部隊は空母「サラトガ」「エンタープラ

イズ」「ワスプ」の3隻を主軸とする有力な機動部隊であった。この部隊は8月23日の朝にはガ島の東方海上150海里付近に達していた。

同日、近藤部隊、南雲部隊は互いに連絡を保ちながら、ガ島北方400海里付近の索敵を続け、南下していた。しかし、敵情をつかむ手がかりはなにも得られない。ところが、午前7時50分ごろ、第2水雷戦隊司令官・田中頼三少将の率いる第2梯団は、ガ島北方400海里において、米軍哨戒機の触接を受けた。

ラバウルにあった第8艦隊の三川長官は、「敵哨戒機、触接中」の報を受け、この状況下での第2梯団の輸送はきわめて危険と判断して、田中司令官に対し輸送船団の一時北方避退を命じた。田中司令官はそのまましばらく船団を南下させ続けていたが、哨戒機の姿が見えなくなるとすぐに針路を真北に変針、敵機から空襲されるおそれのない圏外に船団を避退させる。

フレッチャー長官は哨戒機から報告のあった日本の輸送船団を攻撃するため、12時45分、「サラトガ」からSBDドーントレス36機とTBFアベンジャー6機を発艦させた。また、ガ島飛行場からもSBDドーントレス23機が発進。しかし、天候不良と日本輸送船団の巧妙な反転によって、米攻撃隊は日本軍を発見することができなかった。

肩すかしを食ったフレッチャー長官の下へ、ハワイ・オアフ島の太平洋艦隊情報部から日本空母部隊がトラック諸島の北方にあって、現在南下中であるとの情報がもたらされた。しかし、この情報は実際には位置が大きくずれていた。

フレッチャー長官はこの情報を真に受ける。日本空母の位置が北方であるなら、ここ数日間のうちに大きな戦闘は起こらないだろうと考え、この23日午後、「ワスプ」隊を燃料補給のために南下させた。

ガ島へ迫る南雲機動部隊

南下中の南雲長官は、24日以降の作戦要領について二つの方法を策定していた。

第一法は24日午前4時までにステワート諸島の東方に進出、全軍によってサンクリストバル島の南東方にいると思われる米機動部隊を捕捉、これを撃滅する。

第二法は第8戦隊の原忠一司令官指揮の下、空母「龍驤」、重巡「利根」、駆逐艦「時津風」「天津風」の4隻をもって支隊を編成。本隊から分離、前進してガ島飛行場を攻撃し、増援部隊（第2梯団）の進出を支援する。他の部隊は第一法により作戦する。

この方針に基づいて機動部隊は南進し、前進部隊は機動部隊の前方20海里にあって

第二次ソロモン海戦各隊行動図

KdBは機動部隊
AdBは前進部隊
SNBは外南洋部隊

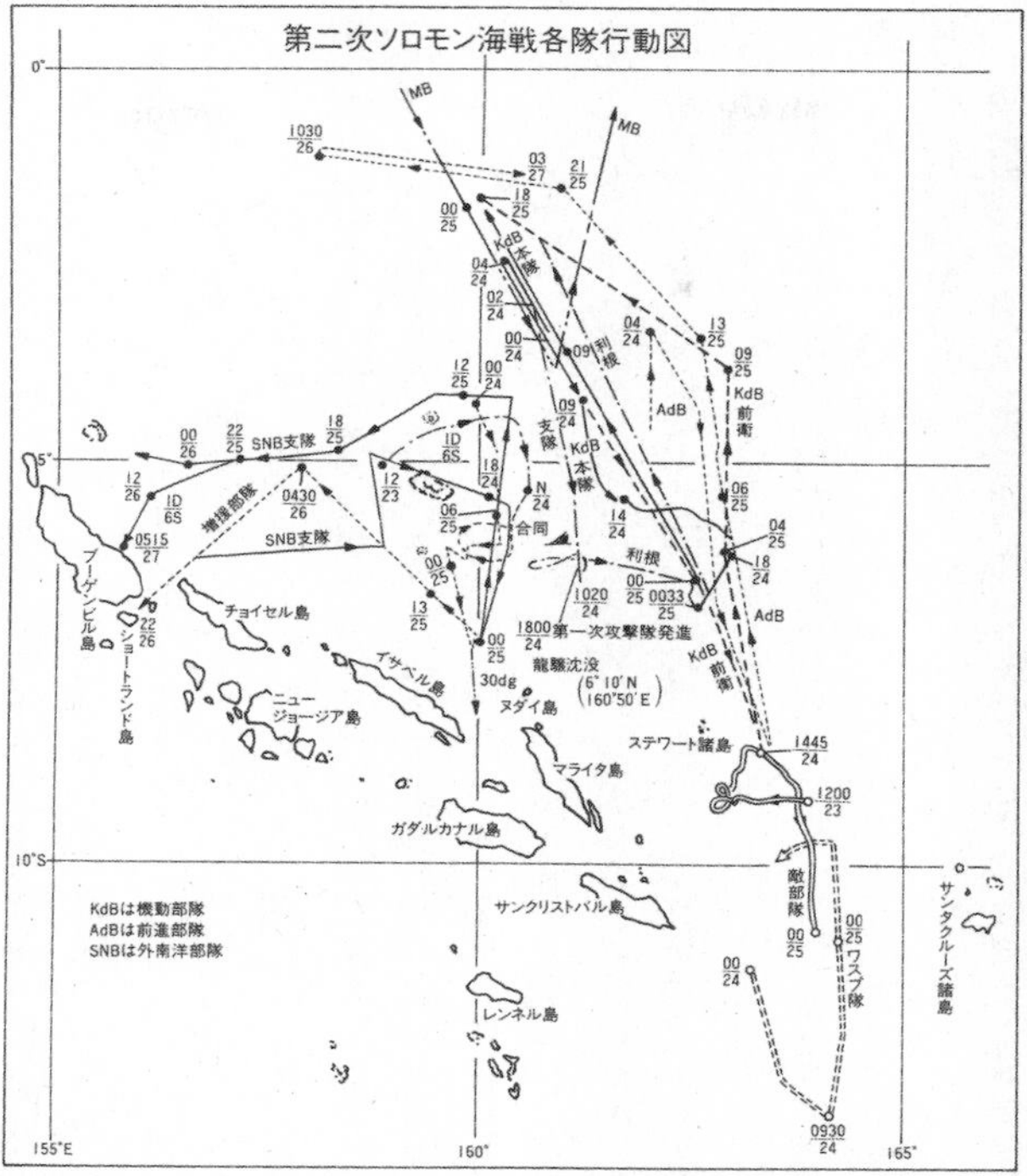

水偵9機を発進さ
せ、南東方280
海里にわたって扇
形海域を索敵した。
そのうちの2機が
索敵線の末端付近
で米カタリナ飛行
艇をそれぞれ1機
確認。さらに前進
部隊の艦艇が、米
飛行艇の姿を水平
線上に認めた。と
いうことは前進部
隊は米哨戒機に発
見されたことにな
る。

このとき南雲長官は、味方機が米艦隊を発見できないうちに、前進部隊が発見されてしまったことを重くみた。このまま早まって米艦隊の哨戒圏に突入するより、行動の秘匿を図りながら米機動部隊に備える方がいいと判断し、「本日敵艦隊に関する情報を得ず、今夜反転、明朝さらに南下の予定」と予報を発し、機動部隊はその後、午後4時25分に一斉回頭して北上する。機動部隊が回頭したあとも、前進部隊はそのまましばらく南下を続けていたが、午後7時15分、回頭して針路を北にとった。

そのころ、米哨戒機に発見された第2梯団は避退のため一時北上していた。このため、24日に予定されていたガ島上陸は困難となり25日に変更された。

トラック諸島に向かって南下していた旗艦「大和」では、山本長官がこのような状況の変化をみていたが、23日午後8時、南雲長官宛てに指導電を打った。「明24日、午前中に敵機動部隊に関する情報を得ざれば、これに備えつつ午後、適宜の兵力をもってガダルカナルを攻撃せよ」

この下令により南雲長官は、翌24日は二つめの方法で作戦することを決意し、麾下部隊に次のように命じた。

「機動部隊信令第3号

一、機動部隊は明日、第二法にて作戦せんとす、ただし午前中に敵機動部隊を発見せば第一法に転ず。

二、支隊は24日0200分離、本隊の西方海面を南下、爾後ガダルカナルを攻撃し得るごとく行動すべし」

発令を受けた機動部隊支隊は、ガ島飛行場を爆撃する準備にとりかかり、24日午前2時、北上中の本隊から分離して反転、南下を始めた。軽空母「龍驤」を中心に、「利根」が先頭、右舷に「時津風」、左舷に「天津風」が随伴してガ島沖へと向かう。

午前7時15分、進撃中の支隊の上空に突然、米海軍のカタリナ飛行艇1機があらわれた。上空の警戒にあたっていた零戦がこれを攻撃したが、飛行艇はそのまま遁走した。

このカタリナ飛行艇は「味方空母部隊の北西280海里に、南下中の日本海軍の小型空母1、巡洋艦1、駆逐艦2を発見」と報告した。また、他の哨戒機からも同じような情報が伝えられてきた。

小型空母「龍驤」、南太平洋に没す

この報に接したフレッチャー長官は考え込んでしまった。ハワイの太平洋艦隊情報部からは、日本空母部隊はトラック諸島の北方にあると報じてきたし、昨日発艦させた「サラトガ」の攻撃機も日本空母部隊を発見しなかった。それなのに、突然、小型

竣工当初（昭和８年）のころの空母「龍驤」。8000トンの小型空母だったが、この海戦で沈没する

対空砲火で応戦する「エンタープライズ」。右下はエンタープライズの艦橋の一部で、この時期にすでにレーダーを備えていたのが分かる

日本機の急降下爆撃を受ける米空母「エンタープライズ」。爆弾が命中し、黒煙を上げている。重巡「ポートランド」から撮影したもの

空母「エンタープライズ」の飛行甲板に爆弾が命中・炸裂した瞬間。数ある戦場写真のなかでも最も有名な一枚だ。撮影した写真家ロバート・ミードはこの直後に爆風で戦死した

空母1隻が発見されたというのはどういうことなのか——。そこでフレッチャー長官は、もしかすると大型空母を擁する機動部隊が接近しているのかも知れないと考え、確認のため「エンタープライズ」から索敵機23機を発艦させた。続いて発見報告のあった日本空母を目標に、「サラトガ」からSBDドーントレス30機、TBFアベンジャー8機を発艦させる。

そのころ近藤部隊、南雲部隊はガ島の北東方300海里付近を索敵しながら南下していた。第2梯団もガ島の北方300海里に進出、ふたたび南下を始めていた。

これらの部隊より先行している「龍驤」は午前10時20分、ガ島の北方250海里付近に達すると、予定通り九七艦攻6機、零戦6機による攻撃隊を発艦させた。続いて10時48分、零戦9機を発艦させ、「龍驤」は北方に転針、避退することにした。

母艦を飛び立った21機は、納富健次郎第1次攻撃隊長に率いられ、12時30分頃、ガ島飛行場に突入、爆撃を行った。ところが、突入する前に、すでに上空には邀撃戦闘機としてF4Fワイルドキャット15機が待ち伏せていた。たちまち、ガ島上空で空戦が始まる。零戦は次々とF4Fに襲いかかり、全機を撃墜したが、味方にも被害が出た。零戦2機、九七艦攻3機が自爆し、被弾して帰還不能となった九七艦攻1機、零戦1機がマライタ島北方のヌダイ島に不時着した。不時着した搭乗員は、その後駆逐艦「望月」に救出されている。

北方に避退していた「龍驤」は、その後反転して第1次攻撃隊を収容する地点へと向かっていた。その途中、納富隊長から「爆撃成功、1230」との報告が入る。

午後1時頃、「天津風」の上空見張員が叫んだ。「敵らしき飛行機、左30度、こちらに向かってくる！」。しかし、このとき「龍驤」の飛行甲板に飛行機は1機もなかった。帰投してくる第1次攻撃隊のために飛行甲板を空けてあったのである。エスピリッツサントから攻撃にやってきたのはB－17フライングフォートレス。悠々と旋回し、爆弾を落としていったが、命中弾はなかった。

それから約1時間後、「サラトガ」のSBDドーントレス数十機が「龍驤」上空にあらわれた。急降下するSBDから投下された数十発の爆弾が「龍驤」をつつみこむ。やがて数発が艦尾付近に命中し、飛行甲板で炸裂して鉄片を舞い上げると、中甲板から真紅の炎が渦を巻いて吹き出した。

続いてTBFアベンジャー4機が左舷から突っ込んできた。魚雷による雷撃である。左舷中部に魚雷一発が命中し、「龍驤」は機械、缶（ボイラー）が使用不能となった。艦内の火災は乗員の努力によって鎮火したが、浸水により「龍驤」は左へ20度傾いた。

船体はさらに大傾斜していき、「龍驤」は午後6時、夕闇迫る南太平洋に艦尾から沈んでいった。

南雲機動部隊、空母「エンタープライズ」を撃破

24日未明、支隊の「龍驤」隊を分派した南雲機動部隊は、予定通り午前4時に北進を中止して反転、針路を150度にとると速力20ノットで南下を開始した。このとき南雲長官は新しい航行隊形をとって航行した。それは、戦艦と巡洋艦を間隔10㎞の横隊とし、空母群の前方10海里に「前衛部隊」として壁のように横一線に並べたものである。これはミッドウェー作戦の苦い教訓から編み出したもので、これまでの戦艦部隊が艦隊戦闘の主力であるという兵術思想を大転換して策定された接敵配備であった。

南雲機動部隊の反転に呼応して、後続していた前進部隊も同じころ反転、針路150度、速力16ノットでふたたび南下を開始した。これで前進部隊は最前線を進撃することとなった。このときの前進部隊の主な任務は、機動部隊の東方海面を警戒することである。

近藤、南雲の両部隊は反転するとともに、多数の索敵機を発艦させて東方から南方にかけて索敵したが、米機動部隊を発見することはできなかった。南雲長官は、さらに機動部隊の前衛から、零式三座水上偵察機6機を第2次索敵隊として発艦させた。

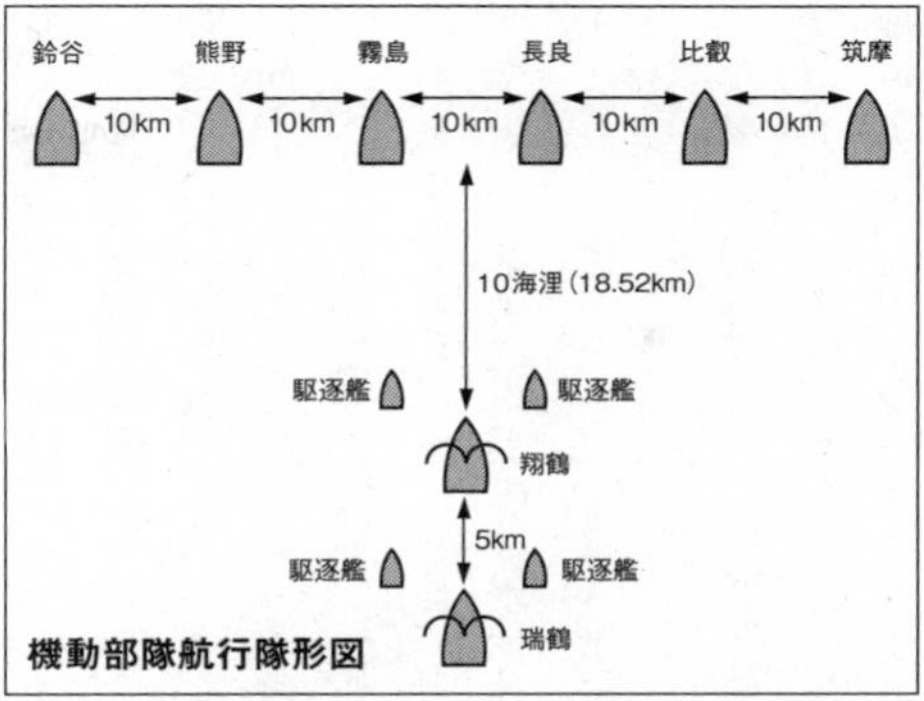
鈴谷
熊野
霧島
長良
比叡
筑摩
10km
10km
10km
10km
10km
10海浬（18.52km）
駆逐艦
駆逐艦
翔鶴
5km
駆逐艦
駆逐艦
瑞鶴

機動部隊航行隊形図

水偵による索敵隊は60度から150度の間で開度15度をとり、扇形海面を進出距離300海里で索敵にあたった。12時5分、最右端の零式水偵「筑摩」2号機が「敵大部隊見ゆ、われ戦闘機の追跡を受く」と打電して消息を絶った。

この電文では米海軍の位置は分からない。第3艦隊司令部（南雲部隊）は「筑摩」2号機の担任索敵線と発艦時刻から分析すると、敵の位置は「翔鶴」の153度260海里、ステワート諸島の南方海域と判断した。正確な位置を確認することはできなかったが、南雲長官はこの判断を正しいと認め、ただちに第1次攻撃隊に対して発艦を命じた。

第1次攻撃隊として、「翔鶴」の飛行隊長・関衛少佐率いる九九艦爆27機（「翔鶴」18機、「瑞鶴」9機）、零戦10機（「翔鶴」4機、「瑞鶴」6

機）が12時59分に発艦。第1次攻撃隊の発艦後、続く第2次攻撃隊の発艦準備が進められ、午後2時、「瑞鶴」飛行隊長・高橋定大尉率いる九九艦爆27機、零戦9機が発艦していった。

第2次攻撃隊が発艦していったそのすぐあと、ガ島攻撃に分派した支隊が、多数の米艦上機に攻撃されていることが伝わってきた。だが、南雲機動部隊としては、支援に向かうことなくこのまま「龍驤」の支隊を見捨てるしかなかった。機動部隊にはまだ「翔鶴」に20機、「瑞鶴」に15機の零戦があったが、これは上空直掩機として使わなければならないので、救援に赴かせるわけにはいかないのである。

やがて、第1次攻撃隊は午後2時20分、二つのグループに分かれた米機動部隊を発見した。これこそ、これまで捜し求めていた空母「サラトガ」隊と「エンタープライズ」隊である。

一方、米機動部隊の上空直掩機は、12時以降、日本の索敵機零式三座水偵3機を撃墜していた。これで自分たちの位置が日本軍に知られたことは確実と判断し、上空直掩機を増やして厳重な警戒態勢をとる。午後2時2分、「サラトガ」のレーダーは日本機の大群を捉えた。フレッチャー長官はありったけの直掩機を発艦させるよう命じる。「サラトガ」「エンタープライズ」の上空には、F4Fワイルドキャット53機に加えて、SBDドーントレス数機まで邀撃態勢についた。

「エンタープライズ」は戦艦「ノースカロライナ」のほか巡洋艦2隻、駆逐艦5隻からなる輪型陣で航行していた。「サラトガ」隊も同じ重巡2隻、駆逐艦3隻で輪型陣を組んでいる。これら米空母部隊の陣容を確かめた関飛行隊長は、「翔鶴」隊をもって手前の「エンタープライズ」を、「瑞鶴」隊は前方の「サラトガ」を攻撃するよう下令した。

第1次攻撃隊は高度3500メートルで米空母部隊に接近していった。すると前方に約10機のF4Fワイルドキャットが出現。それを無視して2時38分、関隊長は「全軍突撃」を命じた。F4Fはいくつかのグループに分かれて空母の外周で邀撃態勢をとっており、九九艦爆直掩の零戦が突っ込んでいった。たちまち、戦闘機対戦闘機の空戦が始まる。艦爆隊は戦闘機に襲われ損害を蒙りながらもそれを突破、ついに目標上空に到達する。

「エンタープライズ」隊が5インチ砲、28ミリ機関砲、20ミリ機銃の集中砲火を浴びせかける中、12機の九九艦爆が急降下していった。対空砲火によって被弾して操縦不能となった2、3機が「エンタープライズ」目がけて突入していったが命中しない。対空砲火をかいくぐった九九艦爆の急降下爆撃は、「エンタープライズ」に250kg

爆弾3発を命中させた。最初の1発は甲板5層を貫き、下士官室で爆発。続く爆弾2発が飛行甲板で炸裂し、火災が発生した。

第1次攻撃隊の「エンタープライズ」攻撃は終わったが、その被害は大きかった。自爆および未帰還機は、九九艦爆17機、零戦3機の20機で、その他九九艦爆1機、零戦3機が被弾して不時着した。母艦に収容できたのは37機のうちのわずか13機である。

被弾した「エンタープライズ」は乗員の応急処置で火を消し止め、穴の開いた飛行甲板に急遽鉄板を張った。これによって上空直掩に飛び立っていた艦上機の収容を可能とする。しかし、その損傷は被害箇所を完全修復するに2ヵ月を必要とするほど大きなものであった。

日本機が去った後、米空母部隊はＳＢＤドーントレス13機とＴＢＦアベンジャー12機による第2次攻撃隊を発艦させる。攻撃隊は日没前にステワート諸島の北方70海里付近で、南下中の日本の前進部隊を発見。これは水上機母艦「千歳」と第5戦隊の重巡「妙高」「羽黒」である。「千歳」は至近弾2発を受け小火災を生じ、左舷機械室は浸水して使用不能、さらに舵機にも故障を生じる被害を受けた。

退勢への序曲、ガ島への船団輸送失敗

この間、高橋定隊長率いる第2次攻撃隊は、午後2時に発艦したときの米空母部隊の位置からみて、敵艦隊は速力20ノットで130度方向に移動しているものと考え、午後4時の予想位置を割り出して進空していた。

母艦を発艦して1時間40分ほど経った午後3時43分、予定した空域に達したものの米空母部隊の姿はどこにもなかった。そこで第2次攻撃隊はさらに南下、日没まで敵艦を捜索したが発見できなかった。高橋隊長は反転して帰投することを下令した。

しかし、この間に攻撃を終了していた第1次攻撃隊は、米空母部隊の位置と動きを第2次攻撃隊宛てに打電している。さらに南雲機動部隊司令部も、米空母部隊の新しい位置を九九艦爆の高橋隊長に打電していたが、通信不良で届いていなかった。

高橋隊長の命令により反転帰投に移ったとき、「瑞鶴」の艦爆隊第3中隊長の石丸豊大尉は、一瞬、黒い影を水平線上に見た。彼は自分の中隊9機を率いて、黒影の真相を探るため隊長に断りなく変針。燃料はギリギリだが、黒い影が敵艦隊かも知れないという気持ちで引き返したのだ。しかし、それは徒労に終わった。

敵艦は見えず、帰り着く陸上基地もない。石丸隊の行くべき方向は、たどり着けるかどうか分からない母艦「瑞鶴」の方向。燃料があるかぎり飛行するしかなかった。「瑞鶴」では、石丸中隊長のこれから帰投するという電報を受けとると、石丸隊を1

秒でも早く収容するためその方向へ最大戦速の34ノットで航行した。そのかいあって石丸隊の6機が着艦、残りの3機は付近海面に着水し、搭乗員は駆逐艦によって救助された。

当初、南雲長官は1次、2次にわたる攻撃で米空母に損傷を与え、3次の攻撃で九七艦攻による夜襲を行い、同時に水上部隊が突撃して、米空母部隊を叩き潰す方針を立てていた。しかし、第2次攻撃隊は米空母部隊を攻撃するどころか発見することもできなかった。南雲長官は万事休すである。そこでこの日の作戦を中止することを決意、各隊は反転・北上していった。

一方、陸兵輸送の任務にあった第2梯団は、南雲機動部隊の戦闘中、北西方向に避退していた。しかし、機動部隊が「エンタープライズ」に損傷を与えたことを知ると、午後9時12分、またもや反転南下を開始し、ガ島へ向かう。これで翌25日に第2梯団を上陸させる方針だったのである。これに呼応して砲撃支援隊の第30駆逐隊はガ島に進出、午後10時頃ルンガ泊地に突入した。ところが、そこには米軍の艦艇は1隻もいなかった。そこで駆逐隊はガ島飛行場を砲撃する。

ガ島の米海兵隊は、日本駆逐艦のあとを追ってP－40ウォーホーク5機を夜間発進させた。第30駆逐隊は午前零時頃、ガ島の北方約50海里にあったが、ここで米軍機の銃爆撃を受ける。船体に損傷はなかったが、「睦月」に負傷者3名が出た。

第2水雷戦隊の田中頼三司令官は、これまで第2梯団は4回も北上、南下を繰り返しており、後方海域にまだ南雲機動部隊がいるうちに梯団のガ島上陸作戦を終わらせるべきと判断、進撃を強行することにした。第2梯団を乗せた輸送船団は25日午前5時、ガ島の150海里圏内へ入っていった。5時40分、船団に第30駆逐隊が合同した。

田中司令官が座乗する第2水雷戦隊旗艦の「神通」では、上陸作戦を目前にひかえて、航行序列や揚陸時の警戒配備などを麾下の第24駆逐隊、第30駆逐隊、別働隊に伝達していた。午前6時5分、船団は突然、断雲の間からあらわれたSBDドーントレス3機による銃撃を受けた。弾は「神通」の1番、2番砲塔の間に命中した。

これとほとんど同時に輸送船団に対して4機のSBDドーントレスが銃爆撃を開始する。「金龍丸」の後部に1発の爆弾が命中し、船内に火災が発生。搭載している爆薬が誘爆して「金龍丸」は航行不能に陥ってしまった。

この状況を目のあたりにした田中司令官はガ島突入をあきらめなければならなかった。ただちに「ぼすとん丸」と「大福丸」に対して避退命令を下し、沈没寸前の「金龍丸」の救難を開始する。だが「金龍丸」が復原する見込みはなかった。そこで駆逐艦「睦月」が魚雷処分することになったが、そのとき上空に米軍のB－17フライングフォートレス3機が飛来。そして救助作業中の駆逐艦群に対して爆弾を投下する。そのうち1発が「睦月」の機械室に命中、航行不能となった「睦月」は1時間後に浸水のため沈没してしまった。

こうしてガ島への船団輸送は失敗した。ここで第2梯団は急遽派遣された空母「瑞鶴」機による上空警戒の護衛の下、ショートランド島へ避退した。

これ以降、日本軍は駆逐艦による夜間輸送でガ島へ兵力を送り込んだ。いわゆる「ネズミ輸送」である。しかし、ガ島へ上陸した川口支隊は撃退され、戦力の逐次投入を繰り返した日本軍は、以後この島で最も避けなければならなかった消耗戦に巻き込まれていく。

第2次ソロモン海戦（東ソロモン海戦）時の戦力比較　1942年8月24日

■日本海軍

【第3艦隊】

第1航空戦隊　空母　**翔鶴**（零戦27機、99艦爆27機、97艦攻18機）
瑞鶴（零戦27機、99艦爆27機、97艦攻18機）
龍驤（零戦24機、97艦攻9歳）
　第10駆逐隊　駆逐艦　**風雲　夕雲　巻雲　秋雲**
　第16駆逐隊　駆逐艦　**時津風　天津風　初風　秋風**
第11戦隊　戦艦　**比叡　霧島**
第7戦隊　重巡洋艦　**熊野　鈴谷**
第8戦隊　重巡洋艦　**利根　筑摩**
第10戦隊　軽巡洋艦　**長良**
　第19駆逐隊　駆逐艦　**浦波　敷波　綾波**
第1補給隊　油槽船　**東邦丸　東栄丸　東亜丸　国洋丸　第二共栄丸**
第2補給隊　油槽船　**豐光丸　日朗丸　旭東丸**

【第2艦隊】

第4戦隊　重巡洋艦　**愛宕　高雄　摩耶**
第5戦隊　重巡洋艦　**妙高　羽黒**
第2戦隊　戦艦　**陸奥**
第4水雷戦隊　軽巡洋艦　**由良**（旗艦）
　第9駆逐隊　駆逐艦　**朝雲　夏雲　峯雲**
　第27駆逐隊　駆逐艦　**有明　夕暮　白露　時雨**
第11航空戦隊　水上機母艦　**千歳　山陽丸**
　第4駆逐隊　駆逐艦　**野分　舞風**

【増援部隊】

第２水雷戦隊　軽巡洋艦　神通（旗艦）

第24駆逐隊　駆逐艦　浦風　江風　涼風
哨戒艇　哨戒艇一号　哨戒艇二号　哨戒艇三四号　哨戒艇三五号

第30駆逐隊　駆逐艦　睦月　弥生　望月　卯月

別働隊　駆逐艦　陽炎　夕凪　磯風

輔送部隊　輸送船　金龍丸　ボストン丸　大福丸

■米国海軍

【第６艦隊】

第61任務部隊　空母　サラトガ（CV-3）（F4F戦闘機34機、SBD急降下爆撃機37機、TBF雷撃機16機）
エンタープライズ（CV-6）（F4F戦闘機36機、SBD急降下爆撃機36機、TBF雷撃機15機）

戦艦　ノースカロライナ（BB-55）

重巡洋艦　ノーザンプトン（1、CA-26）　ニューオーリンズ（CA-32）　ポートランド（CA-33）

軽巡洋艦　アトランタ（CL-51）

駆逐艦　ファラガット（DD-348）　デューイ（DD-349）　マクドノー（DD-358）　フェルプス（DD-360）　クラーク（DD-361）　バルチ（DD-363）　パグレー（DD-386）　ウイルソン（DD-408）

第8章　南太平洋海戦

昭和17（1942）年10月26日

日米機動部隊、ガダルカナル島をめぐり激突

ガダルカナル島の攻防戦は、もはや抜き差しならない重大な局面を迎えていた。このガ島を奪回するため、第１次ソロモン海戦、第２次ソロモン海戦が生起し、昭和17（１９４２）年10月、事態は日本軍にとって楽観を許さない状況にあった。

一方、アメリカ側も足並みが乱れていた。南太平洋部隊の指揮官ゴームリー中将は作戦に消極的で、太平洋艦隊司令長官のＣ・Ｗ・ニミッツ大将は、南太平洋部隊の士気を高め、ガ島戦を勝ち抜いて攻勢に転ずるため、ゴームリー司令官を解任し、新たにＷ・Ｆ・ハルゼー中将を南太平洋部隊指揮官に任命した。着任したハルゼー司令官

は、フレッチャー少将と交代したキンケード少将に対し、空母「ホーネット」と、修理を終えハワイから南下してくる「エンタープライズ」を率いて、ただちにガ島の北東海面へ進出せよ、と命令。こうして、日米両海軍の機動部隊が南太平洋上で激突する素地が、着々とつくられていった。

この間、日本軍は戦局の焦点となったガダルカナル島へ陸軍第17軍を中心とする戦力を投入。海軍も第2艦隊司令長官・近藤信竹中将率いる前進部隊が、10月15日、第2航空戦隊「隼鷹」「飛鷹」の零戦隊をもってタサファロングに入泊した船団の上空警戒を行った。その夜には、10月13日の戦艦「金剛」「榛名」を基幹とする第3戦隊に続き、第5戦隊の「妙高」「摩耶」が、ガ島ヘンダーソン飛行場への砲撃を行っている。

第17軍は総攻撃の準備を進め、何度かの延期を経て10月24日夜に決行されることとなった。連合艦隊もこれに呼応してガ島へ進出することとなり、その日早朝、南雲機動部隊は燃料の補給を開始。25日の黎明時ごろから南下することにしていた。空母「翔鶴」「瑞鶴」「瑞鳳」を擁する第1航空戦隊を基幹とする第一航空艦隊司令部では、ミッドウェー海戦の反省と教訓から、敵機動部隊の動きをまったくつかめていない戦況下でみだりに南下すれば、敵の哨戒圏に突入することとなり、こちらの位置を先に敵に教えることになると判断していた。大切な空母部隊をできるだけ安全に温存しながら、効果的に敵機動部隊を捕捉して攻撃するつもりだったのである。

しかし、これを知った山本長官はすぐに作戦指揮を行い、南雲長官に即刻南下することを命じた。連合艦隊司令部は南雲長官宛てに「機動部隊は作戦命令のとおり、すみやかに南進せよ」と督促する。南雲機動部隊の行動予定では、丸1日をムダにすることになるからだ。機動部隊は補給を打ち切り、24日午後8時から南下を開始した。ただし、「飛鷹」は主機関故障により戦線を離脱、航空隊は「隼鷹」に収容されている。

これに対する米機動部隊は、この日、空母「エンタープライズ」と「ホーネット」が午前10時過ぎにエスピリッツサント島の北東273海里の洋上で合同していた。ヌーメアに司令部をおく米南太平洋部隊指揮官・ハルゼー中将は、この空母部隊に対し、ガ島に接近する日本部隊を阻止するため、サンタクルーズ諸島の北方海域を航行したあと、南西に進路をとるよう下令する。

南雲機動部隊は、日本陸軍第17軍のガ島総攻撃を支援して、ソロモン諸島の東方海上を南北に何度も往復していたが、山本長官の命令により米機動部隊を捕捉するため再度南進を開始した。しかし、10月25日午後11時ごろから、敵哨戒機の触接を受け始める。旗艦「翔鶴」の敵信傍受班が「敵機の距離はだいぶ近いようです」と伝えてきた。それから2時間後の26日午前零時50分、突然、「瑞鶴」の至近に爆弾4発が落下する。敵哨戒機PBYカタリナからの爆撃である。

南雲長官は自ら艦橋に立って、「反転北上せよ、速力24ノット」を下令した。これは機動部隊の所在をくらますための作戦だ。命令は同時に前進部隊の第2艦隊長官近藤中将にも伝えられ、機動部隊に呼応して北上を開始する。

一方、この日未明にエスピリッツサント島を離陸した米海軍のPBYは、ガ島の東方沖から北方へ反転して日本海軍の前進部隊を発見、ヌーメアにあるハルゼーの司令部へ報告した。

ハルゼー司令官は、日本空母部隊の位置をPBYの情報を基に作戦海図に記入した。そして、サンタクルーズ諸島の北東海面を北上していた機動部隊のキンケード司令官に「攻撃せよ、反転攻撃を加えよ」という命令を打電。キンケード司令官はハルゼーの命令を受けると、北西方面200海里にかけて索敵するため「エンタープライズ」から16機のSBDドーントレスを発艦させた。

南雲機動部隊は北上を続けながら二段索敵を行うこととし、空母から九七艦攻13機、零水偵7機が南東方向に飛び立っていた。午前4時50分、南東方に進出した「翔鶴」

機が「敵大部隊見ゆ、空母1ほか15、敵空母はサラトガ、0450」と打電してくる。待ちに待った敵発見の報告である。

「翔鶴」艦内のスピーカーが「攻撃即時待機、攻撃即時待機」と告げ、搭乗員待機所はチャートを手にして駆け出す偵察員、操縦員らでごった返す。やがて「搭乗員整列」の号令が下った。「翔鶴」「瑞鶴」「瑞鳳」の艦橋下では、攻撃部隊が円陣を組んで各部隊の指示を聞いている。飛行甲板上の全機のプロペラはすでに回っていた。

午前5時25分、「攻撃隊、発進せよ」の命令が下った。各母艦から一斉に攻撃隊が発艦していく。第1次攻撃隊は、零戦21機、九九艦爆21機、九七艦攻20機の計62機。指揮官は村田重治少佐である。

米機動部隊の索敵機も日本機が米機動部隊を発見したのと同じ時刻に南雲機動部隊を発見していた。報告を受けたキンケード司令官は、時を移さず攻撃隊に発進を命じる。時に午前5時30分、南雲機動部隊の攻撃隊から遅れることわずか5分である。

まず「ホーネット」からSBDドーントレス艦爆15機、TBFアベンジャー雷撃機6機、F4Fワイルドキャット戦闘機8機の合わせて29機が発艦していった。続いて6時ちょうどに「エンタープライズ」からSBD3機、TBF8機、F4F8機の計19機が第2次攻撃隊として発艦。さらに6時15分、「ホーネット」から第3次攻撃隊のSBD9機、TBF9機、F4F7機の計25機が発艦した。

第一次攻撃隊の犠牲と引き換えに、「ホーネット」を撃破

そのころ南雲機動部隊では、第2次攻撃隊の発進準備が行われていた。と、そのとき、「翔鶴」のレーダーが米索敵機を捕捉。2機のSBDドーントレスである。これは「エンタープライズ」から飛び立った16機の一部で、索敵を任務としていたが、胴体下には500ポンド爆弾が搭載されていた。

午前5時40分、このSBD2機は南雲機動部隊の意表をつき、「瑞鳳」に向かって急降下してきた。と同時に2発の爆弾を投下、そのうち1発が「瑞鳳」の後部飛行甲板に命中し、黒煙と火炎が吹き上がった。間もなく火災は消し止められたが、飛行甲板には直径15メートルもの破口が生じ、その下方各部が破壊されていた。戦死者は17名。機関部に異状はなかったものの、航空機の離発艦ができなくなった「瑞鳳」は、トラック環礁へ回航することになった。

午前6時10分、第2次攻撃隊の先発隊として「翔鶴」から関衛飛行隊長率いる零戦5機、九九艦爆19機が発艦していった。さらに35分遅れて「瑞鶴」の今宿滋一郎飛行隊長を指揮官とする零戦4機、九七艦攻16機が母艦を飛び立つ。

この第２次攻撃隊が発艦した直後に、南雲長官は前衛部隊に対して「全軍突撃」を命じた。阿部弘毅司令官率いる前衛部隊は、北進から一転して南東に進路をとると、米機動部隊に向かって進撃を開始。南雲機動部隊の西方にあった近藤部隊も、敵発見の報と同時に反転して米機動部隊に向け進撃を始めた。

村田重治飛行隊長率いる第１次攻撃隊は、米機動部隊を求めて飛行を続けていた。途中、「ホーネット」隊のＳＢＤ15機と遭遇するが、双方とも攻撃し合うことなく通過する。それから10分後、今度は「エンタープライズ」の艦上機と会敵。ＳＢＤ３機、ＴＢＦ８機、Ｆ４Ｆ８機の19機である。このとき「瑞鳳」隊の零戦９機は、相手を攻撃するのに絶好の位置にいた。戦闘機隊指揮官の日高盛康大尉は、搭乗機を大きくバンクさせると列機を率いて敵編隊の中へ突っ込んでいく。９機の零戦は４機のＦ４Ｆと４機のＴＢＦを撃墜したが、敵機の反撃も意外に激しく、日高隊も４機が未帰還となった。

午前６時55分、第１次攻撃隊は空母「ホーネット」を中心にした輪型陣を発見。敵艦隊は針路を北西にとり、速力24ノットで航行していた。「敵空母見ゆ」と南雲機動部隊に報告するとともに、攻撃隊は「突撃準備隊形をつくれ」を下令する。やがて「全軍突撃せよ」が発せられ、攻撃隊は「ホーネット」に向かって突っ込んでいった。

制空隊の零戦はすでに「ホーネット」上空で直衛にあたっていた38機のF4Fに猛然と襲いかかり、たちまち激しい空戦が展開された。この間に「瑞鶴」艦爆隊長の高橋定大尉が率いる21機の爆撃隊は、爆撃針路に入ろうとしたが、F4Fとの交戦で隊形が乱れてしまう。艦爆隊長・高橋大尉の九九艦爆もこのとき被弾、火災が発生して海上へ不時着した（高橋大尉はその後救出されている）。

それでも攻撃隊は空母に集中攻撃をかけた。「ホーネット」の飛行甲板右舷後部に、ついに最初の1発が命中。続いて2発目が舷側至近に落ちて爆発し、これにより艦内のあちこちが破壊された。さらに1機の九九艦爆が、対空砲火を受けて被爆し、火を吐きながら「ホーネット」目がけて突入していった。坂本明大尉の搭乗機である。坂本機は艦橋後部の煙突をかすめて飛行甲板に激突、と同時にかかえていた250キロ爆弾が爆発する。これと合わせるかのように、他の九九艦爆が投下した爆弾1発が坂本機そばに命中し、さらに被害が拡大した。

被弾した「ホーネット」に致命的な損傷をあたえたのは2本の魚雷であった。九七艦攻2機が艦尾方向から低空で進入し、ここで発射した魚雷が機関付近に命中して爆発したのである。たちまち艦内に大火災が生じ、右舷に傾いて航行不能となった。この機を逃さず九九艦爆が急降下し、さらに爆弾3発を投下。1発は飛行甲板を破壊し、もう1発は第4甲板まで貫通して爆発、最後の1発は甲板4層を貫いて前部兵員室で爆発した。火災は艦全体に広がり、「ホーネット」は右舷に傾斜したまま漂流する。自力で火災を消し止めることができなかったため、駆逐艦「モーリス」と「ラッセル」が左舷に接舷して消火活動を行った。

すでに第1次攻撃隊は「ホーネット」の上空から去り、母艦を目指していた。この戦闘で零戦3機、九七艦攻10機、九九艦爆12機が敵機や対空砲火によって失われた。さらに帰投したとき被弾または燃料切れのため味方艦付近に不時着水した機もあった。結局、失われた航空機は零戦9機、九七艦攻16機、九九艦爆17機、合計42機で、第1次攻撃隊は全滅に近い損害を蒙っている。

それればかりか、真珠湾攻撃、セイロン島攻撃、ミッドウェー海戦などで「赤城」飛行隊長として勇名を馳せた「翔鶴」の飛行隊長村田重治少佐をはじめベテラン搭乗員多数が失われてしまった。

米軍機の攻撃により撃破された「翔鶴」

「翔鶴」の艦橋トップに装備されたレーダーが、午前6時40分ごろ、南東145キロに、来襲する米艦上機群を捉えた。このとき機動部隊は第2次攻撃隊を発艦させている最中で、「瑞鶴」は「翔鶴」の東方20キロの位置にあって北上を続けていた。上空の直衛機は「翔鶴」の零戦10機、「瑞鶴」の零戦5機の15機。

第2次攻撃隊を見送って間もない午前7時18分、南東方向の上空に「ホーネット」から飛び立ったSBDドーントレス15機が、零戦と空戦を交えながら接近してくるのが見えた。15機のSBDが目標としているのは明らかに「翔鶴」だ。午前7時27分、SBDは「翔鶴」の上空に到達すると急降下を開始する。直衛機の零戦を振り切っての攻撃であった。「翔鶴」からは対空砲が猛然と射ち上げられ、爆撃回避のため全速で航行する。

「翔鶴」は必死の回避運動と対空砲火による弾幕によって攻撃を回避した。しかし、SBDは超低空で飛行し、さらに爆弾を投下する。この攻撃法はアメリカ軍の新たな戦法だった。4発が飛行甲板の後部および高角砲台に命中、飛行甲板と格納庫が破壊されて、航空機は離発艦不能となった。

飛行甲板を破壊された「翔鶴」だったが、機関部は無傷で航行には問題がなかった。しかし、通信機能を破壊されて通信不能となってしまい、旗艦として戦闘指揮がとれない状況に陥る。そこで南雲長官は司令部を一時、駆逐艦に移すことを決意し、「翔鶴」に米機動部隊の攻撃圏外に出るよう命じた。司令部は駆逐艦「嵐」に移し、「翔

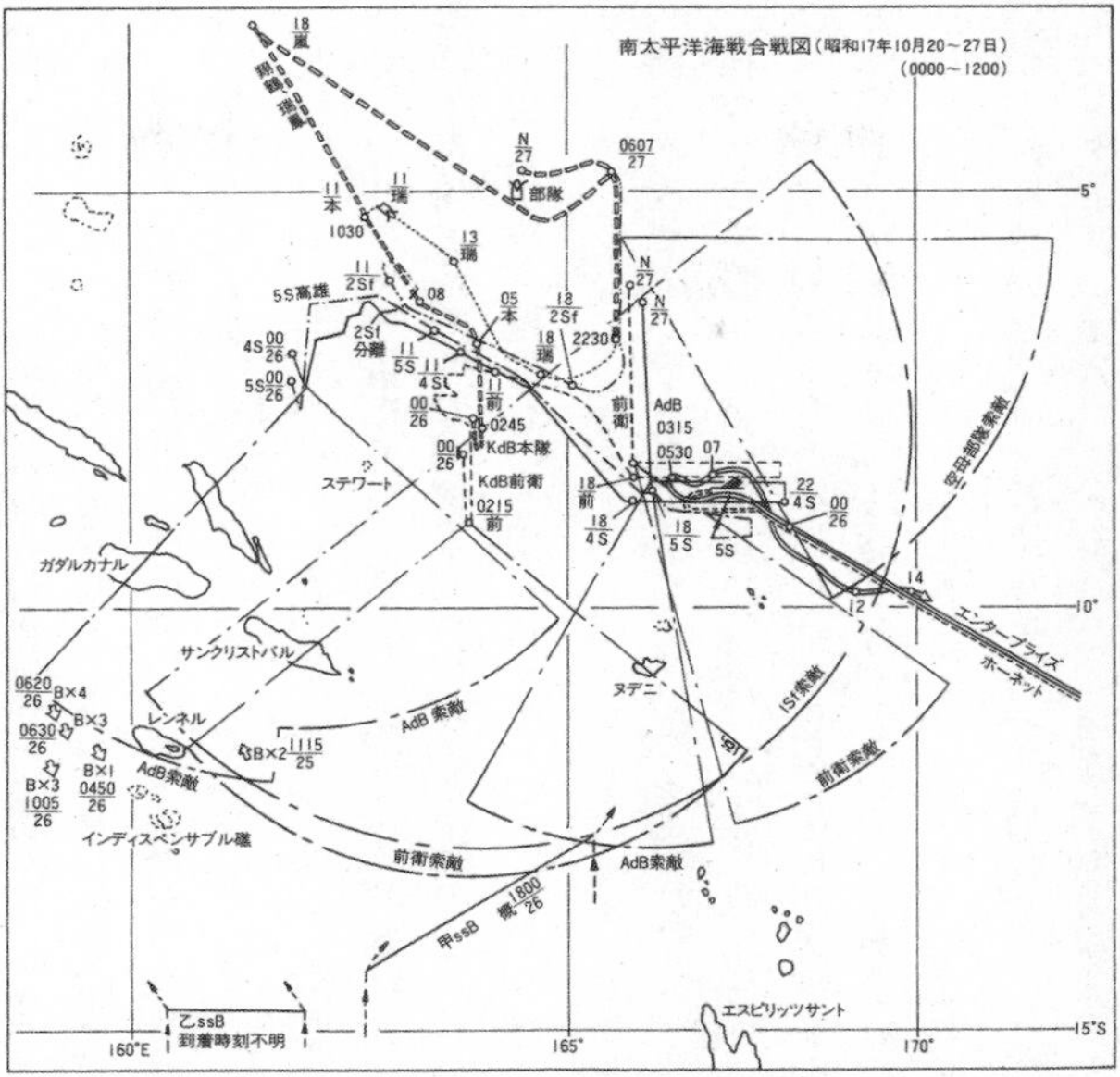

南太平洋海戦合戦図（昭和17年10月20〜27日）
（0000〜1200）

これら戦爆連合は、横一

合の25機であった。

ネット」を発艦した戦爆連

第3次攻撃隊として「ホー

の第2次攻撃隊、それに、

F、「エンタープライズ」

れてしまったTBFとF4

発艦し、途中でSBDと離

隊として「ホーネット」を

来襲したのは、第1次攻撃

隊にも敵機が殺到していた。

0海里前方にあった前衛部

ころ、南雲機動部隊の10

「翔鶴」が攻撃されている

環礁へ回航させた。

鶴」と「瑞鳳」はトラック

線に展開している前衛部隊の最東端に位置している重巡「筑摩」に攻撃を集中し、一部が「利根」と「鈴谷」を攻撃した。ＴＢＦの魚雷攻撃を受けた「利根」と「鈴谷」は、素早く回避。「利根」は対空砲火で４機のＴＢＦを撃墜し、上空の警戒にあたっていた零戦も４機のＴＢＦを撃墜する。

「筑摩」にはＳＢＤが襲いかかっていた。激しい攻撃に対して、右へ左へと回避しながら、対空砲火を浴びせる「筑摩」だったが、艦橋および艦橋周辺に3発、４発目が魚雷1番発射管の近くに落下、合わせて４発の１０００ポンド爆弾が命中して副長の広瀬貞夫中佐、砲術長の北山勝男少佐をはじめ１９２名の戦死者を出した。

第２次攻撃隊、「エンタープライズ」を襲う

「翔鶴」を発艦した第2次攻撃隊は、第1次攻撃隊から約1時間遅れた午前8時20分ごろ空戦場に到達する。そこには1隻の空母が黒煙を上げながら停止していた。第1次攻撃隊の攻撃で撃破された「ホーネット」である。そしてその空母の東方約20海里の方向に、もう1隻の空母を中心とした艦隊を発見する。指揮官の関飛行隊長は、無傷の空母に狙いを定め、艦爆隊を率いて殺到した。目標の空母は「エンタープライズ」。「エンタープライズ」に向かった「翔鶴」艦爆隊は、すでに55海里先で戦艦「サウス

ダコタ」のレーダーに探知されていた。「エンタープライズ」と「サウスダコタ」は、対空能力を強化するためにボフォース社の40ミリ4連装機関砲を装備。18機の九九艦爆が「エンタープライズ」を目指したとき、飛行甲板には約20機の航空機も発進の態勢にあった。

艦爆隊がその上空に接近すると、そこには十数機のF4Fが待ち構えていた。制空隊の零戦5機とF4Fとの間で激しい空戦が展開される。そのすきをついて九九艦爆が急降下。対空砲火をかいくぐりながら艦爆隊は突っ込み、「エンタープライズ」の飛行甲板に250キロ爆弾3発を命中させた。これにより「エンタープライズ」の前部エレベーターは作動不能となり、発艦態勢にあった航空機も破壊された。

関飛行隊長率いる艦爆隊が去った直後、今度は「瑞鶴」飛行隊長・今宿大尉の率いる九七艦攻16機、零戦4機が「エンタープライズ」の上空に到達した。九七艦攻は猛烈な対空砲火の中を低空で進入し、「エンタープライズ」の両舷から数機が同時攻撃する。空母には命中させられなかったが、1機の発射した魚雷が「エンタープライズ」を直衛中の駆逐艦「ポーター」に命中、これを撃沈した。

この戦闘は苛烈をきわめた。日本海軍は、第2次攻撃隊の先発隊、後発隊あわせて零戦2機、九九艦爆12機、九七艦攻10機、合計24機を失った。関少佐、今宿大尉の両指揮官も未帰還に含まれている。

第4次攻撃でついにとどめをさされた「ホーネット」

前進部隊と行動を共にして米機動部隊に向かっていた第2航空戦隊の「隼鷹」は、第1航空戦隊の第1次、第2次の両攻撃隊が発進したあとの午前7時14分、米機動部隊との距離約280海里で、零戦12機、九九艦爆17機からなる第1次攻撃隊を発艦させた。指揮官は「隼鷹」の飛行隊長・志賀淑雄大尉である。

約2時間ほど進空すると、スコールの中を高速航行している空母部隊の黒い艦影を発見した。志賀隊長は敵発見を知らせるバンクを振りながらスコールに突入し空母を目指した。

午前9時20分、艦爆隊はスコールをついて攻撃を開始した。だが、雨のためうまく捕捉することができない。猛烈な対空砲火が艦爆隊をつつんだ。次々と撃墜されていく日本機。この攻撃で艦爆隊は9機が撃墜され、2機が不時着水、機体は海に沈んだ。無事母艦へ帰投したのは6機でしかない。ただし零戦は12機が全機帰投している。

第1次攻撃隊が発艦したあと「隼鷹」は、近藤長官の命令によって南雲機動部隊に復帰することとなった。というのも「翔鶴」「瑞鳳」が戦闘不能となったいま、「隼鷹」を機動部隊に編入させて統一指揮下においた方が攻撃力の強化になるからだ。

このため「隼鷹」は前進部隊から離れると機動部隊本隊を追って北上を開始した。それから1時間ほど北上すると、右舷方向に南下してくる「瑞鶴」を捉えた。そこで再び反転した「隼鷹」は南東に針路をとる。

「隼鷹」第2次攻撃隊は、母艦を失ってこれまで着艦してきた「翔鶴」「瑞鶴」「瑞鳳」の使用許可機を含め、零戦8機、九七艦攻7機をもって編成された。午前11時6分、「隼鷹」の第2次攻撃隊は発艦していった。零戦隊の指揮官は「瑞鶴」飛行隊長の白根斐夫大尉、艦攻隊の指揮官は「飛鷹」飛行隊長の入来院良秋大尉だった。

攻撃隊は午後1時10分、速力10ノットで輪型陣で航行中の空母を発見、時を移さず攻撃態勢をとった。この空母は「ホーネット」である。「ホーネット」は重巡「ノーザンプトン」に曳航されながらエスピリッツサントへ向かっているところだった。

艦攻隊は「ホーネット」に照準を合わせた。魚雷攻撃である。九七艦攻が発射した魚雷の1本が「ホーネット」の右舷中部に命中。だが、まだ沈没にはいたらない。

南雲機動部隊の本隊から離れて米機動部隊に向かっていた「瑞鶴」の飛行甲板では、第3次攻撃隊の出撃準備が進められていた。攻撃隊は残存機がないため、第1航空戦隊の第1次、第2次攻撃隊のうち「瑞鶴」に着艦した稼動機と索敵から帰投した索敵機が集められて編成された。編成は制空隊の零戦5機、九九艦爆2機、九七艦攻6機からなっていた。

ただし、航空機はよせ集めでも編成できたが、指揮官たる飛行隊長がいない。そこで、索敵から帰還した「瑞鳳」分隊長の田中一郎中尉が指揮官に任命された。田中分隊長は未明に索敵に発艦してガ島方面の洋上を偵察していたが、僚機から敵発見の無電を受けて引き返したところ、母艦の「瑞鳳」は着艦不能になっていた。そこで「瑞鶴」に着艦してきたというわけである。

第3次攻撃隊が「ホーネット」部隊を発見して攻撃に移ったのは午後1時25分であった。この15分前に「隼鷹」の第2次攻撃隊が攻撃を始めていたので、間髪をいれず田中隊が攻撃したことになる。「ホーネット」は「隼鷹」艦上機から射ち込まれた魚雷によって、最悪の状況にあった。艦内では、総員退去が命じられ、乗員は駆逐艦に移乗している。田中隊は、自爆機もなく全機が無事帰投できたが戦果は上がらなかった。

日本機動部隊の攻撃は執拗だった。日本軍がこれほど反復して攻撃を続行した海戦はほかに例がない。第2航空戦隊の「隼鷹」では、さらに第3次攻撃隊が編成されていた。第1次攻撃隊を収容した航空機の中から稼動機を抽出したところ、6機の零戦、

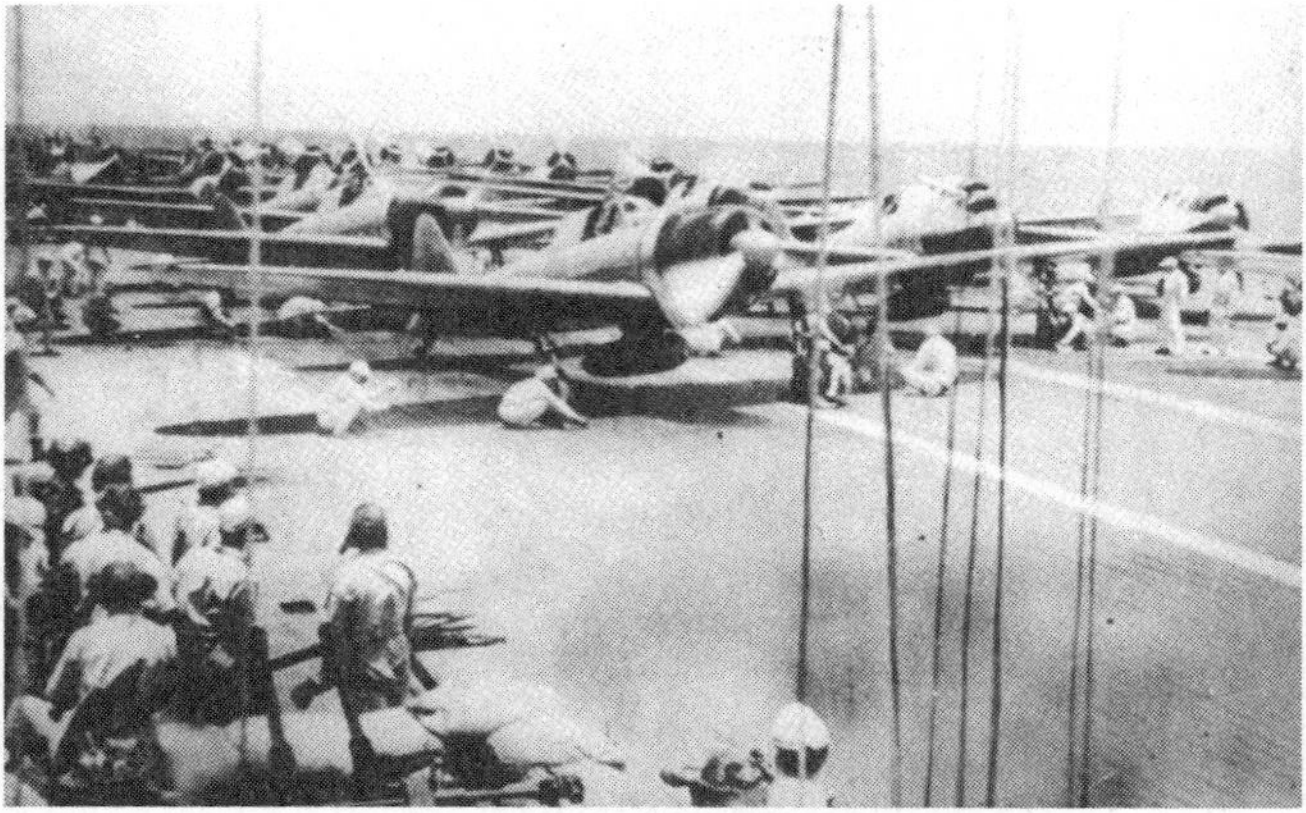

昭和17年10月26日、「翔鶴」の飛行甲板で出撃を待つ零戦ほかの艦上機群

10月26日早朝、敵艦隊攻撃の命令を受け、「翔鶴」から発艦する零戦

攻撃準備中の米空母「エンタープライズ」。この当時同艦は82機の艦載機を搭載していた

第1次攻撃隊の猛攻にさらされる空母「ホーネット」。上空から降下中の九九艦爆は、そのまま艦橋に突入、自爆した。左方からは九七艦攻が迫ってくる

戦艦「サウスダコタ」に肉薄する九七式艦上攻撃機

右舷に傾斜し、漂流中の空母「ホーネット」と警戒中の重巡「ノーザンプトン」

4機の九九艦爆が使用可能であることが分かったのである。指揮官は第1次のときと同じ志賀大尉。攻撃隊は午後1時33分、ふたたび発艦していった。

第3次攻撃隊は午後3時10分、いまだに黒煙を吹き上げて漂流中の「ホーネット」を攻撃した。爆弾1発が命中して格納甲板で爆発、火災はさらに広がっており、攻撃隊はこれを確認して帰投した。

「ホーネット」は第1航空戦隊の第1次と第3次攻撃隊から、第2次航空戦隊の第2次と第3次攻撃隊あわせて4次にわたる攻撃を受けながらもなお浮いていた。しかし、手の施しようのないほど破壊されていたため、米海軍は魚雷による処分を決定する。僚艦の駆逐艦「モーリス」と「アンダーソン」が、魚雷8本を発射したが、命中したのは3本。ところが「ホーネット」は沈まない。そこで300発以上の砲弾を射ち込んで水線付近を穴だらけにしたが、それでも浮いていた。あたりはすでに暗くなり、味方艦は駆逐艦を残して戦場を離脱していった。

熟練搭乗員を失い、暗雲立ち込める日本海軍

そのころ、米機動部隊に向かって東進を続けていた南雲機動部隊の前衛部隊は、午後6時半ごろ右前方に砲撃による閃光を認めた。「ホーネット」を砲撃する米駆逐艦

によるものだ。この報告を受けた近藤長官は、米駆逐艦にもっとも近いところを東へ進んでいた前進部隊の第２水雷戦隊に対して攻撃を命じた。

これに驚いたのは「モーリス」と「アンダーソン」である。想像もしなかった日本海軍艦艇の接近に、２隻の駆逐艦はその場を離れた。このあと前進部隊と前衛部隊とは前後して「ホーネット」周辺に到着。連合艦隊司令部から近藤長官に、「状況許さば敵空母を捕獲曳航されたし」との要望電が届いた。しかし、「ホーネット」はこのとき右舷45度に大傾斜しており、艦内ではさかんに誘爆が起きて延焼中であった。とても曳航できる状態ではない。そこで駆逐艦「巻雲」と「秋雲」が、魚雷２本ずつを発射して処分した。「ホーネット」は午後11時35分、横転して沈没。

「ホーネット」を沈めた南雲機動部隊とその支援部隊、前進部隊は30日の午後、トラック泊地に帰投した。この南太平洋海戦で、日本側は空母「翔鶴」「瑞鳳」、重巡「筑摩」がそれぞれ中破程度の損傷を受けたが沈没艦はなかった。航空機の損失は以下のとおり。

・自爆（未帰還）機＝零戦17機、九九艦爆31機、九七艦攻21機の合計69機
・不時着（喪失）機＝零戦７機、九九艦爆９機、九七艦攻７機の合計23機
・搭乗員（戦死）＝零戦17名、九九艦爆62名、九七艦攻66名の合計１４５名

この数字を見ても分かるが、機体喪失数は合計92機だった。それよりも衝撃的なことは、145名のベテラン搭乗員たちの喪失だ。航空機は時間さえあれば何十機、何百機でも補充することができるが、搭乗員を一人前にするには少なくとも数年はかかる。ミッドウェー海戦に続き大量の搭乗員を失ったことは、これから先の機動部隊の戦力に大きなダメージを与えることになるのだ。

しかし、アメリカ軍の損害も大きかった。空母「ホーネット」と駆逐艦「ポーター」が沈没、空母「エンタープライズ」、戦艦「サウスダコタ」、軽巡「サンジュアン」、駆逐艦「スミス」「ヒューズ」が損傷した。航空機は74機（うち撃墜されたのは20機、ほかは戦闘以外）を失った。

「エンタープライズ」は損傷し、修理のためヌーメアに回航された。このため、一時的ではあるが、太平洋の全域から稼働状態にある空母が1隻もいなくなった。これは、米海軍にとっては重大な問題であり、日本軍にとっては願ってもない状況といえる。

ところが、日本海軍も南太平洋海戦で「翔鶴」「瑞鳳」の2隻の空母が損傷し、主機関故障の「飛鷹」とともに修理を目的に内地に回航された。「瑞鶴」も搭乗員と機材の補充のため内地に帰投しなければならず、残った「隼鷹」はトラック泊地に入泊したが、米軍を徹底的に叩くだけの戦力とはならなかった。米海軍に空母不在という千載一遇のチャンスは生かされることなく、ガダルカナル島攻防戦は最終局面を迎えることになる。

南太平洋海戦（サンタクルーズ海戦）時の戦力比較　1942年10月26日

■日本海軍

〈支援部隊〉

【第２艦隊／前進部隊】

第４戦隊　重巡洋艦　愛宕　高雄

第３戦隊　戦艦　金剛　榛名

第５戦隊　重巡洋艦　妙高　摩耶

第２航空戦隊　空母　隼鷹

第２水雷戦隊　軽巡洋艦　五十鈴

　第15駆逐隊　　駆逐艦　黒潮　親潮　早潮

　第24駆逐隊　　駆逐艦　海風　涼風　江風

　第31駆逐隊　　駆逐艦　長波　巻波　高波

　付属　油槽船　神国丸　健洋丸　日本丸　日栄丸

【第３艦隊／機動部隊】

〈本隊〉

第１航空戦隊　空母　翔鶴　瑞鶴　瑞鳳

　第４駆逐隊　駆逐艦　嵐　舞風

　第16駆逐隊　駆逐艦　初風　雪風　天津風　時津風

　付属　重巡洋艦　熊野

　　　　駆逐艦　浜風　照月

〈前衛部隊〉

第11戦隊　戦艦　比叡　霧島

第７戦隊　重巡洋艦　鈴谷

第８戦隊　重巡洋艦　利根　筑摩

第10戦隊　軽巡洋艦　長良

　第10駆逐隊　駆逐艦　秋雲　風雲　巻雲　夕雲

　第17駆逐隊　駆逐艦　浦風　磯風　谷風

〈補給部隊〉
油槽船　**国洋丸　東栄丸　旭東丸　豊光丸　日朗丸　第二共栄丸**
駆逐艦　**野分**

■米海軍
第16任務部隊
空母　**エンタープライズ**（CV-6）（F4F戦闘機34機、SBD急降下爆撃機36機、TBM雷撃機12機）
戦艦　**サウスダコタ**（BB-57）
重巡洋艦　**ポートランド**（CA-33）
軽巡洋艦　**サンジュアン**（CL-54）
駆逐艦　**ポーター**（DD-356）　**マハン**（DD-364）　**コニンガム**（DD-371）　**ショー**（DD-373）　**カッシング**（DD-376）　**スミス**（DD-378）　**プレストン**（DD-379）　**モリー**（DD-401）

第17任務部隊
空母　**ホーネット**（CV-8）（F4F戦闘機36機、SBD急降下爆撃機36機、TBM雷撃機15機）
重巡洋艦　**ペンサコラ**（CA-24）　**ノーザンプトン**（CA-26）
軽巡洋艦　**ジュノー**（CL-52）　**サンディエゴ**（CL-53）
駆逐艦　**ヒューズ**（DD-410）　**アンダーセン**（DD-411）　**マスチン**（DD-413）　**ラッセル**（DD-414）　**モリス**（DD-417）　**バートン**（DD-599）

第9章　ルンガ沖夜戦

昭和17年（１９４２）年11月30日

ガ島を救え！　ドラム缶輸送作戦発令

昭和17（１９４２）年10月26日の南太平洋海戦において、日米両軍は有力な空母機動部隊の戦力を失い、戦局の焦点となったガダルカナル島周辺では両軍の水上艦による攻防が繰り返された。ガ島への兵員輸送上、大きな障害となったヘンダーソン飛行場を艦砲射撃によって制圧しようと出撃した日本艦隊と、それを守る米艦隊は、11月12～14日、戦艦同士の砲撃戦となった第3次ソロモン海戦で激突。連合艦隊は戦艦「比叡」「霧島」を沈められ、開戦後初めて戦艦を喪失した。

船団輸送による補給・兵力増強を望めない、ガダルカナル島の日本軍将兵は疲弊し、飢餓状態に陥っていた。しかし、ガダルカナル島で戦っている約2万の日本軍将兵に対し、なんとしても糧食と弾薬を補給しなければならない。連合艦隊司令部にとって、これは当面の大きな課題であった。

現在苦境に立たされているガ島を奪回するには、陸上戦力を投入するだけでなく、中部ソロモンのコロンバンガラ島、ニュージョージア島、それにショートランドのバラレ島に、それぞれ航空基地を建設して、これらを反攻の中継地とする必要があった。すでに基地建設は着工されていたが、完成するまでにはまだ時間が必要である。日本軍の拠点・ラバウルからガ島は遠く、出撃した航空隊は、ガ島上空に到達するころには燃料が心細くなるという有様で、とても制空権を確保することなどできない状況だったのである。

一方、ガ島の米軍航空戦力は増強され、昭和17年11月には、爆撃機用の滑走路1本と戦闘機用の滑走路2本もよく整備されていた。航空機はB－17爆撃機を含めて124機となっており、地上兵力も日本軍の倍の4万人以上に膨れ上がっていた。

それに対し、ガ島に上陸した日本軍は、すでに糧食も不足がちな状況だった。その上、たとえ補給があったとしても、糧食を島内の前線で戦っている将兵の下へ運ぶ輸送手段は、兵士が背中に背負うしかなかった。そのため糧食の届かない部隊では、栄養失調や病気で倒れる者が続出していた。

不足していたのは糧食だけではなかった。火器類もまた同様である。使用可能な山砲(野戦用の分解可能な榴弾砲)はわずかに40門。高射砲は12門であったが、砲弾がほとんどなかった。このような状況下で有効な戦闘などできるはずがない。連合艦隊司令部は、ジリ貧のガ島守備隊を支援するため、短時間で確実に戦闘物資を送り込む手段としてドラム缶輸送を考え出した。

このドラム缶輸送とは以下のようなものだ。まずドラム缶を蒸気や苛性ソーダなどで洗浄し、中に米、麦などの糧秣、医薬品などを入れて(ドラム缶に浮力を持たせるため、物資は半分ぐらいまでにする)水密状態にする。このドラム缶をロープで数珠つなぎにして駆逐艦の甲板に固縛しておき、そのロープの末端をダビッドに吊るした小型発動艇につないでおく。駆逐艦は予定の海域まできたら固縛を解いて、数珠つなぎのドラム缶を海中に投げ込み、ロープの端を持った陸軍工兵が小型発動艇とともに海へ降ろされる。海上では糧秣受領担当である陸軍第1船舶団が、灯火により揚陸地点を示す。

ロープを持った工兵を載せた小型発動艇は灯火を目標に航行。陸軍の補給物資受領担当者たちは、水際付近までやってきて、小型発動艇の工兵が投げ入れたロープを受け取ると一斉に数珠つなぎのドラム缶をたぐり寄せる――という方法である。この方法なら1本のロープに200～240個のドラム缶をつないで、駆逐艦に載せることが可能だった。

11月23日、第1次ドラム缶輸送作戦が増援部隊指揮官の田中頼三第2水雷戦隊司令官に下令され、ただちに輸送部隊が編成された。第1輸送隊に「親潮」「黒潮」「陽炎」「巻波」の4隻、第2輸送隊は「江風」「涼風」の2隻。第1輸送隊は各艦240個のドラム缶を搭載し、第2輸送隊は各艦200個のドラム缶を搭載して出撃することになった。

6隻の駆逐艦は上甲板で任務に障害となるものはすべて撤去した。駆逐艦の最大の武器である魚雷すら、予備魚雷を陸揚げして発射管に装填したものだけとし、残りのスペースを物資搭載に充てた。

第1、第2輸送隊は全艦そろってラバウルへと向かう。そこで糧食を詰めたドラム缶を搭載すると、11月24日の昼までにショートランドに帰投。この日午後1時から、輸送作戦の打ち合わせが旗艦「長波」で行われた。この席上、田中第2水雷戦隊司令官が示した行動要領は次のようなものであった。

「29日、22時30分ショートランド出撃。北方航路をとり、昼間は併陣列、夜間は単縦陣で航行。30日、21時0分タサファロンガ泊地着、揚陸開始。22時0分作業終了、中央航路をへて帰投する」

第1次ドラム缶輸送任務にあたる部隊は次の編成である。

・警戒隊・第2水雷戦隊司令官・田中頼三少将＝第31駆逐隊（「巻波」欠）、敵の奇襲警戒。

・第1輸送隊第15駆逐隊司令・佐藤寅次郎大佐＝第15駆逐隊、「巻波」。ドラム缶各艦240個、タサファロンガ揚陸。

・第2輸送隊・第24駆逐隊司令・今村暢之助大佐＝第24駆逐隊（「海風」欠）、ドラム缶各艦200個、セギロウ揚陸。

輸送部隊、揚陸直前で敵艦と遭遇

11月29日、ラバウルにあった三川軍一第8艦隊司令長官から、揚陸地点はタサファロンガおよびセギロウ付近とするが、状況によっては西方エスペランス岬をも併用するよう指示があった。海軍としては、敵に発見される可能性の低い西方を揚陸地としたかったが、陸軍は物資を受け取っても陸上を輸送する能力がないため、東方を希望していた。確かに疲弊しきった陸軍兵士には、西端のエスペランス岬に揚陸された補給物資を取りにいくだけの体力は残されていなかっただろう。

11月29日午後10時30分、増援部隊は計画どおりショートランドを出港した。米軍の目をゴマかすため、いったん北東のオントンジャワ付近まで東航。航行隊形は三列縦隊の第一警戒航行序列である。

明けて11月30日、海上は北東の風5メートルであったが、うねりもなく平穏であった。空には鉛色の雲が垂れこめている。辺りが明るくなるにつれて、各艦とも上空の見張りを厳重にした。午前7時30分ごろ、「高波」の一番見張りがB－25ミッチェル爆撃機1機を発見する。

「敵機発見！」。一番見張り員の通報により、全艦に配置につけのブザーが鳴り響いた。

「第5戦速、対空戦闘用意！」。田中司令官の指揮の下、増援部隊はスピードを上げ、同時に投下された爆弾によるダメージを少なくするため、各艦の距離を開ける。B－25は高度を高くとり、1時間ほど触接し、やがて南の方へ去っていった。

これまでの例では、敵機に触接された1時間後には必ず敵攻撃隊が上空に姿をあらわしたものだった。だが、今日は違っていた。いつまで経っても敵機は姿をみせない。やがて「第2戦速、対空戦闘用具収め」の号令が下った。増援部隊は20ノットに速度を落として航行する。

昼過ぎにオントンジャワ付近まで到達すると、部隊は針路を南へ向け、ガ島を目指した。午後1時30分ごろニュージョージア島レカタ基地にあるR方面防備部隊の零戦と零式水上観測機6機がやってきて、上空の警戒につく。味方機は日没まで警戒にあたったが、やはり敵機はあらわれなかった。

午後5時45分、隊形を変更し、第2警戒航行序列をとった。この隊形は単縦陣である。「高波」を先頭に第1輸送隊の「親潮」「黒潮」「陽炎」「巻波」、そのあとに旗艦「長波」が続き、その後続に第2輸送隊の「江風」「涼風」がついた。

増援部隊が南太平洋側から針路を180度に変針してインディスペンサブル海峡に向かった午後7時30分ごろから、猛烈なスコールがやってきた。各艦は両舷灯と艦尾灯をつけてお互いを視認し合い、艦隊の保持につとめて航行する。予定では、午後8時にフラットな珊瑚礁からなるラモス島の西方2海里付近に達するはずであった。このラモス島は北方航路をとってガ島に進入する際に、欠かすことのできない目印のひとつである。

午後7時40分、前方にサボ島と思われる黒い島影を視認。午後8時、田中司令官の命令で「高波」が前路警戒のため本隊から離れてガ島沖の奥深く先行していった。輸送隊はサボ島の南方に航空灯をつけたまま低空で哨戒任務についている敵機4機を発見するが、この敵機はこちらに気がつかず、そのまま姿を消した。

エスペラント岬沖にさしかかった輸送隊は、速力を12ノットに落としてガ島に沿って変針、タサファロンガおよびセキロウ進入を開始した。第1、第2輸送隊の各艦には、「総員配置ニツケ」の令が下り、ドラム缶投入準備にとりかかっていた。

午後9時12分、単艦で先行し、サボ島とガ島の中間点を航行していた「高波」から、隊内電話で「100度方向、敵ラシキ艦影見ユ」との報告が入る。それから約1分後、第1輸送隊の「黒潮」も、左舷35度の方向に敵艦影を発見した。しかし、このときすでに各艦とも揚陸準備作業についている。

「高波」の小倉正身艦長は「左砲雷同時戦ッ！」と叫ぶと自ら15センチ眼鏡をのぞいた。輸送隊はこの敵艦影を警戒しながらドラム缶の投入準備を続ける。この作戦の最大の目的は、ドラム缶につまった補給物資をガ島の日本陸軍に届けることだからである。

眼鏡をのぞいていた小倉艦長は、黒い艦影を追っていた。「敵は駆逐艦らしい7隻、方位角左45度、敵速24ノット、50」

このとき「長波」でも北西方向に航行している敵の艦影を認めた。その動きから見て、敵の目標は輸送隊だ。輸送部隊の位置はあと5分でドラム缶を投入できるところまで来ている。しかし、田中司令官もいまはやむなしと思ったのであろう、午後9時16分、全艦に「揚陸止メ、戦闘、全軍突撃セヨ」と下令した。各艦はただちにドラム缶を固縛し、揚陸準備作業を中止すると戦闘部署につく。固縛が間に合わない艦はドラム缶を海中に投棄した。同時に全艦は魚雷の起動弁を開き、艦の速度を上げて暗夜の海面を航行しながら発射の態勢をとった。

敵重巡を向こうに回して奮戦する日本海軍水雷戦隊

輸送隊が突撃に移ったとき、米海軍の第67任務部隊（旗艦・重巡「ミネアポリス」、指揮官・カールトン・H・ライト少将）では、先頭を行く駆逐艦「フレッチャー」が、レーダーで左舷首方向に日本の輸送隊を捉えていた。「フレッチャー」の艦長ウィリアム・M・コール中佐は、電話でライト司令官に魚雷発射の許可を求める。しかし司令官は、距離があるので近寄るまで待つよう命じた。

数分後、ライト司令官は「フレッチャー」を含む前衛部隊の4隻の駆逐艦に魚雷発射を下令。駆逐艦が魚雷を発射し終わるころ、「ニューオリンズ」「ペンサコラ」「ノーザンプトン」などの巡洋艦部隊はレーダーで左正横10度に輸送隊を捉えた。ライト

ルンガ沖夜戦会戦図
（17年11月30日）

サボ島

ホノルル

エスペランス岬

0　　　　　10Km

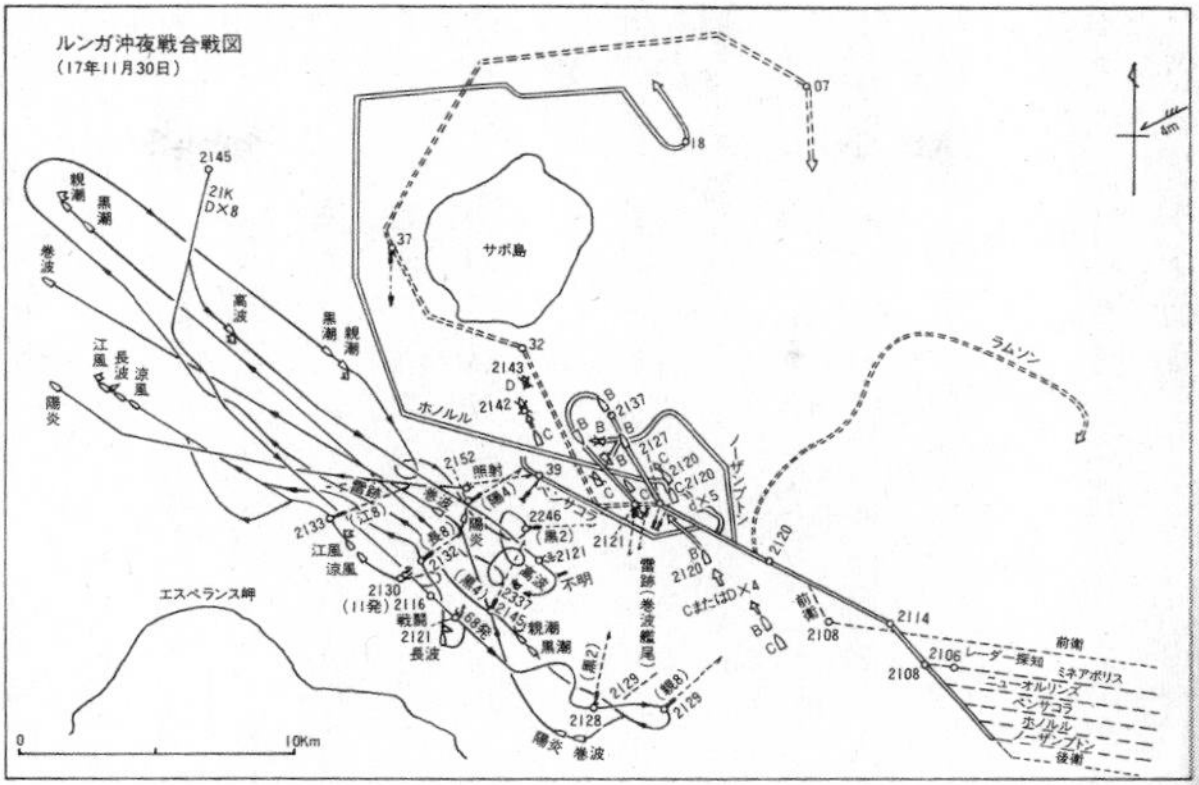

司令官は「砲撃始め」を下令、巡洋艦部隊は
ただちに星弾を撃ち上げる。時に午後9時27
分であった。その照明下に、本隊から離れて
行動していた「高波」目がけて一斉に砲撃を
加える。

　敵艦の発砲を確認し、「高波」も応戦を開
始した。しかし、その閃光が目標となって、
敵弾はますます「高波」に集中。「高波」は
集中砲火を浴びながらも、敵駆逐艦目がけて砲撃
を加えた。そのうちの1弾は敵駆逐艦に命中、
続いて2弾が別の駆逐艦にも命中し、両艦は
大火災となった。

　一方、全軍突撃に移っていた輸送隊は2群
に分かれて攻撃することになった。第1輸送
隊は、第15駆逐隊司令・佐藤寅治郎大佐の誘
導の下に東進して敵艦隊をやりすごした。

その間に、旗艦「長波」は敵艦に向かって砲撃を加えながら右に反転、魚雷を発射して避退した。あとに続く第2輪送隊の「江風」「涼風」も、左へ反転して敵艦の前方に進出し、好射点をとらえて魚雷を発射、「長波」の後に続く。

「高波」は敵弾を受けながらも、最大戦速37ノットに増速して砲戦を続け、小倉艦長の命令で魚雷を発射した。8本の魚雷を次々と発射した直後、「高波」はさらに敵弾を受けて大きく揺れた。敵巡洋艦の8インチ砲弾が、1、2番の魚雷発射管に命中し、発射管は空中に飛散する。魚雷発射管はすでにカラになっていたので誘爆はまぬがれたが、缶室、機械室、一番砲、二番砲などが瞬時にして全壊。さらに艦橋にも砲弾が命中し、艦長以下ほとんどの乗員が倒れた。「高波」は艦内いたるところから火焰を噴き上げていた。

そのころ、敵艦隊をやりすごした第1輪送隊は、好射点を得ると「黒潮」がまず左舷方向に魚雷を発射。続いて「親潮」も発射した。「黒潮」は右に反転すると、さらに魚雷を発射する。同じ第1輪送隊の「陽炎」と「巻波」は「黒潮」に続いていたが、「黒潮」が右に反転した直後からはぐれてしまい、そのまま2艦で敵艦隊を追う。

米第67任務部隊の旗艦「ミネアポリス」には、午後9時27分、日本側から発射された魚雷2本が前後して艦首に命中、爆発した。そのため、艦首が第1砲塔の直前から折れて垂れ下がり、速力が急速に低下する。

「ミネアポリス」に続いていた重巡「ニューオリンズ」も、損傷した「ミネアポリス」を避けるため右に反転したとき、左舷前部に魚雷が命中。この爆発により一番砲塔下の弾火薬庫へ誘爆、大きな爆発を起こし、2番砲塔付近から前部を切断してしまった。「ニューオリンズ」は火を吹き上げて炎上、速力5ノットで航行しながら戦列から離れ、200名近くの戦死者を出した。

米重巡艦隊の3番手を航行していた「ペンサコラ」は、炎上する前続艦との衝突を避けるため左へ反転する。回頭する「ペンサコラ」の姿は「ミネアポリス」と「ニューオリンズ」の火焔で大きく浮かび上がり、日本部隊の好目標となってしまった。時を移さず日本部隊から魚雷が発射された。

午後9時39分、「ペンサコラ」艦橋の真下に魚雷が命中して爆発。これにより機械室は浸水し、下部の重油タンクに火が燃え移って炎が辺りを包んだ。爆発によって消火主管が破壊されていたので消火活動も思うようにいかず、猛烈な炎が艦内に広がった。主砲電路が火災により切れたため、砲塔3基も動かなくなった。すでに戦力を失った「ペンサコラ」は、戦場離脱を図る。被雷と火災により乗員125名が戦死した。

米重巡を次々と撃破した水雷戦隊の大戦果

そのころ軽巡「ホノルル」は、先行する重巡部隊が日本部隊に攻撃されているのを知ると、被雷した「ミネアポリス」「ニューオリンズ」「ペンサコラ」と衝突するのを避けて右へ反転。速力を30ノットに上げ、魚雷の航跡を避けながら前方へ飛び出していった。

「ペンサコラ」が被雷して約10分後、「ホノルル」の後に続いていた重巡「ノーザンプトン」にも、「陽炎」と「巻波」が放った魚雷2本が後檣付近に命中する。その爆発で機械室に大きな破孔が生じ、海水が激しく流れ込んできた。艦は左舷方向へ大きく傾いて火災が被害を大きくしていく。艦の行脚は止まり、もはやなす術はなかった。「ノーザンプトン」は急角度に傾斜すると艦尾から沈み始め、やがて転覆すると大きなウズを残して海中深く姿を消していった。

米艦隊の側面を航行しながら魚雷攻撃を加えて避退した第1輸送隊は、サボ島の西方海面までやってきたとき、田中司令官から「高波を救助せよ」との命令を受ける。このとき第1輸送隊（第15駆逐隊）の「陽炎」は他の2隻と大きく離れていたので、第15駆逐隊司令・佐藤大佐は「親潮」と「黒潮」の2隻のみを率いて反転し、再び戦闘海域へ戻っていった。

そこには停止したまま火焔に包まれている「高波」があった。午後11時、「親潮」と「黒潮」は「高波」に近づいて横付け作業を開始する。と、そのとき、北東約3000メートルの距離に米巡洋艦1隻が近づいてくるのを発見した。

しかし、「親潮」と「黒潮」はすでに魚雷すべてを撃ちつくしているので、米巡洋艦を攻撃する手は残されていなかった。主砲の12・7センチ砲では、重装甲の巡洋艦に太刀打ちできない。そこでとりあえず救助作業を打ち切って避退することにした。

接近してきた米重巡は「高波」に500メートルまで近づいてきたものの、自らも大損傷しているため、「高波」を攻撃するだけの余力を残していなかったようであった。敵味方お互いに満身創痍のため発砲することもなく米重巡はその場を離れていった。

「高波」の火災は鎮火していたものの、もはや艦はただ潮の流れに身を任せているだけであった。すでに味方の救助も期待できない。残された道は自沈しかなく、主排水弁を開いて海水を流入させた。

しばらくすると「高波」は傾斜を始めた。約100名の生存者は次々と海に飛び込む。泳いで味方のいるガ島まで辿り着こうという考えであった。ところがそこへ米駆逐艦1隻が接近して、砲撃とともに魚雷を発射した。魚雷は「高波」に命中。その周辺には多くの生存者たちがいたが、魚雷が爆発したのに続き、搭載していた爆雷が誘爆して生存者たちの多くが圧死した。海中に流出した油の火災がこれに追い打ちをかけ、ガ島まで辿り着けた乗員はわずか30数人であった。

この「ルンガ沖夜戦」で日本海軍の増援部隊は「高波」1隻を失った。一方の米第67任務部隊は重巡「ノーザンプトン」が沈み、残った3隻の重巡「ミネアポリス」「ニューオリンズ」「ペンサコラ」が大破。米海軍の損害は大きく、戦術的には日本海軍にとって久しぶりの勝利である。

大破した3隻の米重巡はツラギに曳航されていった。ツラギに着いた3隻は擬装網をかぶせ、その上を木の枝などで覆って日本軍機の攻撃を防いだ。米重巡はそこで応急修理を行ったあと、アメリカ本国へ回航されている。

日米で分かれた田中頼三司令官への評価

12月1日、増援部隊の指揮官である田中頼三第2水雷戦隊司令官は、ショートランドを目ざして航行する旗艦「長波」の艦上で戦果を報告した。「戦艦1隻撃沈、重巡1隻轟沈、駆逐艦1隻轟沈、同3隻大破」というものであった。しかし、すでに見てきたように、実際は重巡1隻沈没、重巡3隻大破であった。

それでも、駆逐艦ばかりで明らかに劣勢な日本側が、重巡を基幹とする有力な米艦隊に大打撃を与えたのは事実で、第2水雷戦隊の戦闘は、ガダルカナル島周辺海域での海戦では勝利と言ってもよかった。まさに絵に描いた理想の雷撃戦そのものだった。

ところが、この海戦に参加した当事者たちからは第2水雷戦隊司令部に対する批判が高かった。その理由は旗艦「長波」が、夜戦が始まると避退してしまい、以後の戦闘に対して田中司令官が直接指揮を執らなかったためである。その結果、各隊、各艦ごとの戦闘となり、作戦の統合性がとれなかったとも言われた。

日本海軍には伝統的に指揮官が先頭に立って指揮を執る風潮がある。旗艦の離脱は、その伝統を破るものであり、臆病風に吹かれた第2水雷戦隊司令部と酷評を受けていた。それにもかかわらず大きな戦果を上げた理由は、「高波」が敵艦隊の標的艦のような役目を務め、各艦が米艦隊に対して有利な攻撃ができたからで、これは2水戦司令部の指揮によるものではない、というものであった。

ところが、米海軍側はこれとはまったく逆の見方をしている。米海軍の戦史では田中司令官に対する評価は高く、勇猛果敢な水雷戦隊のヒーローと見ているのだ。ルンガ沖夜戦について、米側では次のように記していることからもそれが分かるだろう。

『この海戦で田中司令官は、自衛上必要やむを得ない時期まで発砲を抑えて、自隊の

夕雲型駆逐艦「長波」。第２水雷戦隊の旗艦を務めた

第２水雷戦隊司令官・田中頼三少将

米第67任務部隊の旗艦・重巡「ミネアポリス」。ルンガ沖夜戦で魚雷を受け、艦首を失ったが、辛くも沈没は免れた

損傷後、日本軍の航空攻撃を避けるためツラギで擬装された重巡「ニューオーリンズ」

ルンガ沖夜戦後、損傷を修理中の重巡「ペンサコラ」。後部マストの下に魚雷の命中跡が見える

艦艇数や位置を相手に知られないようにし、3つの駆逐隊が一斉に回頭してほとんど同時に雷撃したのは見事な戦法である。それは長年にわたる日本海軍の猛訓練のたまもので、4隻の米巡洋艦はしてやられたと言ってよい。まさに完敗であった。駆逐艦「高波」だけは過早に発砲したため米軍の集中射撃を招くハメになった』としている。

この夜戦はたしかに日本側の勝利だった。しかし、増援部隊の真の狙いは米艦隊を撃破することではなく、ガ島で飢餓にあえいでいる日本陸軍の将兵に物資を届けることである。勝利はあくまで戦術的なものであり、戦略的に見れば、結局物資を届けられなかったこの作戦は失敗であるといえよう。

第2次輸送作戦は成功したが……

第1次ドラム缶輸送が失敗したことにともなって、第8艦隊の三川長官は12月3日、第2次輸送を強行するよう下令した。ガ島の糧食欠乏状況からすれば、これ以上1日たりとも補給を先延ばしすることはできなかったのである。ただちに、第15駆逐隊（「親潮」「黒潮」「陽炎」）、第31駆逐隊（「長波」「巻波」）、第24駆逐隊（「江風」「涼風」）、第4駆逐隊（「嵐」「野分」）、それに「夕暮」を加えた、10隻の駆逐艦からなる第2次輸送部隊が編成された。

輸送部隊はふたたび第2水雷戦隊司令官・田中頼三少将直率の下にドラム缶を搭載して、12月3日午前11時、ショートランドを出航する。航路は中央をとって、ガ島を目指した。上空直衛には零戦4機と零式水上観測機12機があたる。

中央航路を高速で南下中、午後1時40分ごろから約1時間にわたってB－25ミッチェル1機が触接してきた。これによって、米軍機の空襲を免れることはできないと覚悟していると、案の定、午後3時ごろから約2時間にわたり、ガ島のヘンダーソン飛行場から飛び立った米軍機が入れ代わり立ち代わり連続して攻撃してきた。直衛にあたっていた零戦、零観と米軍機の間で空戦が行われ、米軍機9機を撃墜したが、零観5機が未帰還となっている。

直掩機の活躍によって輸送部隊は被害をこうむることなく南下を続けた。午後4時30分ごろ、部隊はニュージョージア島の北方で米軍機約20機の襲撃を受ける。この攻撃で「巻波」が至近弾により小破したが、ほかは無事だった。

午後5時以降は、日没のため上空直掩機がすべて上空から姿を消した。輸送部隊は直掩機なしで航行し、午後10時15分、無事ガ島のタサファロンガに到着、ドラム缶1500個を投入し、午後11時に作業は終了した。そのまま元来た航路を引き返し、4日午前9時、ショートランドへ帰投した。

こうして直掩機の援護の下に第2次ドラム缶輸送は成功したはずであった。ところが、ガ島の陸軍からの連絡によれば、揚収できたドラム缶は310個に過ぎない。残りは、翌朝、明るくなってから米軍機が来襲し、海面に数珠つなぎになって浮いているドラム缶目がけて銃爆撃をくり返して、ほとんどが沈められてしまったというのだ。
では、なぜ夜間にすべて揚収できなかったのだろうか。実は揚収に来た守備隊の兵士たちは飢えのあまり体力を消耗して弱っていたため、重労働に耐えられなかったというのである。

そのため、続いて第3次ドラム缶輸送が行われることになった。第3次輸送部隊は、第15駆逐隊、第24駆逐隊、第4駆逐隊、新たに第17駆逐隊（「浦風」「谷風」）と「有明」「長波」が加わり、11隻で編成された。指揮官は佐藤寅次郎第15駆逐隊司令である。

第3次輸送作戦、執拗な攻撃に失敗

12月7日午前11時、第3次輸送部隊はショートランドを出航。中央航路を南下した。前回と同じコースと時間である。今回も日没近くまで零戦のべ12機、零観8機による上空直衛を受けた。

輸送部隊がニュージョージア島の北側に差しかかったころ、米軍機16機が来襲する。駆逐艦群は対空砲によって応戦し、3機を撃墜したが、至近弾により「野分」が大破し「嵐」が損傷した。「野分」の被害は大きく、機械室の右舷にはまるで魚雷攻撃を受けたような大破口が生じ、機械室は海水が浸入し航行不能となった。このため「長波」が「野分」を曳航、「嵐」「有明」の2隻の護衛の下にショートランドに引き返すことになった。

残った7隻の輸送部隊はそのままガ島を目指す。サボ島の南西海面についた午後9時30分ごろ、闇の中から突然、魚雷艇が突っ込んできた。ツラギから出撃してきた8隻の米海軍魚雷艇である。魚雷艇は魚雷を発射するとともに激しい銃撃を加えてきた。魚雷はすべて回避され、約20分間の戦闘で米魚雷艇を撃退すると、佐藤司令は輸送部隊を集結してさらにタサファロンガに向け航行した。しかし、ふたたび米魚雷艇の攻撃を受け、さらに上空には米軍機も飛来し銃爆撃を浴びせてきた。

この執拗な米軍の攻撃を受けた輸送部隊は、揚陸のメドが立たず、補給物資の投入を断念して引き返さざるを得なかった。

ガ島への輸送作戦は、高速を誇る駆逐艦をもってしても、極めて困難な状況下にあった。しかし、ガ島の将兵を救うためには、それでもなお輸送作戦を実施しなければならなかった。

決死のドラム缶輸送も空しく、日本軍ついにガ島の放棄を決定

12月11日、第4次ドラム缶輸送が行われることになった。輸送部隊の指揮官は田中2水戦司令官、旗艦は駆逐艦「照月」である。編成は駆逐艦「長波」「嵐」「有明」と第15駆逐隊、第24駆逐隊、第17駆逐隊の11隻。この輸送部隊に対して山本連合艦隊司令長官は、「今次の駆逐艦輸送に期待するところ極めて大なり、あらゆる手段を講じて任務達成に努めよ」と異例の激励電を打電した。

12月11日、午後1時30分、第4次輸送部隊はショートランド島を出航、中央航路をとってエスペランス岬に向かった。零戦のべ9機が午後4時40分まで上空直衛にあたったが、零戦が去った15分後には、米軍の艦爆20数機、戦闘機数機が来襲。が、輸送部隊に被害はなく、予定通りガ島へ向かう。

やがてサボ島が見えるところまで来たところ、前方から来襲する魚雷艇数隻を発見した。警戒隊の「江風」「涼風」がこれを攻撃、2隻を撃沈し、1隻を大破させた。その間に輸送隊はエスペランス岬沖合からカミンボ泊地に進入し、ドラム缶1200個を投入した。

ちょうどそのころ、エスペランス岬の北方海域で警戒にあたっていた旗艦「照月」に、米魚雷艇が放った魚雷2本が命中した。「照月」は航行不能となり、さらに重油に引火して大火災となった。田中司令官をはじめとする第2水雷戦隊司令部は「長波」に移乗、「嵐」は約140名を収容したが、翌朝の米軍機の追撃を考慮して、命令により午前1時に救助作業を断念、避退した。

猛火に包まれた「照月」を救出する術はなかった。「照月」に座乗していた第61駆逐隊司令の則満大佐は、もはやこれまでと判断し、折田艦長に自沈の処置を命じて、総員退去を指示した。

午前2時40分、「照月」の自沈を確認したのち、則満司令、艦長ら士官17名、下士官139名がカミンボに上陸した。こうした大きな犠牲をはらいながら輸送したドラム缶も、またもや米軍機の銃撃にさらされ、揚収したのはわずかに220個にすぎなかった。

第4次ドラム缶輸送の成果が少なかったことに連合艦隊司令部が受けたショックは大きかった。連合艦隊司令部は、ついにガダルカナル島奪回は100パーセント成算がないと判断する。

昭和17年1月31日、御前会議の席上でガ島の奪回は断念され、翌18年1月下旬から

2月上旬にかけて、ガ島の全部隊を撤収することが正式に決定した。大きな犠牲を払ったガダルカナル島攻防戦はここに終結した。この戦いには3万5000人の兵が投入され、約2万4000人が戦死（大半は飢えとマラリアなどによる戦病死である）し、撤退できたのは1万1000人にすぎなかったという。海軍もまたこの戦いでただでさえやせ細っていた航空隊を消耗し、多くのパイロットを失った。

翌昭和18年になると航空隊は地上基地へ進出し、空母は飛行機の輸送などに使用されるだけで、ほとんど機動部隊の戦力としては使用されなかった。4月には山本長官が戦死、日本は徐々に追いつめられていく。

ルンガ沖夜戦（タサファロンガ海戦）時の戦力比較 1942年11月29日～11月30日

■日本海軍

警戒隊　駆逐艦　**長波　高波**

第15駆逐隊　駆逐艦　**朝潮　黒潮　陽炎　巻波**

第24駆逐隊　駆逐艦　**江風　涼風**

■米海軍

第67任務部隊

重巡洋艦　**ミネアポリス**（CA-36）　**ペンサコラ**（CA-24）　**ノーザンプトン**（CA-26）　**ニューオーリンズ**（CA-32）

軽巡洋艦　**ホノルル**（CL-48）

駆逐艦　**ドレイトン**（DD-336）　**ラムソン**（DD-337）　**モーリー**（DD-401）　**フレッチャー**（DD-445）　**ラードナー**（DD-487）

第10章　マリアナ沖海戦

昭和19（1944）年6月19日〜20日

「あ」号作戦発動、日米空母部隊が再度激突

昭和19（1944）年6月15日の夕刻、フィリピン中部に位置するサンベルナルジノ海峡で洋上監視にあたっていた米海軍の潜水艦「フライングフィッシュ」は、「海峡通過中の敵空母部隊（戦艦3、空母3、巡洋艦および駆逐艦多数）進路80度、速力20ノット」と米太平洋艦隊司令部へ緊急電を発信した。

サンベルナルジノ海峡を抜けて太平洋に入ったこの日本艦隊は、小沢治三郎司令長官率いる第1機動艦隊で、重装甲の新鋭空母「大鳳《たいほう》」を含む空母9、戦艦3、重巡9、軽巡1、駆逐艦19からなっていた。第1機動艦隊の目的は、マリアナ諸島近海で作戦

行動中の米第58任務部隊の撃滅であり、サイパンに上陸中の米地上軍とその輸送船団を壊滅させることであった。中部太平洋を舞台に、史上最大の空母決戦の火蓋が切られようとしていたのである。

昭和19年に入るとソロモン・ニューギニア方面の制空権は完全に連合軍に奪われ、ラバウルは孤立した。トラック泊地は大空襲を受けて壊滅状態となり、中部太平洋方面では米軍がギルバート、マーシャル諸島に上陸。いよいよ絶対国防圏であるパラオ諸島、マリアナ諸島での攻防戦が予測されていた。そこで大本営は、マリアナ諸島を中心とする海域に米艦隊を誘い込み、連合艦隊の全戦力を挙げ決戦を挑むことで一挙に米艦隊を捕捉撃滅する「あ」号作戦を策定した。

6月15日午前7時17分、米軍のサイパン上陸開始の報に接した豊田副武連合艦隊司令長官は、全軍に対し次のように「あ」号作戦発動を令した。

一、敵は15日朝、有力部隊をもってサイパン、テニアン方面に上陸作戦を開始せり

二、「あ」号作戦決戦発動

この電令をうけた小沢長官は、機動部隊主力を率いてフィリピン中部のギマラスを出撃、シブヤン海からサンベルナルジノ海峡を通って太平洋に出た。しかし、このときすでに米潜水艦「フライングフィッシュ」に発見され、追跡されていたのである。

「フライングフィッシュ」から緊急電を受け取った米第5艦隊長官スプルーアンス大将は、グアム島攻略を一時延期。機動部隊の兵力を強化して、小沢部隊を邀撃することにした。

一方、宇垣長官率いる戦艦部隊（渾部隊）は、小沢機動部隊主力に合同するために急いでいた。そして15日午後6時にダバオからやってきた第1補給部隊と合流、16日早朝から燃料の補給を受けながら小沢部隊を目指した。この補給中に輸送艦「清洋丸」と駆逐艦「白露」が衝突、その衝撃で「白露」に搭載してあった爆雷が爆発して、「白露」が沈没するという事故が発生している。

6月17日、小沢機動部隊主力と渾部隊は合流、補給もすべて終了し、決戦海面を目指した。このとき小沢長官は「機動部隊は今より進撃、敵を求めてこれを撃滅せんとす、天佑を確信し各員奮励努力せよ」との信号を出した。パラオの北約５４０キロの地点であった。

さらに電報が打電された。

「第1機動艦隊は、17日夕刻補給終了後、敵の西方進出および北側からの機動を警戒しつつ、C点（北緯15度、東経１３６度）を経て19日黎明、サイパン島の西方海面に進出し、まず敵の正規空母群を撃砕し、ついで全力を挙げて敵の機動部隊および攻略部隊を覆滅する」――。

小沢司令長官の秘策、アウトレンジ戦法

第1機動艦隊司令長官・小沢治三郎中将は、来るべき敵機動部隊との決戦に備えて一つの戦法を編み出していた。それはアウトレンジ戦法と呼ばれる遠距離先制攻撃戦法である。この戦法を考案した目的は、技量が低下している艦上機搭乗員に有効な攻撃を行わせることと、航空戦力の劣勢を補うことにあった。日本空母が搭載していた艦上攻撃機「天山」、艦上爆撃機「彗星」、艦上戦闘機「零戦」五二型のいずれもが航続距離が長いという特徴を持っていた。これを応用した戦法ということになる。

当時、米空母艦上機は被弾しても弾丸をハネ返すような重装甲と、燃料タンクの防弾装備のため機体の重量が増大。戦闘行動半径は250海里程度であった。それに対して日本の艦上機の戦闘行動半径は350海里。アウトレンジ戦法は、この100海里の差を利用しようというものである。

アウトレンジ戦法では、敵機がまだ攻撃に発艦できない遠距離からわが攻撃隊を発艦させる。敵機動部隊は、それほどの遠距離から日本の攻撃隊がやってくるとは予測せず、油断していると思われる。その隙を突いて攻撃隊は敵機動部隊の上空に殺到す

る。ここで空母の飛行甲板を破壊して、航空機の発着艦の機能を喪失させる。攻撃隊の任務はこれで終了。その後、機動部隊本隊の前方に進出している第2艦隊の前衛部隊が最大戦速で敵機動部隊に突撃し、戦艦「大和」「武蔵」の46センチ主砲による遠距離からの砲撃と魚雷による雷撃で、一挙に敵機動部隊を壊滅させようというものであった。

この作戦が成功するためには、艦上機の先制攻撃を絶対に成功させなければならない。これまでの作戦なら敵機動部隊に200海里まで接近して、攻撃隊を発艦させるのが常道であった。だがそれでは米側も攻撃機を発進させるであろうし、あるいは邀撃機を艦隊上空に待機させることもできる。

航空機を操縦する技量が未熟で、空戦にも不慣れな搭乗員では、普通の作戦を展開しても戦果は望めない。敵機の邀撃を受けないで攻撃できる戦法をとることが最善の方法であったのだ。戦闘行動半径350海里という数字は、進空速度毎時150海里で約2時間半。これに攻撃時間を入れると往復では約6時間もかかる計算だ。これでは搭乗員たちに肉体的にも精神的にも大きな負担をかけることになるのだが、今の連合艦隊が敵機動部隊を叩くにはこの方法しかなかった。

小沢長官は各級の指揮官を集めると次のような三つの訓示を与えた。

6月18日における彼我態勢図
マリアナ沖海戦

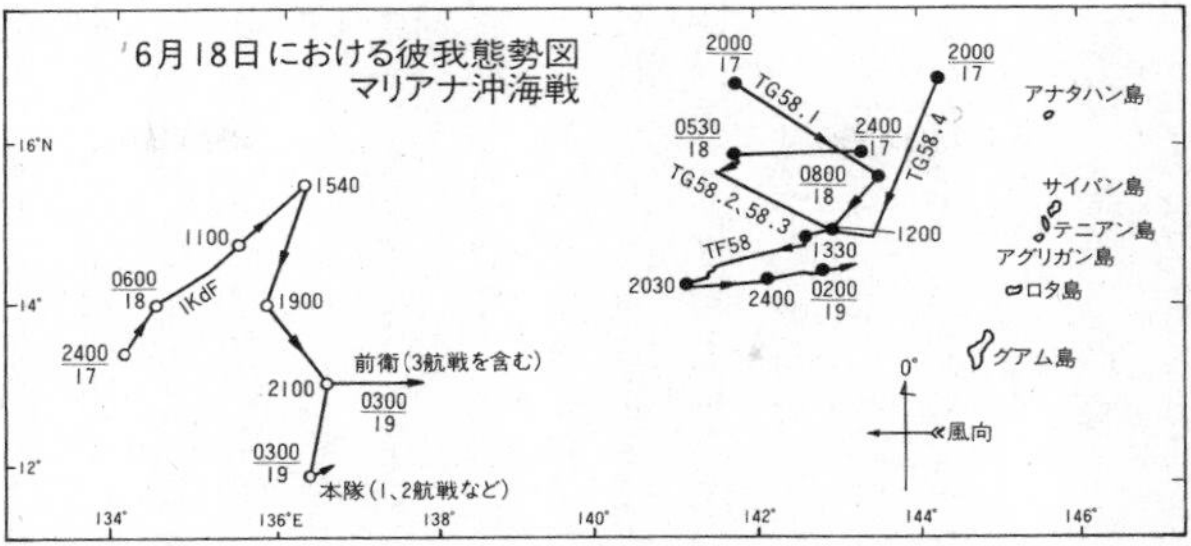

一、損害をかえりみず。

二、大局上必要な場合、一部を犠牲に共す。

三、通信連絡思わしからぬ場合、指揮官の独断専行を要す。

日本機動部隊、念願の先制攻撃に成功

6月18日の午後、第1機動艦隊の索敵機は、サイパン島の西方300海里、味方の機動艦隊から380海里の海域に3群からなる米機動部隊を発見した。敵機動部隊を先に発見したことから、第3航空戦隊では攻撃命令が下されるものと判断して、空母「千代田」が攻撃隊を発艦させる。

ところが、小沢長官は動かなかった。というのは、これから攻撃隊を飛び立たせても敵機動部隊の上空に達したころには日没となり、薄暮下の攻撃となる。練度の低さからみても、今の搭乗員に薄暮攻撃はムリだと判断し

たのであった。そのため、一度発艦していった「千代田」の攻撃隊は帰投を命じられ、やがて母艦に戻ってきた。

一方、マーク・ミッチャー中将率いる第58任務部隊は、索敵機を飛ばし西進していた。夜になっても敵情は入手できそうもないと考えたミッチャー長官は、機動部隊に進路を反転して東進するよう命じる。その2時間後、オアフ島の方位測定所から「敵機動部隊は貴隊の位置より西南西355ノーチカルマイル（海里）にあり」という敵情報告を受けた。

そこでミッチャーはスプルーアンス司令長官に「明朝5時を期して敵を攻撃すべく、午前1時半に機動部隊は西寄りの進路をとる」ことを提案した。だがスプルーアンス長官はこれに同意しなかった。なぜなら方位測定所からの報告は、日本軍の一部のオトリ部隊であるとみていたからである。

6月19日、第1機動艦隊は決戦の日を迎えた。午前3時、小沢長官は艦隊を前衛部隊と本隊の二つのグループに二分した。本隊は後方に位置し、甲部隊（第1航空戦隊〔空母「大鳳」「翔鶴」「瑞鶴」〕、第5戦隊、第10戦隊）と、乙部隊（第2航空戦隊〔空母「隼鷹」「飛鷹」「龍鳳」〕、「長門」「最上」、第4駆逐隊、「時雨」「浜風」「早霜」）とに分かれ、それぞれ梯型陣を敷き、二群は並列で航行した。

本隊の前方約100海里には、前衛（第2艦隊〔重巡「愛宕」、戦艦「大和」「武蔵」など〕、第3航空戦隊〔空母「千歳」「千代田」「瑞鳳」〕）が栗田長官の指揮の下、各群1隻の軽空母を中心とした3群の輪型陣を構成して進んだ。前衛部隊は、航空攻撃が成果を上げしだい、全速で敵機動部隊に肉迫し、砲撃と雷撃によって撃滅戦を展開することになっていた。

今回は索敵に万全を期するため三段索敵がとられ、順次合わせて44機が飛び立った。前衛からも未明から索敵機が次々と発艦する。果たせるかな、午前6時34分、第一段索敵機から「敵発見」の連絡が入った。「サイパンの264度（ほぼ西方）160海里に敵空母大型4隻、戦艦4隻、その他十数隻、進路西」

小沢長官はこの目標を「7イ」と命名した。これは空母「エセックス」ほか2隻の空母を擁する米機動部隊の第4群と、リー長官の第7群・戦艦部隊である。空母15隻を主力とする第58任務部隊は、部隊を空母を擁する第1～4群、戦艦7隻を擁する第7群の4つに分けていたのである。「7イ」は前衛から約300海里、本隊から380海里の位置にあり、アウトレンジ戦法をとるのには理想的な位置にあった。

午前7時25分、3航戦から指揮官・中本道次郎大尉が率いる零戦14機、戦闘爆撃機45機、天山艦攻7機の合計66機が発艦。続いて7時45分、本隊の1航戦から指揮官・

垂井明少佐の率いる天山艦攻27機、彗星艦爆53機、零戦48機の合計128機が発艦していった。さらに午前9時、2航戦からは指揮官・石見丈三少佐率いる天山艦攻7機、戦爆25機、零戦17機の合計49機が発艦して行く。これら合わせて241機が第1次攻撃隊として「7イ」に向かって行った。

だが、ここに予期せぬ事態が起こった。1航戦から発艦した攻撃隊が、先行する前衛部隊の上空に差しかかったとき、突然、巡洋艦の主砲が火を噴き、続いて駆逐艦が高角砲を発砲、編隊の前後左右に炸裂した。味方艦隊に敵機と間違えられたのである。ただちに1番機が大きくバンクして味方機であることを知らせた。対空砲火は止んだが、敵にたどり着く前に早くも2機が「撃墜」され、数機が被弾故障という被害を出してしまう。

午前8時45分、第三段索敵機がグアム島の南西70海里の海域に空母3隻、戦艦5隻を含む艦隊の発見を報じてきた。小沢長官はこの目標を「15リ」と命名。その直後の午前9時、今度は目標「7イ」の北方50海里に空母3隻、戦艦1隻を含む一群発見を打電してきた。この目標は「3リ」と命名される。ところがこの二つの報告は、いずれも練度の低い偵察員のミスで、発見位置を誤って報告してきたものであった。

小沢長官はこれを誤報とは知らず、あとから発艦した2航戦49機に対して攻撃目標

6月19日における彼我態勢図
マリアナ沖海戦

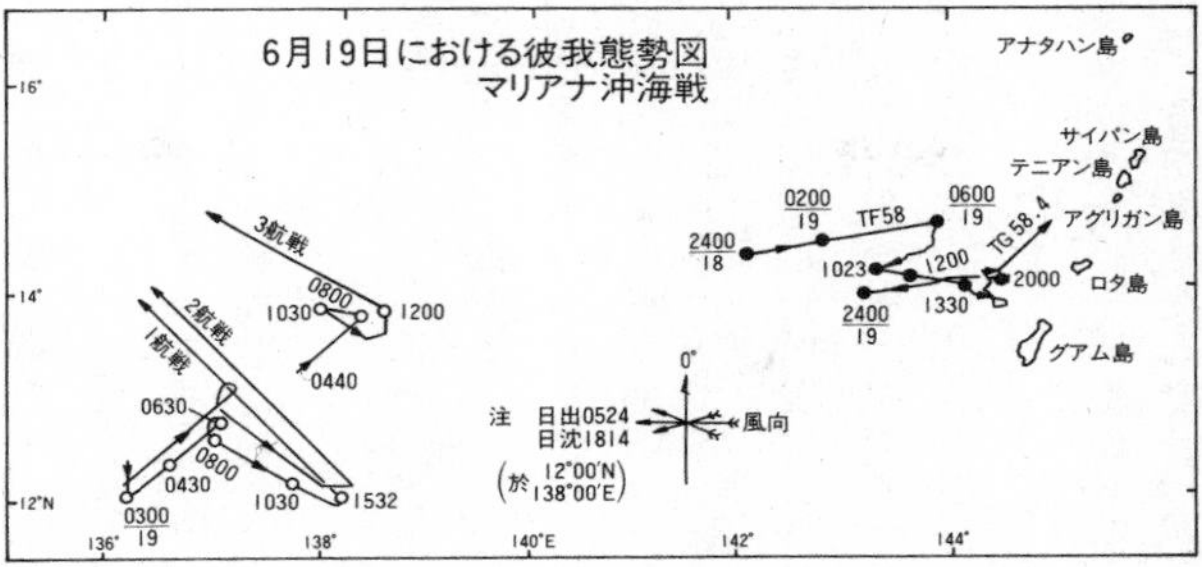

を「3リ」に変更するよう命じた。そして目標「15リ」には第2次攻撃隊をあてることにした。

やがて第2次攻撃隊として1航戦から指揮官・千馬良人大尉率いる天山艦攻4機、戦爆10機、零戦4機の合計18機が「瑞鶴」を飛び立って行った。午前10時20分のことである。また、10時15分には、指揮官・宮内安則大尉率いる2航戦の九九艦爆27機、零戦20機、天山艦攻の合わせて50機が「15リ」に向かって発艦していた。そして30分後に「隼鷹」から彗星艦爆9機、零戦6機が飛び立ち、2航戦の九九艦爆隊を追った。

こうして日本軍攻撃隊が次々と発艦して敵の機動部隊へ向かっているのに、小沢艦隊の上空には1機の索敵機さえ姿をあらわしていなかった。小沢長官のアウトレンジ戦法は、当初のもくろみ通り米空母部隊を撃滅するかに見えた――。

漂いはじめた暗雲、海中からの致命的一撃

ところが、これより先、旗艦「大鳳」は致命的な損傷を受けていた。第1次攻撃隊を発艦させ終えた直後の午前8時10分、米潜水艦「アルバコア」から雷撃を受け、魚雷1本を右舷前部に被雷したのだ。被雷直後、「大鳳」は何事もなかったように30ノットで航行を続けていた。しかし、前部エレベーターが衝撃で故障して途中で止まってしまい、さらにその付近の航空機用燃料タンクに亀裂が生じたらしく、ガソリンの気化ガスが漏れ出していた。

作戦を続けるためには、まず途中で止まったままになった前部エレベーターの陥没孔をふさぐ必要がある。応急処置でエレベーターの陥没孔はふさいだが、今度はそのために逃げ場を失った気化ガスが艦内に充満し始めた。

さらに午前11時20分、突然、激しい爆発音が海上を伝わってきた。空母「翔鶴」から黒煙が吹き出している。米潜水艦「カバラ」が放った魚雷3本が「翔鶴」の船腹に命中したのだ。ガソリンタンクに引火し、艦内は大火災となった。それから約3時間、「翔鶴」は懸命の消火作業を行なったが、火災は広がる一方で、ついに弾薬庫にまで火が回った。午後2時10分、歴戦の殊勲艦「翔鶴」は爆弾の誘爆により大爆発を起こし、海中深く沈んでいった。

驚愕の新兵器、VT信管の脅威

そのころ、第1次攻撃隊は、予定通り敵機動部隊目指して飛行を続けていた。攻撃隊は敵のレーダーに捕捉されないために低高度で進空し、敵からの距離100キロ手前で高度を上げ、そのまま敵艦隊の上空に進入して強襲を行なうという戦法をとっていた。

これに対し米機動部隊は、19日には日本機が攻撃を仕かけてくるだろうと予測し、攻撃に備えて艦隊の西方50海里に警戒駆逐艦を進出させ、レーダー監視にあたらせていた。想定通り、警戒駆逐艦のレーダーは、西方100海里先に日本軍機の大群を捕捉。この通報を聞いた米空母群は、ただちに風に立って航行し、470機もの全戦闘機を発艦させた。続いて艦爆、艦攻の全機を発艦させ、これらをグアム島爆撃に向かわせる。米軍の電波指令機は、レーダーによって日本機を探索しながら、F6F戦闘機群を日本機の針路上に誘導し、米機動部隊から50海里西方の高高度に空中待機させた。

この防空態勢の中へ、最初に飛来したのは3航戦の攻撃隊であった。突撃隊形をつくるため編隊を組み直しているところへ、突然、F6Fヘルキャットが舞い下りて、機銃の猛射を浴びせかける。たちまち攻撃隊の編隊はバラけてしまい、爆弾を抱えた戦爆と魚雷を抱えた天山艦攻は低空へ低空へと逃げまどうばかりだった。右に左に、火ダルマとなった日本機が撃墜されていく。

「全軍突撃せよ、全軍突撃せよ」。飛行隊長の中本道次郎大尉は全機に下令した。しかし、突撃しようにもF6Fはあとからあとから背後に回り込んで機銃を乱射してくる。乱戦をくぐり抜け、数機は防御幕を突破して米機動部隊の上空まで達した。だが、そこで恐るべき威力を持ったVT信管装備の高角砲弾によって撃墜されていった。

VT信管付きの砲弾は、それまでの時限式信管付きと違い、自らレーダー波を発し、敵機に近づくと炸裂する。これにより対空砲火はこれまでと比較にならない威力を発揮した。それでも戦爆1機が対空砲火をかいくぐり戦艦「サウスダコタ」に250キロ爆弾1発を命中させ、多数の死傷者を生じさせたが、小破程度の損傷でしかなかった。また、もう1機の戦爆は重巡「ミネアポリス」に至近弾をあたえている。しかし、攻撃隊が攻撃したのは前衛として空母の手前に位置し、日本軍の攻撃を吸収する役目を担っていた第7群の戦艦部隊であったのだ。

この空戦で3航戦は戦爆31機、天山艦攻2機、零戦8機の合計41機が未帰還となった。

続いて1航戦の攻撃隊がやってきたが、やはりF6F戦闘機群に阻まれ、戦力は半減した。なおも進空してようやく空母群の上空に達しても、高性能の対空砲火によって次々と火ダルマとなって落ちていく。この様子を米軍は「マリアナの七面鳥狩り」と称した。それほど日本機は、いとも簡単に撃ち落とされていったのである。

こうした絶望的状況でも、低空から侵入していった天山艦攻1機が、炎上しながら戦艦「インディアナ」に突入していった。また、6機の彗星が第2群の米機動部隊を攻撃、4機が空母「ワスプ」を爆撃したものの至近弾に終わった。次いで2機が空母「バンカーヒル」に投弾、至近弾を与えたが、これも小火災を起こさせただけであった。

この空戦で1航戦128機のうち自爆未帰還となったのは、天山艦攻24機、彗星艦爆42機、零戦31機の合わせて97機。実に75％にもおよぶ損失を蒙っている。

一方、進空中に「3リ」に目標変更を命じられた2航戦の49機は、その途中に戦艦2隻を含む一群を視認したが、空母は存在しないため攻撃を控えた。なおも進空して「3リ」の海域に到達したが、ここにも敵はいない。そこで「7イ」に目標を変えて進空していると、突然、F6F40余機の攻撃を受けて編隊はバラバラとなり、攻撃をあきらめて帰還せざるを得なかった。

第2次攻撃隊のうち1航戦の「瑞鶴」隊は「15リ」に敵を発見することができない

タウイタウイ泊地にて撮影された空母「大鳳」。マリアナ沖海戦には日本機動部隊の旗艦として参加。飛行甲板は500キロ爆弾の急降下爆撃に耐えられるように考えられていた

サンベルナルジノ海峡を通過する第1機動艦隊。手前は航空巡洋艦「最上」、奥に第1航空戦隊の空母群が見える。昭和17年6月15日、重巡「摩耶」より撮影

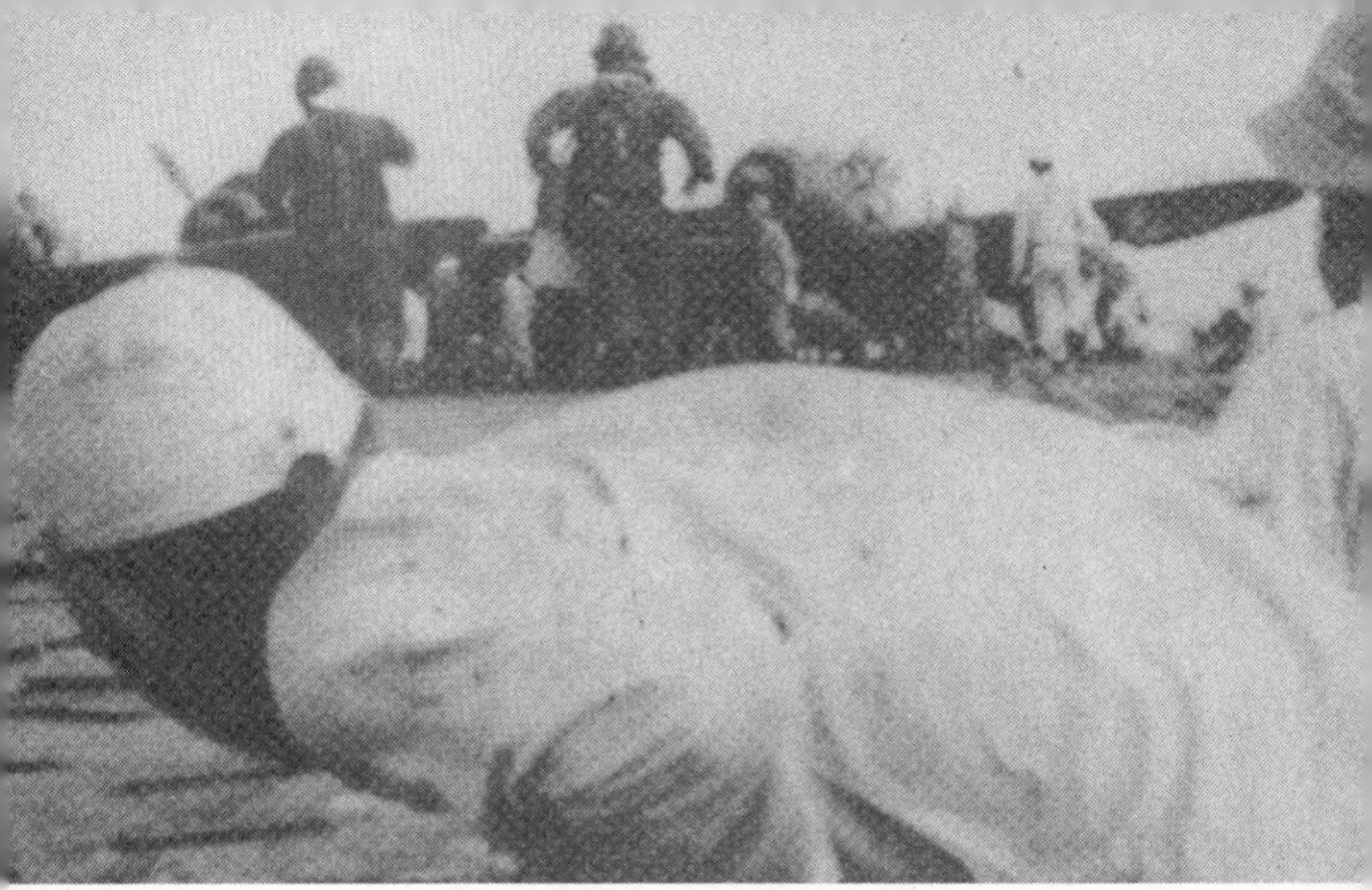

空母「千代田」艦上で出撃準備中の爆装零戦。6月19日朝、日本海軍機動部隊は米機動部隊を発見、念願のアウトレンジ戦法を実行した

6月19日、空母「ヨークタウン」から発艦するF6F

6月19日、米機動部隊上空に描かれた空戦による飛行機雲

日本軍の新鋭艦上爆撃機「彗星」の攻撃で至近弾を受ける米空母「バンカーヒル」。新兵器のVT信管付き砲弾による対空砲火は日本軍機をバタバタと撃墜した

日本艦隊攻撃に向かう米急降下爆撃機ヘルダイバーの編隊

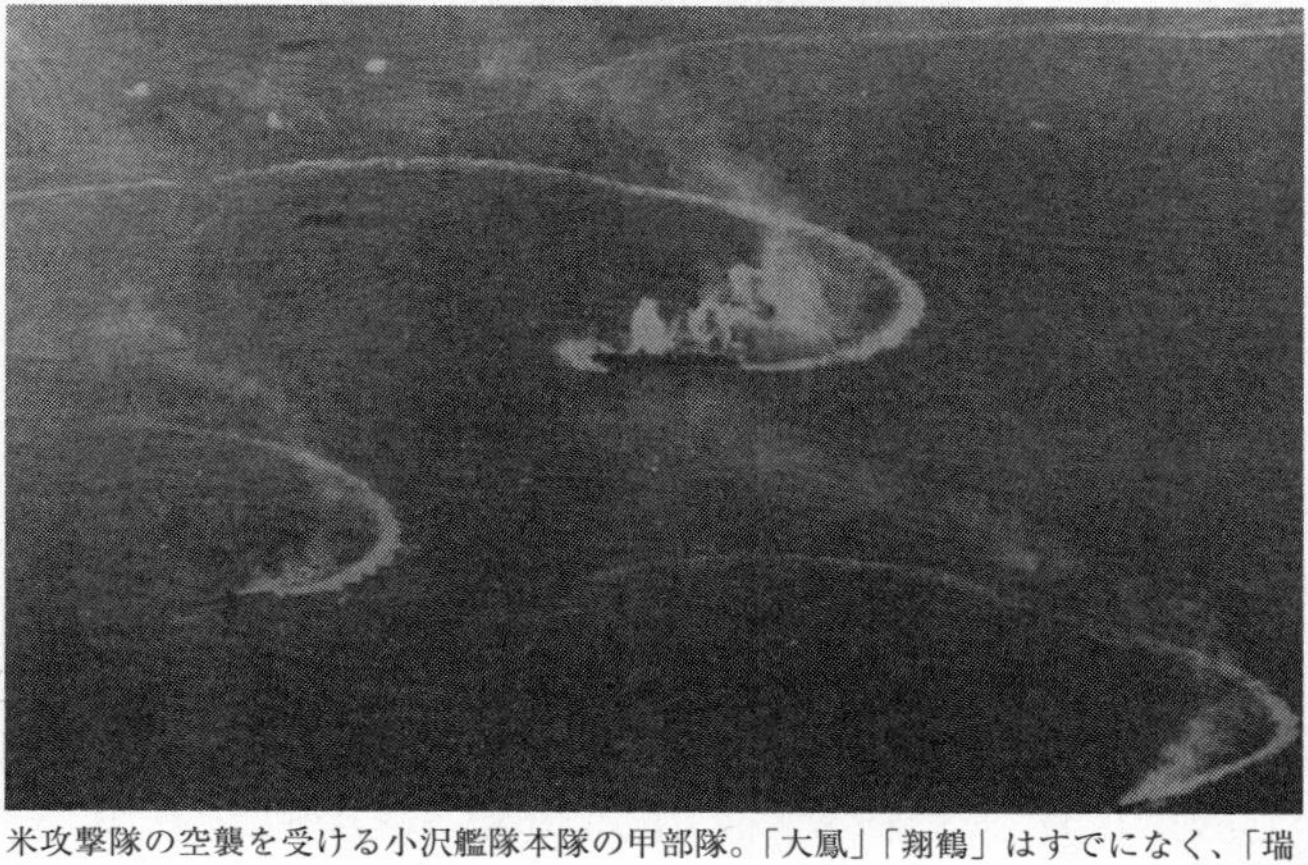

米攻撃隊の空襲を受ける小沢艦隊本隊の甲部隊。「大鳳」「翔鶴」はすでになく、「瑞鶴」（写真中央）が必死の回避運動をとっている。「瑞鶴」は500キロ爆弾1発を被弾したが、これは開戦以来初の直撃弾だった

まま帰還したが、進空途中で編隊がバラけ、天山艦攻1機、戦爆8機が未帰還となった。

また、2航戦の第2次攻撃隊のうち九九艦爆隊も、「15リ」に敵部隊を捕捉することなく、グアム島の飛行場に向かった。しかし、着陸寸前にF6F約30機の攻撃を受け、零戦14機、九九艦爆9機、天山艦攻3機が撃墜されている。

「隼鷹」を発艦した彗星艦爆隊も戦果を上げることはできなかった。予定海域に米艦隊を確認できず北方へ進路をとったところ、米機動部隊の第2群を発見、空母「ワスプ」と「バンカーヒル」を攻撃したが、命中弾はなかったのだ。この日の出撃で彗星艦爆1機がロタ島に、1機がグアム島に降りた。未帰還機は零戦4機、彗星5機である。

こうして6月19日の海空戦は終わった。この日の戦闘で日本軍の攻撃隊は200機以上を喪失し、これに対して米軍はたった30機を失ったのみであった。

アウトレンジ戦法失敗、旗艦「大鳳」の最後

小沢長官の第1機動艦隊では、華々しい戦果を待っていたが、その報告はなかった。やがて攻撃隊の航空機が1機、また1機と帰還してくる。傷つきながらも勇躍帰投し

てきた攻撃隊の下方には「翔鶴」の姿はなく、旗艦「大鳳」には着艦が許されない。航空燃料が尽きた機は、やむなく駆逐艦のそばに不時着水して救助を待つということになる。

そのころ、空母「大鳳」の艦内の状況はさらに悪化していた。それでもやむを得ず、帰投してきた航空機の収容を開始する。しかし、最初の1機が着艦した直後の午後2時32分、「大鳳」は突然大爆発を起こし、大火災が発生した。気化したガソリンに引火したのである。

艦内の爆発により飛行甲板は押し上げられてアメのように曲がった。主要な機能が停止し、炎が全艦をつつんで艦内では弾火薬や酸素ボンベが誘爆し続ける。もはや手の施しようはなかった。やがて「大鳳」は左舷に傾き、午後4時28分、艦尾から沈んでいった。

「大鳳」が大爆発を起こしたあと、小沢長官は将旗を重巡「羽黒」に移して作戦の指揮を執ることにする。しかし、乾坤一擲のアウトレンジ戦法も、どうやら失敗したらしいことが明らかになってきた。そこで第1機動艦隊は進路を西にとり、海戦場から離脱していった。残存機は零戦44機、戦爆17機、九九艦爆11機、天山艦攻30機の合計102機である。

戦闘が終わったその日の夜、小沢長官は第1機動艦隊を再編成した上で、米機動部隊へ反転して夜戦を決行しようと決意する。だが、連合艦隊司令部から「一時避退して後図を策せ」との電令が入り、やむなく避退することにした。それでも小沢長官は、明20日には持てる戦力のすべてを投入し、再度決戦を挑む悲壮な覚悟を決めていた。

敵将ミッチャーの決断、小沢艦隊への猛反撃

6月20日、小沢艦隊は早朝から索敵機15機を発艦させて東方海面に向かったものの、米機動部隊を発見することはできなかった。その後、艦隊は西進して補給部隊と合同、油槽船からの給油を行なう。この間に小沢長官は旗艦を「瑞鶴」に移した。

一方の米機動部隊もまた、日本艦隊の位置をつかめていなかった。そのためミッチャー長官は神経質なまでに索敵機を飛ばして様子を探っていた。

午後2時40分、1機の索敵機がついに日本艦隊を発見した。米機動部隊の西北西220海里の距離である。しかし、これを攻撃すべきかどうかミッチャー長官は躊躇した。というのもこの日の日没は6時。これから攻撃隊を発艦させると帰投時は夜になる。だが、日本艦隊を攻撃圏内に捕捉した今、ミッチャー長官は攻撃の決断を下した。

そこでスプルーアンス長官の了解を得て、攻撃隊発進を命じる。

6月20日における彼我態勢図
マリアナ沖海戦

注　資料きわめて少なく日本軍
の行動は推定による

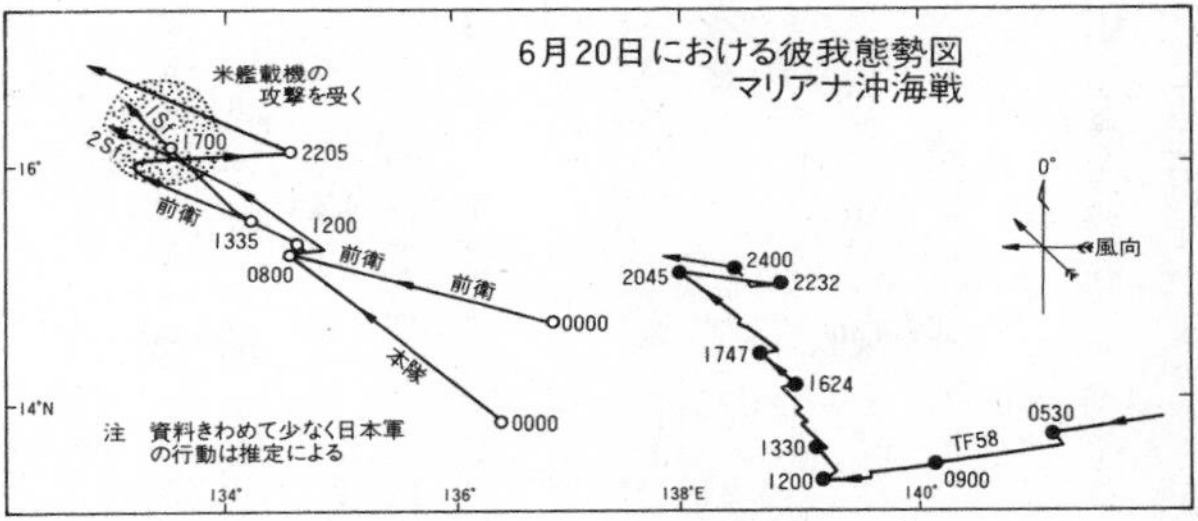

攻撃隊はF6F戦闘機85機、SB2C急降下爆撃機77機、TBMアベンジャー雷撃機54機の合計216機からなり、午後3時30分に続々と発艦していった。この直後、重大なミスが判明した。日本艦隊の位置報告が誤っていて、実際の距離は300海里もあったのである。しかし、ミッチャー長官は攻撃隊を呼び戻さなかった。夜になってからの帰還となるであろうが、ギリギリの燃料で帰投できると判断したからである。

そのころ、小沢長官の第1機動艦隊も敵艦隊を確認した。午後になって発艦した索敵機が、午後4時15分に米機動部隊の発見を伝えてきたのである。さらに敵信の傍受により、米機動部隊が日本艦隊を追撃中で、西進していることも判明。そこで敵機動部隊に薄暮雷撃を行なうこととし、午後5時25分、「瑞鶴」から天山艦攻7機が発艦していく。ところが攻撃隊は予定海域に米機動部隊を発見できなかった。その上3機が未帰還となり、4機が不時着水という悲惨な目にあった。

米攻撃隊が第1機動艦隊の上空にあらわれたのは、「瑞鶴」から攻撃隊が上がった直後の午後5時30分のことであった。すぐに零戦44機が邀撃に向かい、各艦からは猛烈な対空砲火が撃ち上げられる。

米攻撃隊は、船足の遅い油槽船を狙った。まず「玄洋丸」と「清洋丸」が被弾して炎上。ついで急降下爆撃隊は空母「瑞鶴」「隼鷹」「千代田」、戦艦「榛名」、重巡「摩耶」にそれぞれ1発ずつの直撃弾を命中させる。戦闘艦は小破程度の損傷で航行に支障なかったが、「玄洋丸」と「清洋丸」は自沈処分となった。

やがて「飛鷹」に魚雷1発が命中、大火災となり航行不能に陥った。必死の消火作業も空しく、ほとんど効果はない。「飛鷹」は漂流しながら大誘爆を起こして手の施しようがなくなり、ついに「総員退去」が下令される。「飛鷹」は艦首を高く上げて沈没した。時に午後7時32分。

第1機動艦隊を追撃していた米攻撃隊は、零戦の邀撃により20機を撃墜された。空戦時間は50分間であった。米攻撃隊は攻撃を終えるとすぐに帰還の途についたが、途中で夜を迎える。パイロットたちは夜間着艦の訓練を受けていなかったので、収容が大きな課題だった。

暗夜の収容のため、ミッチャー長官は全艦に点灯を命じ、照明弾を打ち上げさせ、サーチライトを照射させた。もちろん空母は全灯火を点灯し、探照灯は帰投ビーコンのように上空真上を照らして誘導する。そんな状況にありながらも航空機は飛行甲板に激突したり、艦尾に突っ込んだり、不時着水したりで80機を失った。

乾坤一擲の大作戦も米軍の前にあえなくついえる

次々に主力空母が失われた惨状の中にあっても、小沢長官から戦闘意欲は消えておらず、第2艦隊に夜戦の決行を命じた。第2艦隊の栗田長官は麾下部隊を率いて米機動部隊の攻撃に向かう。と同時に小沢長官も残存航空隊を率いて米艦隊に向かっていった。このときの保有機数は零戦30機、艦爆15機、艦攻16機の合計61機。これはなんと、空母1隻分の戦力でしかない。

この惨状を察した連合艦隊司令長官の豊田大将は、小沢長官宛てに「機宜敵より離脱せよ」と撤退命令を打電。小沢長官は涙を飲んで夜戦の中止を下令し、進路を北西にとり沖縄の中城湾へと向かって退却を開始した。米機動部隊の追撃を恐れつつの退却行である。

マリアナ沖での2日間の戦闘で、米機動部隊が失った航空機は891機のうち12

0機で、損耗率は14・6%であった。また戦死した搭乗員は76名である。これに対して日本側の第1機動艦隊の航空機損失は439機のうち378機で、損耗率は86%にも達した。これはもはやとても戦える数字ではない。また、搭乗員の戦死も445名となり、第1機動艦隊の飛行隊はまさに壊滅状態であった。

こうして「あ」号作戦は終わった。連合艦隊が乾坤一擲の信念のもとに企図した一大決戦は、日本の大敗北のうちに幕が引かれたのである。この史上最大の空母艦隊同士による海戦は、日本側は「マリアナ沖海戦」と呼称し、米側は「フィリピンシー海戦」と呼称している。

マリアナ沖海戦（フィリピンシー海戦）時の戦力比較 1944年6月19日〜20日

■日本海軍

【第1機動艦隊】

第1航空戦隊

空母　**大鳳　翔鶴　瑞鶴**（第601航空隊　零戦79機、彗星艦爆70機、99艦爆7機、天山艦攻51機）

第2航空戦隊

空母　**隼鷹　飛鷹　龍鳳**（第652航空隊　零戦五二型53機、零戦二一型27機、彗星艦爆27機、 99艦爆9機、天山艦攻15機）

戦艦　**長門**

巡洋艦　**最上**

駆逐艦　**野分　山雲　満潮　時雨**

第4、27駆逐隊

第3航空戦隊

空母　**千歳　千代田　瑞鳳**（第653航空隊　零戦五二型45機、零戦二一型18機、天山艦攻27機）

第10戦隊

軽巡洋艦　**矢矧**

駆逐艦　**朝雲　磯風　浦風　雪風　初月　若月　秋月**

第10、17、61駆逐隊

第1、3、4、5、7戦隊

戦艦　**大和　武蔵　金剛　榛名**

重巡洋艦　**愛宕　高雄　摩耶　鳥海　妙高　羽黒　熊野　鈴谷　利根　筑摩**

第2水雷戦隊

軽巡洋艦　**能代**

駆逐艦　**長波　朝霜　岸波　沖波　玉波　浜波　藤波　島風**

第31、32駆逐隊
輸送艦、潜水艦などその他多数艦艇

■米海軍

【第5艦隊】

第1空母任務群

空母　**ホーネット**（F6F-3／5戦闘機36機、F6F-3N夜間戦闘機4機、TBM-1C雷撃機19機、 SB2C-1C急降下爆撃機33機）　**ヨークタウン**（F6F-3／5戦闘機42機、F6F-3N夜間戦闘機4機、TBM-1C雷撃機17機、SB2C-1C急降下爆撃機40機、SBD-5急降下爆撃機4機）
軽空母　**ベローウッド**（F6F-3／5戦闘機26機、TBM-1C雷撃機7機）　**バターン**（F6F-3／5戦闘機24機、TBM-1C雷撃機9機）
重巡洋艦　**バルチモア　ボストン　キャンベラ**
軽巡洋艦　**サンファン　オークランド**
駆逐艦　**グリッドリー　クレイブン　ヘルム　マッコール　モーリー　ボイド　ブラッドフォード　ブラウン　コウウェル　チャレット　コナー　ベル　バーンズ　イザート**

第2空母任務群

空母　**バンカーヒル**（F6F-3／5戦闘機　38機、F6F-3N夜間戦闘機4機、TBM-1C雷撃機18機、 SB2C-1C急降下爆撃機33機）
ワスプ（F6F-3／5戦闘機35機、F6F-3N夜間戦闘機4機、TBM-1C雷撃機18機、SB2C-1C急降下爆撃機32機）
軽空母　**モントレー**（F6F-3／5戦闘機24機、TBM-1C雷撃機8機）　**キャボット**（F6F-3／5戦闘機24機、TBM-1C雷撃機9機）
軽巡洋艦　**サンタフェ　モービル　ビロキシ**
駆逐艦　**ドューイ　ハル　マクドノー　ミラー　オウウェン　ザ・サリバンズ　ステファン・ポーター　ティンギー　ヒコックス**

ハント　ルイス・ハンコック　マーシャル

第3　空母任務群

空母　**エンタープライズ**（F6F-3／5戦闘機31機、F4U-2戦闘機3機、TBM-1C雷撃機14機、SBD-5急降下爆撃機21機）　**レキシントン**（F6F-3／5戦闘機38機、F6F-3N夜間戦闘機4機、TBM-1C雷撃機18機、SBD-5急降下爆撃機34機）

軽空母　**サンジャシント**（F6F-3／5戦闘機24機、TBM-1C雷撃機9機）　**プリンストン**（F6F-3／5戦闘機24機、TBM-1C雷撃機9機）

重巡洋艦　**インディアナポリス**

軽巡洋艦　**クリーブランド　モントピーリア　バーミンガム　リノ**

駆逐艦　**テリー　アンソニー　ワズワース　ブレイン　ケイパートン　コグスウェル　インガソル　ナップ　クラレンスK.ブロンソン　コットン　ドーチ　ガトリング　ヘーリィ**

第4空母任務群

空母　**エセックス**（F6F-3／5戦闘機39機、F6F-3N夜間戦闘機4機、TBM-1C雷撃機20機、SB2C-1C急降下爆撃機36機）

軽空母　**カウペンス**（F6F-3／5戦闘機23機、TBM-1C雷撃機9機）　**ラングレー**（F6F-3／5戦闘機23機、TBM-1C雷撃機9機）

軽巡洋艦　**サンディエゴ　ビンセンス　ヒューストン　マイアミ**

駆逐艦　**ケイス　エレット　ラング　ステレット　ウィルソン　ランスドウン　ラードナー　マッカラー　コンベース　スペンス　サッチャー　チャールス・オースバーン　ダイソン**

第7任務群

戦艦　**ノースカロライナ　ワシントン　サウスダコタ　インディアナ　アラバマ　アイオワ　ニュージャージー**

重巡洋艦　**ニューオーリンズ　ミネアポリス　サンフランシスコ　ウイチタ**

駆逐艦　バグレー　マグフォード　ラルフ・タルボット　パターソン　ゲスト　ベネット　フラム　ハドソン　ハルフォード　トワイニング　ヤーナル　ストックハム　モンセン
輸送艦、潜水艦などその他艦艇多数

第11章　レイテ沖海戦

昭和19（1944）年10月23〜25日

4つの地域で最後の決戦を挑む「捷号作戦」

昭和19（1944）年6月のマリアナ沖海戦が敗北に終わるとともに、絶対国防圏の構想は破れ、サイパン、テニアン、グアム島は連合軍に次々と占領された。いまやかつて威容を誇った大日本帝国に残されたのは、フィリピン、台湾、沖縄、そして本土のみ。そこで大本営作戦部は、次に決戦場となる4つの地域を想定し、それぞれに作戦計画を立ててこれを「捷号作戦」と呼称した。一号から四号までの作戦は以下の地域に対応する。

捷一号　フィリピン方面

捷二号　九州南部、沖縄、台湾方面
捷三号　本州、四国、九州、小笠原方面
捷四号　北海道方面

9月15日、ペリリュー島とハルマヘラのモロタイ島に米軍が上陸、2島は連合軍の手に落ち、フィリピン攻略の足がかりとなった。さらに21日、22日の2日間にわたって米機動部隊は突然ルソン島に来襲、フィリピンの首都マニラを空襲する。もはや米軍のフィリピン方面への侵攻は、確実な情勢となってきた。大本営は、「捷号作戦実施をおおむね10月下旬以降、比島方面に予期、捷一号作戦準備を優先整備せよ」と下令、いよいよ最後の決戦へ向けて動き出す。そのころ、戦艦「大和」「武蔵」をはじめとする日本の機動部隊はシンガポール沖のリンガ泊地に集結して訓練にあけくれていた。

10月17日、米海軍のレイテ侵攻作戦の先兵は、巡洋艦2隻、駆逐艦4隻、輸送駆逐艦8隻をもって、レイテ湾に浮かぶ小さな島スルアンとへ進入して来た。約20分間にわたる砲撃の後、輸送駆逐艦からレンジャー大隊が上陸用舟艇で上陸。そのとき、スルアン島には、1個小隊の日本部隊がいたが、反撃する間もなく全員が玉砕した。

連合軍のスルアン島上陸を知った連合艦隊司令部は、直ちに「捷一号作戦警戒」を発令した。リンガ泊地にあった第2艦隊（第1遊撃部隊）司令部にも「第1遊撃部隊はすみやかに出撃、ブルネイに進出すべし」の電文が届く。

10月18日午前1時、第1遊撃部隊はリンガ泊地を出撃した。20日午前11時、北ボルネオのブルネイに到着。第2遊撃部隊（第5艦隊）も台湾の馬公を出て、ルソン島の西方海上を南下していた。

第1遊撃部隊・第4戦隊旗艦「愛宕」には連合艦隊司令長官から決戦要領が届いた。その指令は次の通りである。

一、第1遊撃部隊は25日黎明時、タクロバン方面に突入、まず所在の敵海上兵力を撃滅し、次いで敵攻略部隊を殲滅すべし。

二、機動部隊本隊は、第1遊撃部隊の突入に策応、ルソン海峡東方面に機先行動し、敵を北方に牽制するとともに、好機をとらえて敵を攻撃撃滅すべし。

三、南西方面艦隊司令長官は、比島に集中する全海軍航空部隊を指揮、第1遊撃部隊に策応、敵空母ならびに攻略部隊を合わせて撃滅するとともに、陸軍と協同してすみやかに海上機動反撃作戦を敢行、敵上陸部隊を殲滅すべし。

四、第6基地航空部隊「台湾」は、主力をもって24日を期し、敵機動部隊に対し総攻撃を決行しうるごとく比島に転戦、南西方面艦隊司令長官の作戦指揮下に入るべし。

後にレイテ沖海戦と呼ばれるこの一大海戦は、その参加艦艇の多さ、作戦のスケールともに空前絶後の洋上決戦である。整理すると、その当初のプランは以下のようになる。栗田健男中将率いる第1遊撃部隊第1部隊と第2部隊はサンベルナルジノ海峡を抜けて北から、西村祥治中将の同遊撃部隊第3部隊と志摩清英中将の第2遊撃部隊は別働隊としてスリガオ海峡を抜けて南から、10月25日を期してレイテ湾に突入し、敵輸送船団を撃滅する。その間、基地航空部隊は敵機動部隊を攻撃、そして小沢治三郎中将率いる第1機動部隊はフィリピン北方海上で作戦して敵機動部隊を北へ誘引する。つまり、小沢艦隊は囮になって敵の機動部隊をおびきだし、栗田・西村・志摩艦隊はその隙にレイテ湾に突入するというわけだ。大日本帝国海軍はその誇りと意地をかけ、空母機動部隊を丸ごと囮にするという奇策をもって、まさに今、米軍を迎え撃たんとしていた。

旗艦「愛宕」沈没、栗田艦隊の受難

10月22日午前8時、栗田長官率いる第1遊撃部隊はブルネイを出港した。ブルネイを出撃したあと、第1遊撃部隊は戦艦「大和」を中心とする第1部隊と戦艦「金剛」を中心とする第2部隊に分かれ、対潜警戒航行序列で北上した。

23日午前零時、日本艦隊はパラワン水道の南口に達した。パラワン水道は、ボルネオの北方に長く伸びたパラワン島と、南シナ海の南部の無数の暗礁でできた新南諸島の間に位置する。長さ300海里、幅約25海里という水道である。この水路の狭さは、敵潜水艦が待ち伏せするには、格好の場所であった。ここに米潜水艦「ダーター」と「デース」が潜んでいたのだ。

午前1時16分、パラワン水道南口で「ダーター」はそのレーダー上に第1遊撃部隊を捕捉していた。両潜水艦は全速力でこれに接近、第1部隊を捉える。「ダーター」は午前6時32分、約890メートルの至近距離で旗艦「愛宕」に対し、魚雷6本を発射。次いで急反転して「高雄」に対し4本の魚雷を発射した。

午前6時33分、突然「愛宕」の艦首右舷に魚雷が命中。第2撃を回避しようと「愛宕」は被雷した側に反転したが、さらに第2撃、第3撃を右舷中央部に、やや遅れて第4撃を後部に受けてしまった。4本の魚雷をまともに被雷した「愛宕」は右舷に傾斜、行き足が止まった。

右舷に8度傾斜した「愛宕」は、その後23度まで傾斜、艦底が海面に出てくるほどまでになった。やむを得ず栗田長官は、旗艦を変更するため駆逐艦を呼んだ。そこに「岸波」と「朝霜」が接近してきたが、「愛宕」はさらに傾いていき、横付けすること

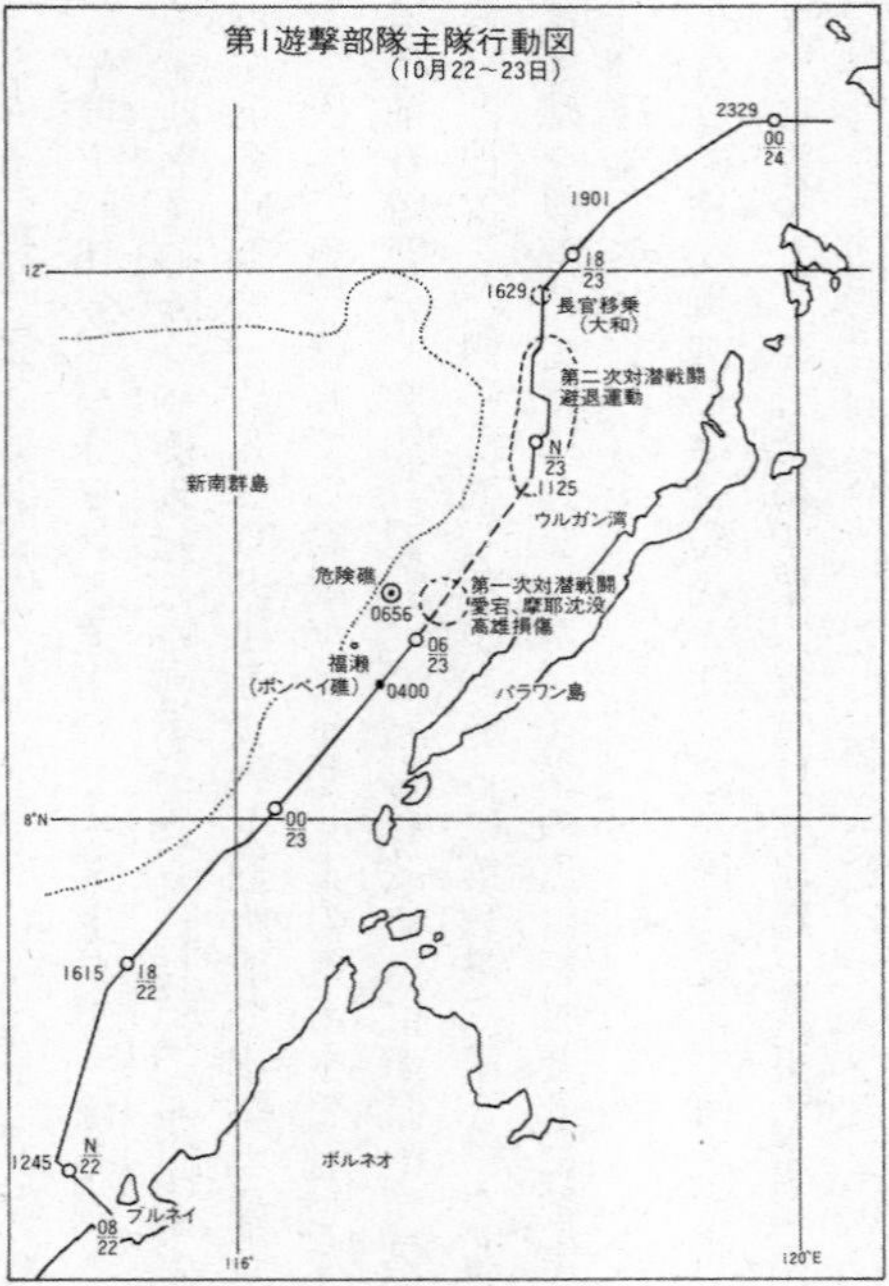
第1遊撃部隊主隊行動図
（10月22〜23日）

ができない。ついに荒木艦長によって「総員退去」が下された。

栗田長官以下の第2艦隊司令部要員は、将校も、下士官も海に飛び込み、「岸波」に向かって泳いだ。午前6時53分、「愛宕」はついに沈没。機関長以下准士官を含む19名、下士官兵341名が「愛宕」と運命を共にすることとなった。

「高雄」は「愛宕」の後方を航行していたが、艦橋下右舷で第1撃が炸裂。続いて後部右舷に第2撃を受けた。雷撃を受け、「高雄」は右舷に約10度傾斜する。スクリュー4本のうち2本が破損し、舵ももぎとられてしまうという大損害である。しかし、傾斜復原の応急処置により、なんとか傾斜を回復させることには成功した。

この間、4隻の駆逐艦は米潜水艦を探してそれらしい所に爆雷を投下して回る。ところが、「愛宕」が沈没してわずか4分後の6時57分、今度は4本の魚雷が「摩耶」の左舷錨鎖庫、一番砲塔下、第7缶室および後部機械室に命中。「摩耶」はあっという間に左舷へ傾いた。そしてすさまじい爆音とともに、大火柱をあげながら海に沈没していった。戦死者は艦長以下准士官を含む16名、下士官兵320名。

「高雄」が傷つき、「愛宕」と「摩耶」を失った第1遊撃部隊は大混乱に陥った。しかし、レイテ突入の作戦はあきらめず、陣形を整える。「岸波」に移乗した栗田第2艦隊司令長官と司令部要員は、午後4時23分「大和」に移り、マストに中将旗を掲げて全軍の指揮をとることになった。

群がる敵機を一手に引き受けた不沈艦「武蔵」

「大和」に戦隊司令部が加わったため、「大和」の艦橋は満員となった。栗田長官は艦橋左端の回転椅子に腰を下ろし、宇垣司令官は右端の座席についた。参謀たちはみな立ったままである。

第1部隊は航進を起こし、18ノットの速力で北上する。24日未明、シブヤン海に入った。そのころから米軍機の反応をキャチするようになり、栗田長官は対空戦闘に備えて輪型陣をとるよう命じた。

第1部隊は「大和」を中心に、第2部隊は「金剛」を中心にそれぞれ輪型陣を形成する。やがて米空母機の第1波が栗田艦隊の上空にやってきた。時に10月24日午前10時30分。

3隊に分かれた米空母機は、炸裂する砲弾幕をかいくぐり、1隊は「大和」を、1隊は「武蔵」を、1隊は「長門」と「妙高」を狙ってきた。だが、なんといっても一番の目標となるのは「大和」「武蔵」である。

「大和」の右側に位置していた「武蔵」に米空母機の雷撃機が群がった。航空魚雷が投下される。そのうちの1本が右舷後部に命中。しかしその程度では、「武蔵」の航行に支障はなかった。

正午近くに第2波が襲ってきた。SB2Cヘルダイバーと TBFアベンジャー合わせて31機である。このうちSB2C8機とTBF6機が「武蔵」を攻撃した。「武蔵」は右へ、左へと艦首を振って敵弾をかわす。それと同時に米空母機に向け対空機銃が火を噴いた。

突如、「武蔵」の左右両舷側に巨大な水柱が上がった。至近弾5発が落下、2発が直撃弾となったのである。そのうちの1発は煙突の左横、4番高角砲の左前方に命中、最上甲板、上甲板を貫通し、中甲板の兵員室で炸裂した。この爆発による火炎が猛烈な勢いで第2機械室と第10、第12缶室に入り、蒸気管の一部を破壊した。このため、「武蔵」は3軸運転となり、しだいに隊列から遅れはじめた。

午後1時30分ごろ、米空母機の第3次攻撃隊がやってきた。SB2CとTBF合わせて13機が「武蔵」に襲いかかる。爆弾3発が至近弾となったが、魚雷が1番砲塔の前方にもぐり込んだ瞬間、轟然たる音響とともに、「武蔵」が揺れた。さらに5本の魚雷が命中し、「武蔵」の被害は時間とともに増加していく。すでに艦首は海面近くまで沈み、速力は16ノットまで低下。この第3波の攻撃では「大和」も右舷前部に爆弾1発が命中、軽巡「矢矧」にも至近弾が落ちて右舷艦首に直径約3メートルの破口ができたが、作戦行動に支障はなかった。

第4次攻撃は、サマール島沖のデビソン隊の空母「フランクリン」から発艦した32機であった。目標は「長門」と「大和」。しかし、大きな被害は出ずに済む。

午後2時59分、第5次攻撃隊の米空母機67機が栗田艦隊の上空にあらわれた。3時17分、重巡「利根」は数本の魚雷を回避したものの、至近弾2発と直撃弾2発を受けた。また、駆逐艦「清霜」が至近弾5発、命中弾1発を受けて魚雷発射管を破壊され、第2缶室が使用不能となった。

そんな中で「武蔵」は集中攻撃を受けていた。敵機から発射された魚雷はことごとく横腹に吸い込まれるかのように命中した。爆弾もまた、「武蔵」へ無数の命中弾、至近弾が落ち、大きなダメージを与えていった。「武蔵」艦内ではいたるところで炎が上がり、上部構造物は破壊されつくした。艦橋では猪口艦長が右肩に重傷を負い、高射長、測的長らが戦死した。まるで地獄絵図を見ているようであった。

米空母機が引き上げると、あたりはまったく静まり返った。「武蔵」は駆逐艦「清霜」に見守られて、海上に浮いていた。午後3時30分、栗田長官は全軍に一斉回頭を下令し、針路を西方にとって避退するよう命じる。栗田長官は連合艦隊司令部に、「一時敵機の空襲圏外に避退す」と打電した。


「天佑を確信し、全軍突撃せよ」


この反転は、米第3艦隊長官ハルゼー大将の判断を誤らせた。というのは、栗田艦隊は潰滅的打撃を受けて退却したものと考えたのである。

ちょうどそのころ、空母「フランクリン」「エンタープライズ」などを擁するデビソン少将率いる第4任務群の索敵機が、エンガノ岬沖を航行する小沢治三郎長官率いる機動艦隊を発見した。この報告を聞いたハルゼー長官は、さっそく小沢機動艦隊に向かって北上を開始。上空を警戒していた米空母機はすべて帰投させられた。

シブヤン海で反転した栗田艦隊は、第2部隊を先頭に西方に向かって避退を続けていた。すると、今まであれほど激しかった空襲が、ピタリと止んだ。反転してから1時間半も過ぎているのに、敵機は姿を見せない。そこで栗田長官は小柳参謀長に向かって言った。「引き返そう」――。

ここで再反転の命令が全軍に下令された。24日午後5時14分であった。

一方、連合艦隊司令部では、栗田艦隊の苦戦ぶりを憂慮していたが、捷号作戦の善戦を期待した。豊田連合艦隊長官は栗田長官に対して激励電を打つ。

「天佑を確信し、全軍突撃せよ」

この電報は午後6時15分に発信された。「大和」ではこれを6時55分に受信。この電報をめぐって栗田艦隊では、先に反転する際に打電した「一時空襲圏外に避退」に対して、連合艦隊司令部がこれを拒否して打電してきたのではないか、と思ったのである。

ところが、連合艦隊司令部では「全軍突撃」電を打電してから40分後に、栗田長官の反転電を受信した。連合艦隊司令部も呆然とした。「全軍突撃」の電文をみてから栗田長官は反転電を打ったのではないかと思ったのだ。

栗田艦隊ではまた1隻、主力となるべき戦艦が姿を消そうとしていた。「武蔵」である。午後7時15分ごろ、「武蔵」は12度左に傾いた。ここにおいて猪口敏平艦長は「総員退去」を命じる。乗員たちは先を争うようにして、次々と海へ飛び込み始めた。猪口艦長は手帳に記した戦闘所見を副長の加藤憲吉大佐に手渡すと、退艦を求める手を振りはらい、艦長休憩室へ入って内側からカギをかけた。

午後7時35分、「武蔵」は艦尾を高く持ち上げると、そのまま艦首から海中に没していった。猪口艦長は艦と運命を共にした。しかしこれで戦いが終わったわけではない。栗田長官率いる第1遊撃部隊は、サンベルナルジノ海峡を目ざして航行を続けた。

そのころ、第3部隊である西村部隊はミンダナオを東進し、レイテ湾南口のスリガオ海峡を目指していた。ところが、栗田艦隊が一時反転したことで、西村部隊に思わぬ誤算が生じていた。当初の作戦計画では、栗田艦隊と西村部隊が歩調を合わせ、同時にレイテ湾に突入するのは25日の黎明ということになっていた。この日の日出は6時27分である。しかし、栗田艦隊の反転で黎明時の同時突入が不可能になったことが分かった。

西村司令官は午後8時20分、栗田長官宛てに打電した。「本隊は25日0400を期してドラグに突入する予定なり」。だが、栗田長官はこれに応えなかった。とはいえ、いつまでも沈黙しているわけにもいかず、午後9時45分、栗田艦隊の小柳参謀長が、西村司令官へ打電した。

「第1遊撃部隊主力は25日0100サンベルナルジノ海峡進出、同日1100頃レイテ泊地突入の予定、第3部隊は予定通りレイテ泊地に突入後、0900スルアン島の北東10海里付近において主力に合同せよ」

レイテ攻撃別働隊、スリガオ海峡に突入

西村艦隊の接近を察知した米第7艦隊司令官トーマス・キンケード中将は、麾下部隊に対して日本軍の夜戦に備えるよう命じた。これを受けて支援部隊指揮官のオルデンドルフ少将は、レイテ湾内の利用可能な魚雷艇39隻すべてを、スリガオ海峡の南へ集める。

さらに駆逐艦21隻を海峡北口に配し、その後方に重巡4隻、軽巡4隻を、戦艦6隻の左右に配備した。こうしてスリガオ海峡は、米艦隊によって封鎖された。

そのころミンダナオ海を東進する西村部隊は二手に分かれた。重巡「最上」と駆逐艦「朝雲」「満潮」「山雲」の4隻は、西村司令官の命令により本隊から分離して先行

すると、スリガオ海峡入口のパナオン島付近の索敵の任務についた。

午後10時50分ごろ、本隊の戦艦「山城」「扶桑」、駆逐艦「時雨」の3隻はミンダナオ海の中央部に浮かぶホール島の南側を通過していた。そのときである。「山城」の前方2000メートルの距離にあった「時雨」から無線電話で、「敵魚雷艇3隻見ゆ、我よりの方位30度」と報告してきた。西村司令官は折り返し、「魚雷艇を照射せよ、照射はじめ」と下令。が、「時雨」艦長の西野繁中佐は「距離遠し、照射せばわれ砲撃できず、止めたし」と応答すると、米艦艇の上空に照明弾を打ち上げた。照明弾の明りを浴びた米魚雷艇は、全速で突撃してくる。「時雨」は魚雷艇に向かって砲撃を開始、魚雷艇1隻を撃破した。

「山城」と「扶桑」も一斉回頭すると、魚雷の攻撃を回避しながら、高角砲と副砲で集中砲火を浴びせる。魚雷艇は反転して退却していった。西村司令官は、艦を元の針路に戻すように命じた。

一方、先行していた「最上」「満潮」「朝雲」「山雲」は会敵せずにボホール島を通過し、リマサワ島西方まで進出した。その後、西村司令官に「本隊に合同す」と連絡して反転した。日付が変わり25日午前1時30分ごろ、「最上」を中心とした先行隊は、西村主隊に合同、接敵序列をつくり航行を続けていた。

西村部隊は第2索敵配備について航行していた。西村司令官は、午前2時2分、艦隊の針路を零度に下命し、いよいよレイテ湾へ直進すべく、艦首を真北に向ける。と、そのとき、先頭の位置にあった「満潮」が左舷方向のパナオン島寄りに敵艦影を認め、「敵らしき艦影見ゆ、我よりの方位320度、距離80」と報告してきた。その3分後、敵艦影は3隻の魚雷艇であることが判明。この魚雷艇にむかって、全艦が照射砲撃を始め、3隻を撃破した。

これを契機に米魚雷艇は執拗に西村部隊に向かってくる。そして次々と魚雷を発射した。一斉回頭で魚雷を回避した西村部隊は、米魚雷艇に照射砲撃を加えて撃退。しかし、米魚雷艇隊は「日本艦隊発見」を第54駆逐隊に報告していた。第54駆逐隊司令は、海戦の混乱をなくすため魚雷艇隊に対して避退を命じる。こうしてスリガオ海峡における米魚雷艇隊の任務は終わった。

西村部隊は米魚雷艇との交戦が終わったあとも、陣形はそのままで北進を続けていた。午前2時53分、「山城」の左前方に位置していた「時雨」から突然、「敵らしき艦影見ゆ、右舷10度、80」と報告してきた。しばらくして敵らしき艦影は米駆逐艦であることが判明。そこで西村司令官は、左右に配備している駆逐艦「朝霧」「満潮」「山雲」「時雨」を単縦陣にし、その左側1000メートル後方に「山城」と「扶桑」を単縦陣で航行させる。さらにその左後方を「最上」が続いた。

老戦艦「扶桑」沈没、西村艦隊の危機

西村部隊を最初に攻撃してきたのは、第54駆逐隊の駆逐艦5隻であった。カワード司令は5隻の駆逐艦を二手に分け、西村部隊をハサミ打ちにしようと考える。午前3時ちょうど、東側にいた3隻の米駆逐艦は、約7000メートルの距離から時をうつさず魚雷を発射した。そして27本の魚雷を発射し終えると、煙幕を展張しながら北方へ避退する。

西村部隊は米駆逐艦の上空に星弾を打ち上げ、その明りを利用して砲撃を開始した。だがこのときにはすでに、米駆逐艦が魚雷発射を終えた後だったことに誰も気がついていなかった。星弾のもとで砲撃していた「最上」は、突然、右舷方向から疾走してくる魚雷の航跡を発見する。「最上」はこれを回避したが、前方にいた「扶桑」は、右舷中部に数本の魚雷が命中し、たちまち右へ傾き速力が落ち始めた。これを見た「最上」は「扶桑」を追い越して「山城」の後につく。

その後「扶桑」からは何の連絡もなかった。電源をやられたのか、無線電話も艦内電話も、発光信号もすべて使用不能に陥ったようだった。そのため、被害報告が旗艦

まで届かず、第2戦隊司令部の参謀はもとより、西村司令官も「扶桑」が落伍したことは知らなかった。やがて「扶桑」は航行不能となり、巨大な火の玉を吹きあげて大爆発を起こし、船体は中央部から真っ二つに折れてしまう。二つに分かれた「扶桑」は海上に浮いたまま全艦が炎に包まれていた。1名の生存者もなく、「扶桑」はスリガオの海に沈んだ。

西村部隊はさらに航行を続けた。東側の米駆逐艦を発見したあと、今度は西側のレイテ島寄りに敵艦影を発見した。発見したのは「時雨」であった。「時雨」は「黒きものふたつ見ゆ、われよりの方位３００度」と報告。さらにその1分後、今度は「山雲」から、「３５０度方向に雷跡見ゆ」と報告してきた。

西村司令官は緊急右90度の一斉回頭を命じた。と同時に、砲撃を加えながら東航したのち、緊急斉動をもって元の針路零度に復す。そして2分間直進したあと、再び緊急左45度一斉回頭の命令を下した。その直後のことである。先頭を航行していた「満潮」と「山雲」に魚雷が命中した。これにより「満潮」は左舷機械室に被雷、一番砲塔下に魚雷を受けて艦首が切断されてしまった。

これと前後して「山城」の左舷後部にも魚雷が命中したが、航行には支障がなかった。しかし、西村部隊はこのときすでに「山城」「最上」「時雨」の3隻となってしまっていた。

悲壮な突撃、そして壊滅

「扶桑」「満潮」「山雲」「朝雲」の4隻を失った西村部隊であったが、それでも北進を続けていた。このとき、西村司令官は悲壮な命令を下した。「われ魚雷を受く、各艦はわれを顧みず前進し、敵を攻撃すべし」。第24駆逐隊の放った魚雷が「山城」に命中していたのである。これが、旗艦「山城」の発した最後の命令だった。

やがて「山城」「最上」「時雨」はついに米主力艦による艦砲射撃を受けはじめた。オルデンドルフ部隊の戦艦群、巡洋艦群の射程圏に入ってしまったのだ。「山城」中央部に多数の命中弾が炸裂し、艦橋付近に火災が生じた。西村部隊も北方に見える米艦が発砲する閃光に向けて砲撃を行う。

「山城」「最上」「時雨」の3隻には、横に広がった米巡洋艦群と戦艦群が集中砲火を浴びせ続けた。「山城」に無数の砲弾が命中する。「最上」もまた多くの砲弾を浴び、大破炎上していた。この間に、またもや米駆逐艦群が接近してくる。第56駆逐隊の9隻の駆逐艦からなる新手の魚雷攻撃であった。

この時点で、「山城」には魚雷を回避するだけの力は残っていなかった。右舷機械室付近に3本目が命中すると艦の機械は停止。続いて4本目が右舷に命中し、火薬庫が爆発した。上部構造物はめちゃくちゃに破壊されて、もはや戦艦の面影はない。戦死者は甲板上や艦内にもあふれていた。やがて「山城」は静かに傾斜をはじめた。篠田勝満艦長はここで「総員退去」を命じる。退去命令からわずか2分後、「山城」は急に転覆し、艦尾から海中に没していった。

「山城」のあとに続いて航行していた「最上」も、レーダー射撃を開始した米巡洋艦および艦隊群による、集中砲撃の命中で艦上構造物が破壊されはじめた。「3番砲塔右舷、敵弾命中」「左舷機械室敵弾命中、左舷機械停止」と次々に被弾報告が艦橋に伝えられてくる。

午前4時2分、艦橋に2発、その上にある防空指揮所に1発が命中した。これは「最上」にとって致命傷となる。藤間良艦長以下、副長、航海長、水雷長、通信長など主要な将校らが一瞬のうちに戦死してしまったのだ。このため、艦橋からの指揮は一時途絶した。だが、一下士官の機転で艦橋の操舵装置を人力操舵に切り替え、「最上」は米艦の砲撃から脱し、10ノットにも満たない速力で南下を始めていた。

「時雨」は「山城」と「最上」のすさまじい火災を目のあたりにしていたので、艦長西野中佐はもはや全滅と判断し、独断で反転を開始する。そして針路を南西にとり戦場離脱を図ることにした。

失敗した志摩艦隊の突入

「山城」が沈んだころ、志摩清英長官の率いる第2遊撃部隊がスリガオ海峡に入ってきた。このときすでに軽巡「阿武隈」は、米魚雷艇の攻撃で左舷前部に被弾して、落伍してしまっている。そのため重巡「那智」を先頭に、重巡「足柄」、駆逐艦「潮」「霜」「曙」「不知火」の6隻が単縦陣で突っ込んでいった。

志摩艦隊は、炎上しながらもまだ浮いている「扶桑」の切断された船体の側を通過。その前方には炎上している「最上」を認めた。そのとき、志摩艦隊はレーダーに米艦隊らしきものを捉えた。

志摩長官は駆逐艦隊に前進攻撃を命じ、レーダー照射で「那智」「足柄」が右に回頭しながら魚雷八本ずつを発射した。しかし、この目標は海峡に浮かぶ島であった。敵情をつかめないまま、志摩長官は全軍に反転を命じ、いったん戦場を離れた。この判断により、栗田艦隊の突入に合わせて再突入することも可能となる。

ところが、「那智」は反転している最中、前方に停止しているはずの「最上」が急速に近づいてくることに気づいた。「那智」はこれを避け切れず、「最上」の1番砲塔付近に艦首を突っ込んでしまう。「那智」の艦首は大破し、もはや再突入どころではない。志摩長官は、全軍を集めて大破した「最上」と「時雨」を従えて後退した。

このあと後から追ってきた米空母機に「最上」は爆撃され、ついに航行不能となる。そこで12時30分、「曙」によって魚雷が射ち込まれ、処分されることになった。「最上」は徐々に吃水を深め、前甲板が水をかぶりはじめたころ、艦前部に大爆発がおきた。そしてそのまま左舷に転覆し、海に没していった。一時は12ノットまで速力を回復することに成功した「朝雲」もまた、北方からやってきた米艦隊の砲撃を受けて速力が低下、ついで2隻の米軽巡、3隻の駆逐艦の集中砲撃を受け沈没した。こうしてスリガオ海峡の戦いは終わった。南からのレイテ湾突入は失敗したのである。

猛牛を釣り上げた小沢機動部隊

西村、志摩艦隊が壊滅した10月25日の夜明けごろ、小沢治三郎長官の率いる機動部隊主隊は、フィリピン最北端のエンガノ岬沖東方海上にあった。第3艦隊司令部とともに旗艦「瑞鶴」に座乗している小沢長官は、今日こそハルゼー長官率いる米機動部隊が誘い出されて北上してくる、と信じていた。

その根拠は、前日の夕刻、小沢機動部隊が米哨戒機に発見されていたからである。

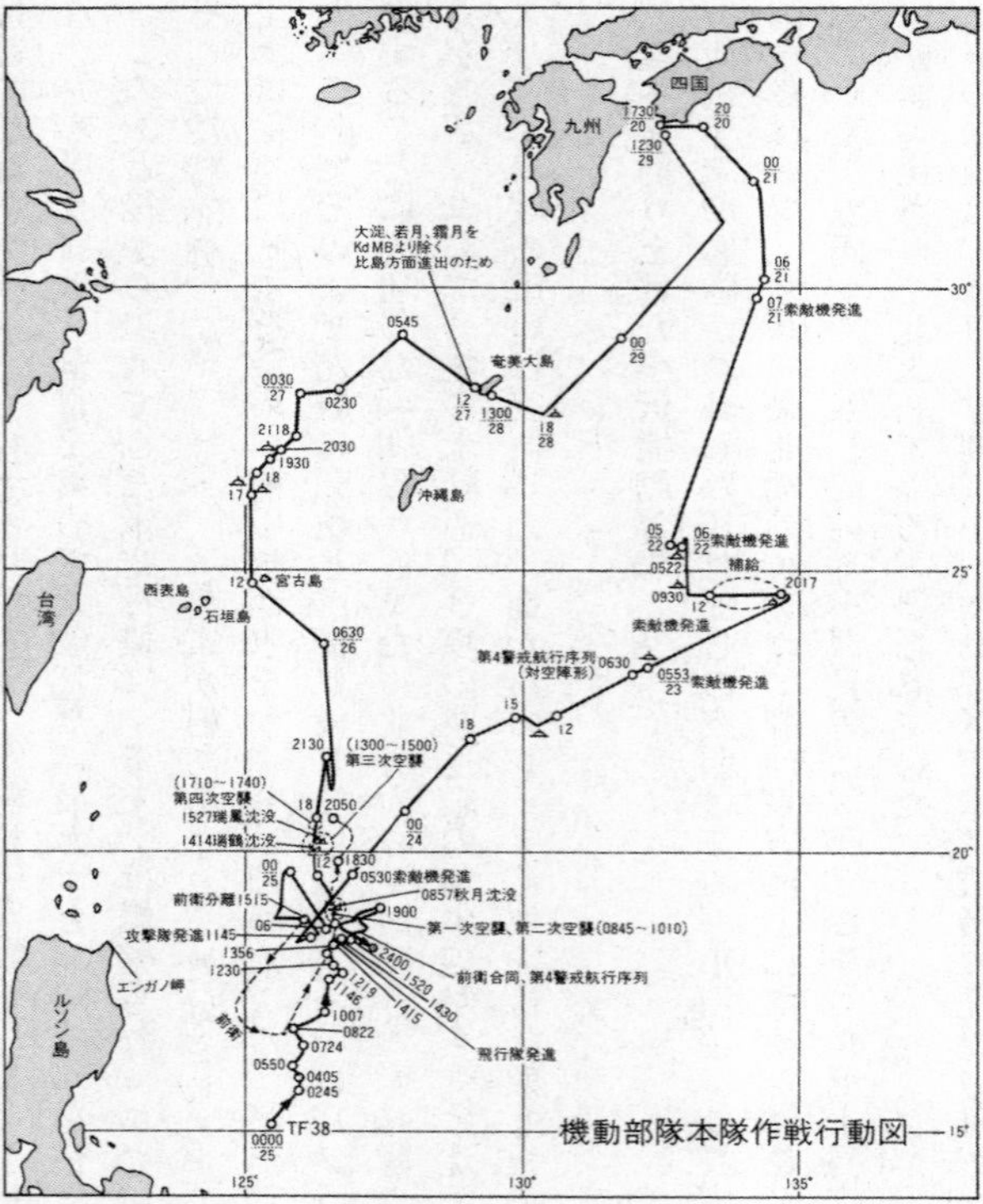

機動部隊本隊作戦行動図

大淀、若月、霜月を
Kd MBより除く
比島方面進出のため

奄美大島

沖縄島

西表島　宮古島

石垣島

台湾

第4警戒航行序列
(対空陣形)

第三次空襲
(1300～1500)

第四次空襲
(1710～1740)

1527瑞鳳沈没
1414瑞鶴沈没

前衛分離

攻撃隊発進

ルソン島

エンガノ岬

前衛

索敵機発進
0857秋月沈没

第一次空襲、第二次空襲(0845～1010)

前衛合同、第4警戒航行序列

飛行艇発進

TF 38

索敵機発進
補給
索敵機発進
索敵機発進

四国
九州

索敵機発進

事実、ハルゼ
ー長官は小沢
部隊発見の報
告を受けて、
シブヤン海の
栗田艦隊を攻
撃目標から外
し、麾下の全
部隊に北上を
命じていた。
　このため、
栗田艦隊は米
軍機の攻撃に
さらされるこ
とはなくなっ
た。そこで栗

田艦隊は再反転する。この情報はハルゼー長官にも届いたが、ハルゼー長官はこれを無視した。いまや、米機動部隊にとって最大の敵は、北方にある日本機動部隊、すなわち小沢部隊であったからである。

小沢部隊主隊のはるか前方には、前衛部隊の戦艦「伊勢」「日向」、駆逐艦「初月」「秋月」「若月」「霜月」の6隻が主隊に合同するため北上してくるところだった。小沢部隊が瀬戸内海の伊予灘を出撃したのは10月20日。「瑞鶴」「瑞鳳」「千代田」「千歳」4隻の空母に搭載された航空機は零戦52、爆装零戦28、天山艦攻25、彗星艦爆7、九七艦攻4の合わせて116機である。

午前7時、小沢部隊主隊は、前衛部隊と合同し針路を真北にとる。いよいよ猛牛ハルゼー長官率いる米機動部隊を北方に誘いだす作戦が開始された。

これより少し前、小沢長官は、少数の上空直衛機以外の残存機のすべてをフィリピンのニコルス基地へ向かわせている。勝ち目のない空戦で全機を失うよりも、1機でも基地に温存しておいた方が得策と思ったからである。

これに対し、ハルゼー長官は日本の機動部隊が囮部隊であるとは、夢想だにしていない。麾下の空母15、戦艦8、重巡6、軽巡9、駆逐艦58の、合わせて96隻の部隊を率いて最大戦速で北上していた。これにより栗田艦隊は、奇跡的にサンベルナルジノ海峡を突破できたのである。

作戦成功するも、栗田艦隊には届かず

小沢部隊主隊と前衛部隊がエンガノ岬沖で合同したころ、南方洋上上空に哨戒任務につかせていた索敵機から、「敵飛行機2機見ゆ、地点ヌタ4タ（航空機用の兵要地点図によって示された符字）針路北東、高度1000メートル」との報告が届いた。この地点は、小沢部隊本隊の208度方向で、距離にして120海里南方である。この米空母機がやがて小沢部隊上空に機影を見せることは明らかであった。

「対空見張りを厳にせよ」。小沢部隊は厳重に警戒しながら、対空警戒接敵に適用される第4警戒航行序列に占位する運動を急いだ。

午前7時13分、小沢部隊の最後尾に位置し、もっとも南にいた「日向」のレーダーが、270度方向、170キロにある米空母機の機影を捉えた。時をうつさず「瑞鶴」のレーダーも米空母機を捕捉。小沢部隊はエンガノ岬の東方245海里の所を航行していた。ちょうど米機動部隊を引きつけるのには絶好の位置である。

「対空戦闘用意！」。全部隊に命令が下った。午前7時17分、「瑞鶴」と「千代田」の2艦からそれぞれ6機の零戦が上空直衛のミッションにつく。

午前7時32分、小沢長官は豊田連合艦隊司令長官と関係各部宛てに第1報を打電した。

「機動部隊本隊、敵艦上機の触接を受けつつあり、地点ヘンホ41／0713」。この電報は、やがて米機動部隊から攻撃を受けることを予期するものであった。この電報こそ栗田長官が心待ちにしていた情報であったはずである。なぜなら、これで計画通り敵機動部隊が北方へ誘致されていることが分かるからだ。だがこの電報は、午前8時1分に「大和」の通信室で受信されていたのにもかかわらず、なぜか栗田長官の下へは届いていなかった。もし、この情報が届いていたら、その後の栗田艦隊はまったく別の動きをしたかもしれないにもかかわらず、である。

一方、ハルゼー長官率いる機動部隊は、ウルシー泊池へ給油に向かわせたマッケーン長官の第1任務群が合同に間に合わなかったことから、ボーガン司令官率いる第2任務群、シャーマン司令官率いる第3任務群、デビソン司令官率いる第4任務群からなっていた。兵力は空母9、戦艦6、重巡2、軽巡5、駆逐艦41という大部隊で、9隻の空母に搭載されている艦上機は、戦闘機、雷撃機、急降下爆撃機合わせて約1000機であった。

やがて、第38任務部隊の指揮官ミッチャー長官は、部隊から戦艦6、巡洋艦7、駆逐艦17を選んで、第34任務部隊の編成をリー長官に命じ、同部隊を第38任務部隊の前方10海里に前衛部隊として占位させた。そして、空母群の飛行甲板に待機している戦闘機60、急降下爆撃機65、雷撃機55の合わせて180機を索敵機とともに発艦させる。

ミッチャー長官は、自分たちの部隊がすでに小沢部隊に察知されているものと考えていた。ということは、日本軍の艦上機が日の出とともに攻撃してくることは間違いない。そのためにも麾下の攻撃部隊を上空に上げて日本機の攻撃に備えたのである。

上空で空中待機中の攻撃隊は、ミッチャー部隊の前方50〜60海里付近を旋回しながら、索敵機からの情報を待っていた。午前7時30分、索敵機は小沢部隊を発見する。第38任務部隊から130海里離れた北方海域である。攻撃隊の旋回空域からはおよそ70海里。ミッチャー長官から攻撃命令が下ると、攻撃隊は一斉に機首をめぐらして小沢部隊へと向かっていった。

午前7時48分、米空母機4機が小沢部隊の東方の上空に姿をあらわした。午前8時1分、それを確認しながら小沢部隊は一斉回頭を行う。空母を風上に立て、「瑞鶴」「千歳」の残存の零戦11機を上空直衛の任務につかせるため発艦させたのである。小沢部隊の上空では、基地に向かわせながらも部隊へ戻ってきた1機の零戦を加えて、合計18機の零戦が米空母機を邀撃すべく高度をとった。

その数分後の午前8時8分、南々東の方角から米空母機の大編隊がやってきた。これを見た小沢部隊は、再び一斉回頭を行って、針路を真北にとり、速力を24ノットに増速した。そして午前8時15分、小沢長官は全部隊に向けて第2電を打電した。「敵艦上機約80機来襲、われこれと交戦中、地点ヘンニ1／0815」。もはや敵機動部隊がおびき出されたことは間違いない。だが、この電報もまた「大和」の栗田長官には届かなかった。

㉟部隊に猛攻撃をかけるハルゼー部隊

米空母機の大編隊が小沢部隊に近づくと、「伊勢」「日向」の主砲が火を吹き、ついに戦いの火ぶたが切られた。続いて駆逐艦も高角砲で米空母機に応戦を開始する。その猛砲撃の弾雲をかいくぐって米空母機は小沢部隊の上空にやってきた。米空母機は2群に分かれていた。1群約80機は「瑞鶴」「瑞鳳」を中心とする輪型陣に、右斜め前方から殺到した。もう1群の約50機は、「千歳」「千代田」を中心とする輪型陣に対して、その前方及び左正横の2方向から襲いかかる。

それに敢然と立ち向かったのが、小沢部隊の上空直衛にあたっていた、敵機の数に比して圧倒的に少数の零戦18機である。急降下爆撃機10機からなる米空母機が「瑞

昭和19年10月21日、捷1号作戦のレイテ突入に備え、ブルネイ泊地に集結した栗田艦隊。手前の戦艦「長門」の艦首の向こうには、重巡「最上」、戦艦「武蔵」「大和」が停泊しているのが見える

10月22日、単縦陣でブルネイを出撃する栗田艦隊主力。手前より第1戦隊の「長門」「武蔵」「大和」、その前方は第4戦隊、第5戦隊の重巡が並んでいる

シブヤン海で米空母艦載機の攻撃にさらされながらも奮戦する戦艦「武蔵」。激しい雷爆撃で火災が発生している。艦首奥の駆逐艦は「清霜」か

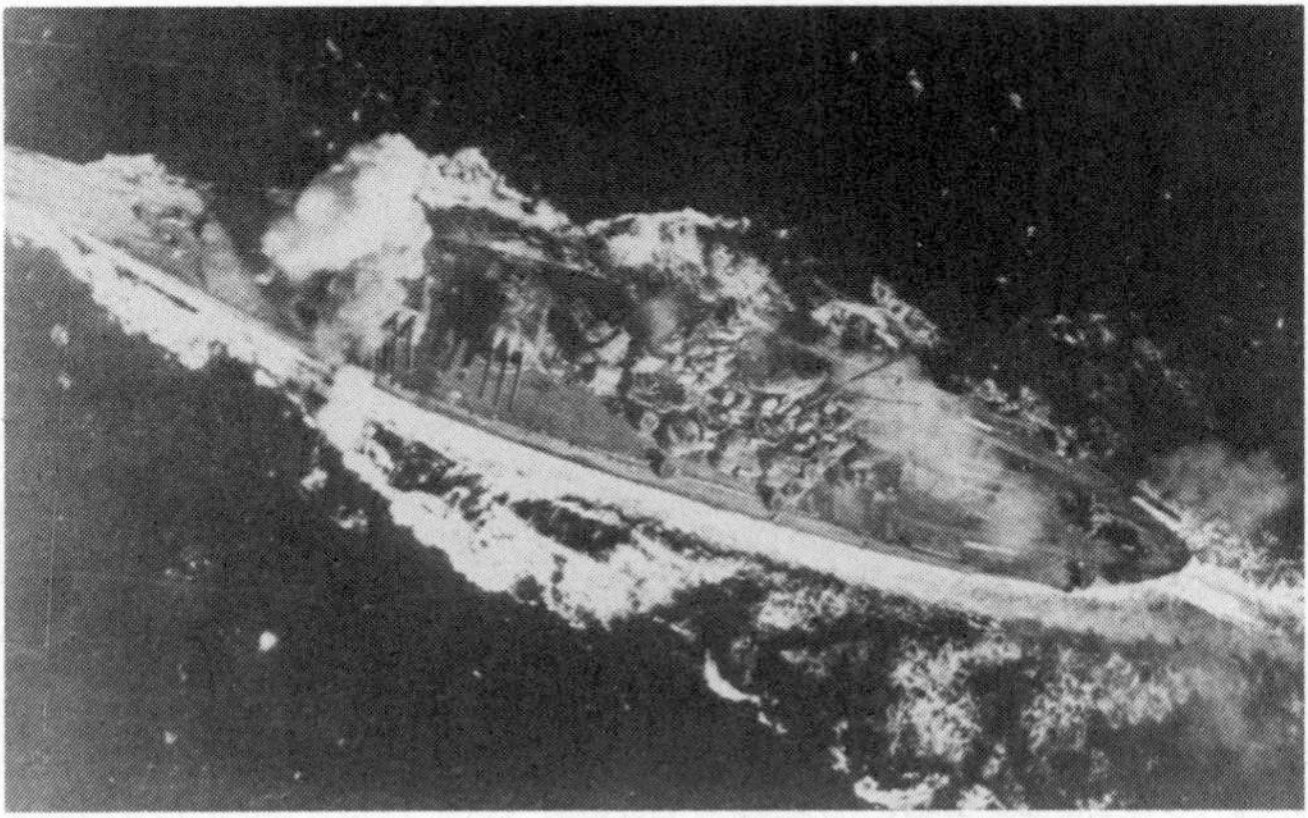

シブヤン海で戦闘中の戦艦「大和」。米急降下爆撃機投下した爆弾が右舷前部に命中した瞬間

シブヤン海で対空戦闘中の第５戦隊重巡「羽黒」

スル海で米機の攻撃を受ける西村艦隊。手前は戦艦「扶桑」、奥は重巡「最上」

サマール沖海戦で栗田艦隊の攻撃を受け、煙幕を展張して退却する米護衛空母部隊

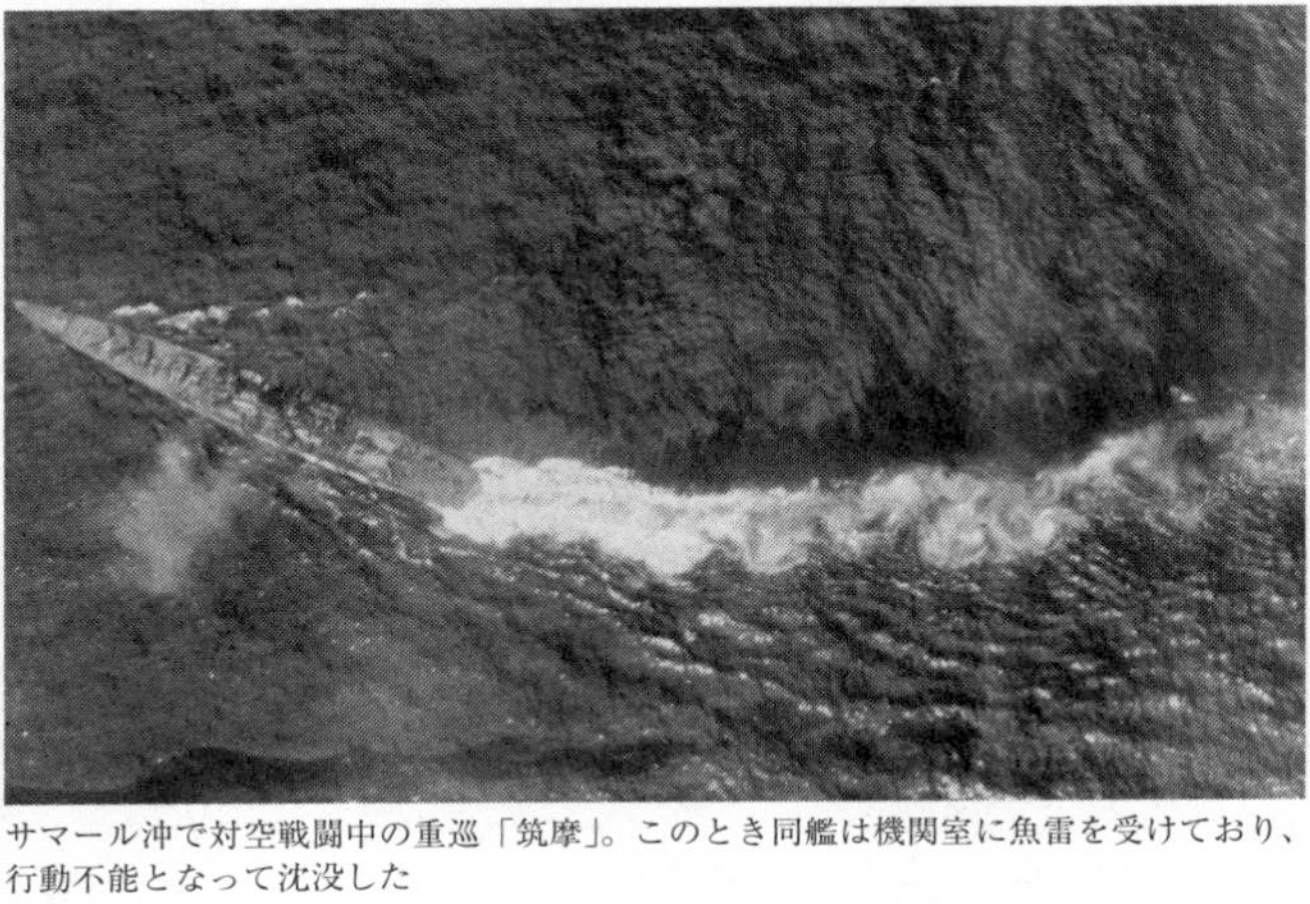

サマール沖で対空戦闘中の重巡「筑摩」。このとき同艦は機関室に魚雷を受けており、行動不能となって沈没した

エンガノ岬沖海戦で奮戦中の空母「瑞鳳」。すでに被弾し、火災が発生している

米機の攻撃で大きく傾き行動不能となった空母「瑞鶴」。乗員が飛行甲板に集合、軍艦旗降下が行われると、乗員の間から期せずして「軍艦瑞鶴万歳」の声が上がった

エンガノ岬沖で対空戦闘中の航空戦艦「伊勢」。全艦が対空火器の砲煙に覆われている

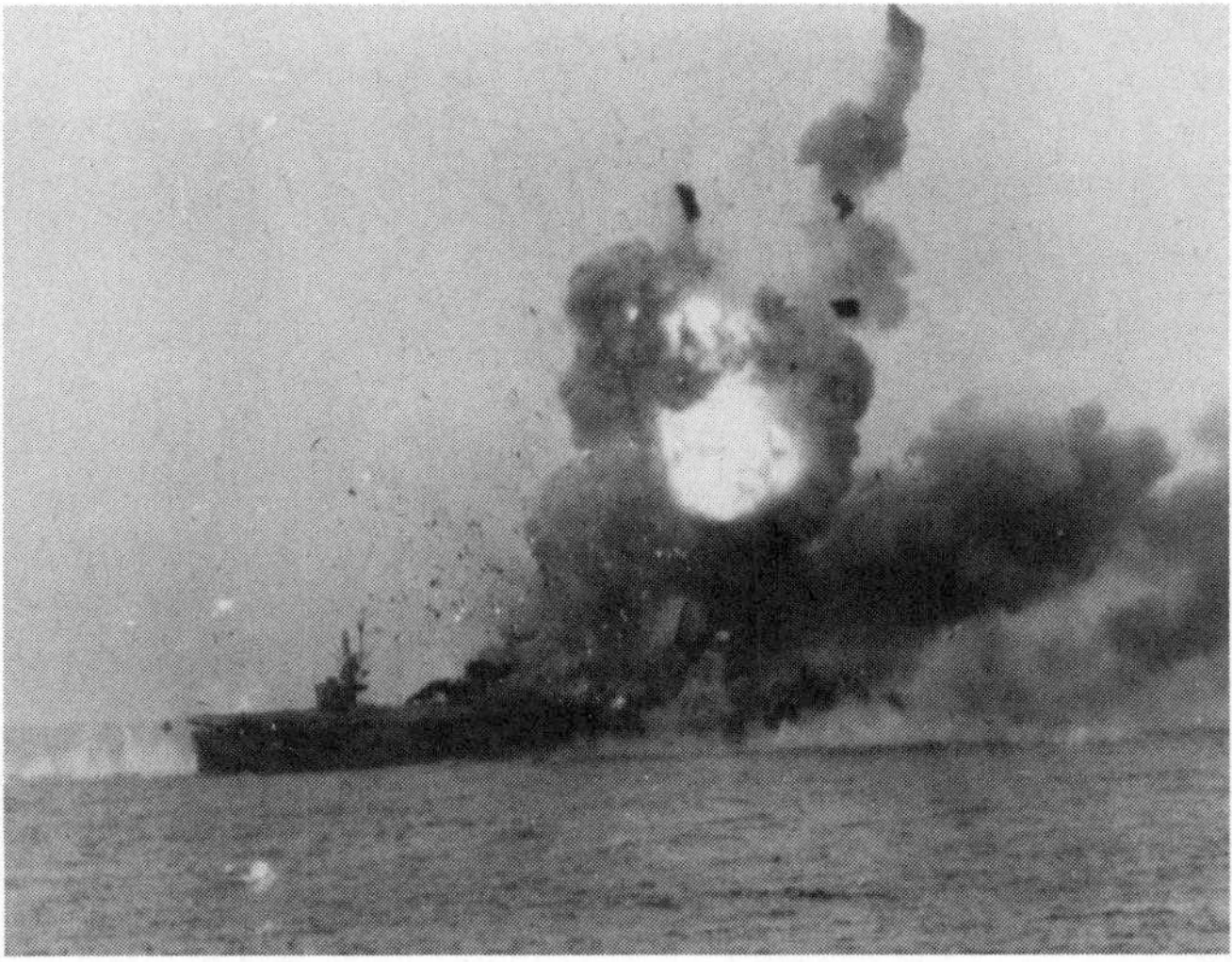

比島沖海戦には神風特別攻撃隊が出撃した。写真は護衛空母「セント・ロー」に敷島隊の1機が突入した瞬間

鶴」の右艦尾から入ってくるのとほとんど同時に、左舷艦首に向けて４機が急降下に移った。引き続き左舷から13機、右舷から13機が交互に急降下してくる。さらに雷撃機が右舷から３機、左舷から７機が低空でやってきた。

「瑞鶴」の対空砲火が狂ったように撃ち上げられる。右舷前部と左舷後部に４基ずつ装備された新兵器の12センチ噴進砲は、雷撃機を狙い撃ちした。しかし、午前８時35分、２５０キロ爆弾１発が「瑞鶴」の左舷甲板を直撃し、飛行甲板を貫通して第８缶室給気路において炸裂、下甲板を大破した。それとほとんど同時に、62キロ爆弾２発が、同じく左舷飛行甲板に命中。さらにその３分後、１本の魚雷が「瑞鶴」の左舷正横に命中する。

「第４発電機室に浸水」「左舷後部機械室に浸水」。魚雷命中後に、被害を被った各部から艦橋に被害状況が報告される。「瑞鶴」はこれにより左に９・５度傾斜し、艦尾は約40センチほど沈下して、速力も23ノットまで落ちてきた。

それでも「瑞鶴」の航行には依然問題はなかった。ただ、送信能力が失われ、旗艦としての機能を奪われてしまう。小沢長官は軽巡「大淀」に旗艦通信の代行を命じた。

被弾したのは「瑞鶴」だけではなかった。直撃弾７発を受けた空母「千歳」は、左に大きく傾斜して間もなく沈没。また、軽巡「多摩」も魚雷１本を受け次第に落伍していった。駆逐艦「秋月」もまた午前8時50分ごろ被弾、缶室に損傷を受けて航行不能となった。缶室から猛烈な勢いで蒸気が噴き出し、やがて突然、黒煙と火炎を吹き上げたかと思うと、船体の中央部から真っ二つに折れて、アッと言う間もなく海中に没していった。

「秋月」が沈没したあと、米空母機による第1波の攻撃は終わった。激しい戦闘のため、小沢部隊の陣形は大きく乱れていた。ここで陣形を立て直し、20ノットの速力で北上を続ける。

午前10時、米空母機の第2波攻撃隊がやってきた。シャーマン隊とデビソン隊の雷撃機16、急降下爆撃機6、戦闘機14の合わせて36機の攻撃目標とされたのは、「瑞鶴」「大淀」「伊勢」である。

襲いくる米空母機に対して「伊勢」「大淀」の高角砲が火を吹いた。1機、2機と米空母機が落ちていく。一方、第6群にあった「千代田」には、別の米空母機が襲いかかる。「千代田」は左舷後部に命中弾を受けると、たちまち大火災を起こした。続いて多数の至近弾が落下し、右に大傾斜して行き足が止まる。だが運よく攻撃隊は去っていった。

米空母機が姿を消したあと、「大淀」は左舷に傾いている「瑞鶴」に接近し、小沢長官および司令部要員を移乗させるために、カッターを降ろした。やがて、小沢長官の移乗した「大淀」のマストに中将旗が翻った。「大淀」は空母「瑞鶴」と「瑞鳳」を先導して航行。小沢部隊は駆逐艦「初月」「若月」「桑」が左右両翼を、戦艦「伊勢」がその後方を護衛して北上していた。

「伊勢」の後方20海里には、大破した軽巡「多摩」が低速で航行している。さらにその南方では戦艦「日向」と駆逐艦「槙」が、動かなくなった「千代田」の周囲を回っていた。この後方に「五十鈴」が旋回しており、それよりさらに10海里南では、「霜月」が沈没した「千歳」の乗員を救助しているところであった。

小沢機動部隊の壊滅

第二波の攻撃が終わって約2時間半ほどが過ぎた午後1時5分、第三波の米空母機が来襲した。「瑞鶴」には艦爆13機が左舷艦尾と右舷艦首方向から突っ込んできて、その後も左右両舷から雷爆撃を加えてきた。これを巧みに回避していた「瑞鶴」だが、午後1時15分、ついに左舷前部に魚雷が命中。続いて右舷前部、右舷第3缶室、左舷第2、第4缶室外側付近、前部機械室左舷、主舵機室左舷と、7本の魚雷が命中した。また飛行甲板後部にも250キロ爆弾4発が命中。煙と炎に包まれながら「瑞鶴」はしだいに傾いていく。それでも激しく対空砲撃を行っていたが、午後1時27分、艦長は「総員発着甲板に上がれ」と下令した。

午後1時58分、艦の傾斜は23度となり、軍艦旗が降ろされ、次いで総員退去が命ぜられた。その16分後、「瑞鶴」は艦尾から海中深く沈んでいった。その後を追うかのように「瑞鳳」も沈没する。

残る空母は「千代田」1隻である。が、「千代田」も浮いているだけで、もはや航行も戦闘も不能の状態であった。この「千代田」にデュポーズ司令官の率いる重巡2、軽巡2、駆逐艦3隻が迫ってきた。午後4時25分、これらの米艦は「千代田」に照準を合わせると一斉に砲撃を開始。「千代田」はたちまち火炎に包まれていく。午後4時40分、「千代田」は左に転覆、ほどなく沈んでいった。艦長以下乗員全員が艦と運命をともにした。

小沢部隊はこれで全空母を失った。しかし攻撃は続く。午後5時過ぎ、米空母機の第四波攻撃隊がやってくる。「伊勢」と「大淀」に攻撃が集中したが命中弾はなかった。小沢長官は残存艦を率いて避退していく。

ところが、小沢部隊から離れて落伍艦が取り残されていた。「多摩」「五十鈴」「若月」「初月」の4隻である。午後7時5分、「五十鈴」は前方で「初月」が発砲するのを認めた。そのとき「初月」は、進撃してきたデュポーズ隊から攻撃されていたのだ。

「五十鈴」は反転すると速力を上げて避退。「若月」も「五十鈴」の後を追って避退した。

「初月」は、ジグザグ航行を続けながら米艦への魚雷攻撃の態勢をとった。その直後、逆に米駆逐艦の魚雷攻撃を受けて速力が低下。そこへ米巡洋艦が砲撃を加え、命中弾が「初月」をつつむ。やがて「初月」は航行不能となり、艦首から沈んでいった。

　そのころ、軽巡「多摩」も、懸命の復旧作業を続けていたが、米潜水艦「ジャラオ」に発見され、魚雷3本を受けて艦長以下全乗員が艦とともに海底に散った。

　こうして小沢部隊の戦いは終わった。すべての空母を失った小沢部隊だが、戦艦「伊勢」「日向」、軽巡「大淀」「五十鈴」、駆逐艦「霜月」「若月」「杉」「槙」「桐」「桑」の10隻を率いてどうにか帰還することができた。小沢長官が全滅を覚悟した囮作戦という任務から考えてみると、戦術的には成功したと言えるだろう。しかし、その結果は空しかった。作戦が成功したにもかかわらず、栗田艦隊はその成功と小沢部隊の犠牲を無駄にしてしまったからである。

敵空母発見! 咆哮する「大和」の主砲

一方、栗田艦隊の戦闘はまだ続いていた。これより先、シブヤン海で大きな打撃を受けたあと、一度は後退したが、米空母機は攻撃してこないと判断し再び反転。狭いサンベルナルジノ海峡を栗田艦隊は単縦陣となって通峡した。栗田艦隊は海峡を通峡すると陣形を整える。前方に巡洋艦と駆逐艦を4列に並べ、その後方に2列になった戦艦群が続き、夜間接敵序列で南下を続けていた。

10月25日午前6時23分ごろ、栗田長官は対空警戒のため、艦隊を輪型陣にするよう命令を下した。と、そのとき「大和」のレーダーが前方50キロに米空母機を捉えた。それから20分後、今度は35キロ東方洋上に数本のマストを視認した。同時にその上空を米空母機が飛行しているのも確認された。やがて水平線上に米空母6隻と駆逐艦数隻があらわれた。第2艦隊司令部では、これを巡洋艦、駆逐艦に護衛されたハルゼー長官の率いる高速機動部隊の一部ではないかと考えた。

米空母部隊との距離32キロ。戦艦「大和」の射程内である。栗田艦隊は輪型陣の陣形を整えるため成型運動を行っていたが、一刻も早く戦闘に入ることを決意した。「全力即時待機」「１３０度方向に変換」「展開方面１１０度」。次々と戦闘命令が下った。栗田艦隊は米空母の風上に立とうとする。「大和」は距離32キロの時点で46センチ主砲による砲撃を開始した。主砲発射のブザーが全艦に鳴り響く。時を移さず、

「長門」「金剛」「榛名」の戦艦群も砲門を開く。

栗田長官は重巡部隊である第5戦隊、第7戦隊にも突撃を命じた。そして第2水雷戦隊には、後方より続行せよと下令する。

一方、25日早朝、クラーク基地、セブ基地、ダバオ基地の三方向から出撃した「神風特別攻撃隊」が米空母群を捉えていた。午前6時30分、ダバオ基地から発進した菊水隊、朝日隊、山桜隊の特別攻撃隊の6機は、スリガオ海峡東方洋上40海里付近で、トーマス・L・スプレイグ司令官率いる護衛空母に突入する。そのうちの1機が軽空母「サンティ」の飛行甲板左舷前部に激突した。突入機は後格納甲板を突き抜けて、火災を発生させる。さらにもう1機も、軽空母「スワニー」の後部飛行甲板に激突して損害を与えた。

また、午前7時25分にはクラーク基地を発進した関行男大尉率いる敷島隊が、栗田艦隊の追撃から逃れた護衛空母群に突入した。1機が軽空母「キトカンベイ」の艦橋目がけて急降下して爆弾を投下、それが炸裂して損害をあたえる。また、軽空母「セントロー」に突入した1機も飛行甲板に激突、飛行甲板を貫通して炎上した。「セントロー」は格納甲板にあった爆弾に誘爆、その後沈没している。

さらにセブ基地を発進した大和隊の2機は軽空母「カリニンベイ」の飛行甲板およ

び後部煙突に激突、大損害を与えた。これがその後多くの若者の命を代償に繰り返される特攻攻撃の始まりである。

米艦隊必死の防戦、栗田艦隊に一矢報いる

栗田艦隊が偶然に会敵した米空母部隊はトーマス・L・スプレイグ司令官率いる第77機動部隊第4群の護衛空母群の「タフィ3」であった。

第77機動部隊第4群は、第1空母隊（タフィ1：T・L・スプレイグ少将直率。護衛空母4、駆逐艦3、護衛駆逐艦4からなり、ミンダナオ沖に布陣）、第2空母隊（タフィ2：F・B・スタンプ少将指揮の護衛空母6、駆逐艦3、護衛駆逐艦4からなり、レイテ湾口の警備任務）、第3空母隊（タフィ3：C・A・スプレイグ少将指揮の護衛空母6、駆逐艦3、護衛駆逐艦4からなり、サマール島沖の警備）により構成されていた。

タフィ3はレイテ湾内の艦船を護衛するため、対潜、対空の哨戒任務についていたが、護衛空母「ファンショウベイ」がレーダースクリーンに、敵味方不明の影像を捉えた。しかし、それが日本艦隊とは誰も思わなかった。その1分後、タフィ2に所属する哨戒機から「戦艦4、巡洋艦8、その他からなる日本艦隊を発見、対空射撃を受

けた」という報告が、タフィ3に入る。C・A・スプレイグ司令官は、それはハルゼー長官麾下の機動部隊の一部を誤認したものと考えた。ところが検証した結果、日本艦隊に間違いなし、との連絡が入る。しばらく見ていると、それは確かに日本の戦艦、巡洋艦の特徴的なマストである。

と、突然日本艦隊の方にオレンジ色の炎が見え、タフィ3の後方に水柱が立った。砲撃が始まったのだ。C・A・スプレイグ司令官は、平文で緊急電を打った。

「われわれはいま敵の戦艦4、巡洋艦8、駆逐艦多数から砲撃を受けている。緊急支援を乞う。これは演習ではない」。スプレイグ司令官は、東に向かって最大戦速で煙幕を展張、全艦上機を発艦させることにした。指揮下の6隻の護衛空母「セントロー」「ホワイトプレーンズ」「カリニンベイ」「ファンショウベイ」「キトカンベイ」「ガンビアベイ」は、円形を組み、その外側を7隻の駆逐艦が警戒にあたる。

午前6時59分、栗田艦隊の斉射が護衛空母群の後方へ落ち始めた。だが、命中弾はなかった。午前7時過ぎ、「ファンショウベイ」と「ホワイトプレーンズ」も栗田艦隊の斉射を受けたが、やはり損傷はない。やがて空母群の前方にスコールがあらわれた。空母群は必死でその中に逃げ込む。

スプレイグ司令官は、直衛駆逐艦全艦に対して魚雷攻撃を命じ、スコールの中に10

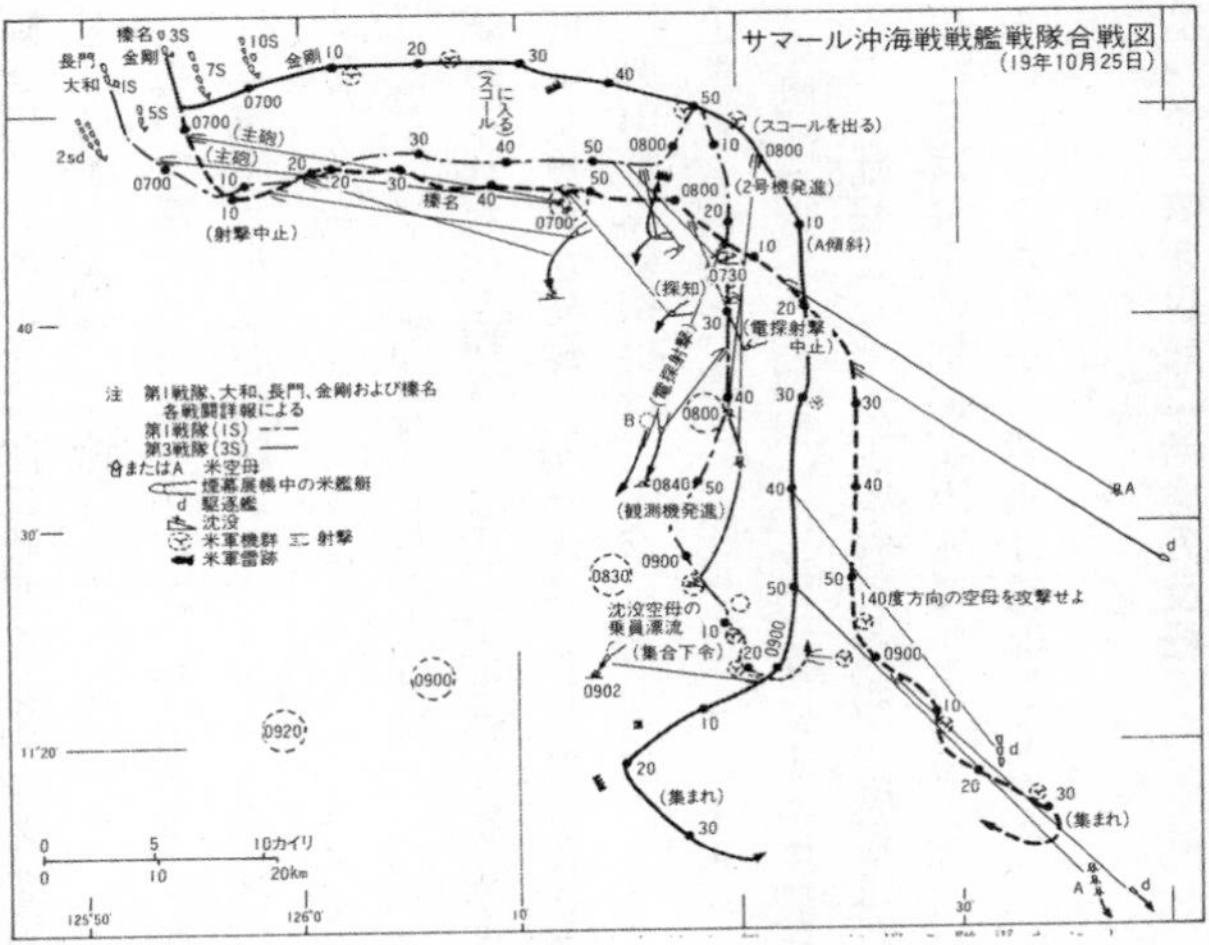

分間ほど退避。そしてそのスコールの中から駆逐艦「ジョンストン」を飛び出させて、栗田艦隊の重巡隊に向けて魚雷10本を発射した。そのうちの1本は重巡「熊野」に命中。「熊野」はこの被雷で艦首をもぎとられる被害を受ける。

これに対し、栗田艦隊戦艦群は、猛追撃しながら米空母目がけて砲撃を加えた。米護衛駆逐艦隊は、なんとか逃げ切ろうと煙幕を張った。「大和」「長門」「榛名」はこれで目標を見失ってしまい、砲撃を中止する。

一方、タフィ2からは救援の艦上機約80機が発艦していった。T・L・スプレイグ司令官は、飛行隊に対して先陣を切る日本の重巡隊に攻撃を集中するよう命じる。米空母機の攻撃を受けたのは重巡「鳥海」「筑摩」「鈴谷」だった。

この攻撃で「鳥海」が右舷中部に爆弾1発を受けて落伍、航行不能となった。さらに「筑摩」を左右両舷から2機ずつの雷撃機が攻撃。右舷からの2本の魚雷は回避したが、左舷からの2本の魚雷のうち1本が艦尾に命中、水柱と火炎が立ち上った。「筑摩」はしばらく米空母機と交戦していたが、その後連絡はなく、沈没したものと認められた。「鈴谷」もまた至近弾で航行不能となり、その後、再度の攻撃で搭載していた魚雷が誘爆、船体が二つに折れて沈没している。

栗田艦隊の損害は、米空母機の攻撃によりしだいに増えていった。しかしこの間、追撃戦も熾烈を極め、駆逐艦「ホエール」「サミュエルロバーツ」を撃沈。さらに「金剛」「羽黒」「利根」の猛追撃によって護衛空母「ガンビアベイ」を撃沈せしめた。

この乱戦となった追撃戦のため、戦場は拡大されて、各艦は離れ離れとなり、「大和」では全軍の把握が困難になってきた。自軍がどこでどう戦っているのか、損害はあるのかないのか、情報は錯綜していた。

レイテ湾を目前に無念の反転

約2時間にわたっての追撃戦が繰り広げられていたが、栗田艦隊はどうしても米艦隊に追いつけなかった。「大和」の艦橋では幕僚たちが、この米艦隊はまさしく機動部隊の正規空母群で、こちらと同じ速力かあるいはそれ以上の高速を出しているに違いないと判断した。そういうことであれば、まるで燃料の消費競争をしているようなものである。このあとのレイテ突入のことを考えると、いつまでも追撃戦を続けているわけにはいかない。栗田長官は、態勢を立て直すため、午前9時10分、隷下部隊に集合命令を出す。

栗田艦隊の各艦は、米空母機の執拗な攻撃から逃れながら「大和」の周辺に集結してきた。午前10時54分、栗田長官は改めて全部隊に対し輪型陣をとるよう命じる。そして午前11時、栗田艦隊は再度レイテ湾に向かって南下を開始した。

しかし、このころ栗田艦隊司令部では大きな疑念が渦巻いていた。艦隊の位置は敵に筒抜けであり、たとえレイテ湾に突入してもすでに敵は輸送船団を退避させ、万全の態勢で待ち構えているのではないか。その上小沢部隊から作戦成功の知らせがなかった。敵機動部隊は背後に迫り、艦隊を包囲しつつあるのかもしれない……。連日の激戦で、司令部も疲れきっていた。

間もなく栗田長官の第2艦隊司令部に、マニラにある南西方面艦隊からの発信と思われる米機動部隊の情報が着電した。「敵の正規空母部隊、ヤキ1カ［スルアン島灯台の5度、113海里の地点を意味する］にあり、0945」

「大和」の作戦室では、この電報をめぐって騒然となった。そんな中で、栗田艦隊の北東方30海里付近の水平線上に、艦上機が発着艦しているような機影や軍艦のマストとおぼしきものが望見された。これを「大和」の艦橋では、新たなる有力な米機動部隊が出現したものと判断。この新たなる敵を後方に背負ったままレイテ湾に突入していくわけにはいかない。栗田長官は、この新手の米艦隊を攻撃することにした。

午後12時26分、栗田長官は全軍に反転北上を命じた。しかしこのとき、栗田艦隊は多くの損害を出しながらも、目的地のレイテ湾まであと数時間の距離まで迫っていたのである。

一方、そのころ小沢部隊は、ハルゼー長官率いる機動部隊をガッチリ引きつけ、勝ち目のない激戦を続けていた。それとは知らず栗田艦隊は北上を続けていた。だが、行けども行けども米艦隊に会敵することはなかった。それもそのはず、敵機動部隊に関する情報は虚報だったのである。その出所は今も明らかではない。

こうして日米機動部隊の海戦史上最大規模の海戦は、日本海軍の敗北で幕を閉じた。その日の夕刻、ようやく小沢長官の作戦成功を報じる電報に接し、誤判断であったことを知った栗田艦隊だが、もはや再突入は不可能である。満身創痍の艦隊は、そのままブルネイへと帰投していった。

ブルネイに帰投した栗田艦隊の戦力は、出撃時の半分以下の戦艦4、重巡3、軽巡1、駆逐艦9の合わせて17隻。以後、日本海軍が洋上で大規模な作戦行動を行うことはなかった。連合艦隊はここに事実上壊滅したのである。

レイテ沖海戦時の戦力比較　1944年10月17日～25日

■日本海軍

【第１遊撃部隊　第２艦隊】

◎第１部隊

第１戦隊　戦艦　大和　武蔵　長門

第４戦隊　重巡洋艦　愛宕　高雄　鳥海　摩耶

第５戦隊　重巡洋艦　妙高　羽黒

第２水雷戦隊　軽巡洋艦　能代（旗艦）

　第２駆逐隊　駆逐艦　早霜　秋霜

　第31駆逐隊　駆逐艦　岸波　沖波　朝霜　長波

　第32駆逐隊　駆逐艦　藤波　浜波　島風

◎第２部隊

第３戦隊　戦艦　金剛　榛名

第７戦隊　重巡洋菜　熊野　鈴谷　利根　筑摩

第10戦隊　軽巡洋艦　矢矧（旗艦）

　第17駆逐隊　駆逐艦　浦風　磯風　浜風　雪風

　駆逐艦　清霜　野分

◎第３部隊

第２戦隊　戦艦　山城　扶桑

　　　　　重巡洋艦　最上

　第４駆逐隊　駆逐艦　満潮　朝雲　山雲

　第27駆逐隊　駆逐艦　時雨

【第２遊撃部隊　第５艦隊】

第21戦隊　重巡洋艦　那智　足柄

第１水雷戦隊　軽巡洋艦　阿武隈（旗艦）

　第７駆逐隊　駆逐艦　曙　潮

　第18駆逐隊　駆逐艦　不知火　霞

第21駆逐隊　駆逐艦　**若葉　初春　初霜**

【機動部隊本隊　第３艦隊】

空母　**瑞鶴**（零戦28機、戦爆零戦16機、天山艦攻14機、彗星艦爆7機）

第３航空戦隊

空母　**瑞鳳　千歳　千代田**（3艦合計：零戦24機、戦爆零戦12機、天山艦攻11機、九七艦攻4機）

第４航空戦隊　戦艦　**日向**（彗星艦爆14機、瑞雲水上偵察機8機）　**伊勢**（航空機未搭載）

巡洋艦戦隊　軽巡洋艦　**多摩　五十鈴**

第43駆逐隊　軽巡洋艦　**大淀**（旗艦）

駆逐艦　**桑　槙　杉　桐**

第61駆逐隊　駆逐艦　**初月　秋月　若月**

第41駆逐隊　駆逐艦　**霜月**

潜水艦　伊44　伊45　伊46　伊54　伊55　伊56　伊26　伊53

■米海軍

【第38任務部隊】　TF38

第１任務群

空母　**ワスプ（CV-18）**（F6F-3P偵察機2機、TBM-1雷撃機18機、F6F-3P偵察機2機、TBM-1雷撃機　18機、SB2C-1C急降下爆撃機25機）

ホーネット（CV-12）（F6F-3／5戦闘機32機、F6F-3／5N夜間戦闘機4機、F6F-3／5偵察機4機、TBM-1雷撃機18機、SB2C-1急降下爆撃機25機）

軽空母　**モントリー（CVL-26）**（F6F-3／5戦闘機21機、F6F-5N夜間戦闘機2機、TBM-1雷撃機9機）

カウペンス（CVL-25）（F6F-3／5戦闘機25機、F6F-5N夜間戦

闘機1機、TBM-1雷撃機9機)
重巡洋艦　**ボストン(CA-69)**
軽巡洋艦　**サンディエゴ(CL-53)　オークランド(CL-95)**
駆逐艦　**チャレット(DD-581)　コナー(DD-582)　ベル(DD-587)　バーンズ (DD-588)　イザード(DD-589)**

第100駆逐隊

駆逐艦　**ケイパートン(DD-650)　コグスウェル(DD-651)　インガソル(DD-652)　ナップ(DD-653)**

第92駆逐隊

駆逐艦　**ボイド(DD-544)　コウウェル(DD-547)**

第12水雷戦隊

駆逐艦　**グレイソン(DD-435)　ウッドワース(DD-460)　マッカラ(DD-488)　ブラウン(DD-546)**

第2任務群

空母　**イントレピッド(CV-11)**(F6F-3/5戦闘機36機、F6F-5N夜間戦闘機6機、F6F-5P偵察機2機、TBM-1雷撃機18機、SB2C-1急降下爆撃機28機)
ハンコック(CV-19)(F6F-3/5戦闘機37機、F6F-5N夜間戦闘機4機、TBM-1雷撃機18機、SB2C-1急降下爆撃機30機)
バンカーヒル(CV-17)(F6F-3/5戦闘機41機、F6F-5N夜間戦闘機8機、TBM-1雷撃機19機、SB2C-1急降下爆撃機24機)
軽空母　**インディペンデンス(CVL-22)**(F6F-3/5戦闘機5機、F6F-3/5夜間戦闘機8機、TBM-1雷撃機22機)**キャボット(CVL-28)**(F6F-3/5戦闘機21機、TBM-1雷撃機9機)
戦艦　**アイオワ(BB-61)　ニュージャージー(BB-62)**
軽巡洋艦　ビンセンス(CL-64)　ビロクシー(CL-80)　マイアミ(CL-89)
駆逐艦　**ミラー(DD-535)　オーウェン(DD-536)　ザ・サリバンズ(DD-537)　ステファン・ポッター(DD-538)　ティンギー**

(DD-539)

第104駆逐隊

駆逐艦　ヒコックス（DD-673）　ハント（DD-674）　ルイス・ハンコック（DD-675）　マーシャル（DD-676）

第50水雷戦隊

駆逐艦　コラハン（DD-658）　ハルゼイ・パウウェル（DD-686）　アールマン（DD-687）　ベンナム　（DD-796）　カシング（DD-797）

第106駆逐隊

駆逐艦　トワイニング（DD-540）　ヤーナル（DD-541）　ストックハム（DD-633）　ウエィダーバーン（DD-684）

第3任務群

空母　エセックス（CV-9）（F6F-3／5戦闘機51機、TBM-1雷撃機20機、SB2C-1急降下爆撃機25機）

レキシントン（CV-16）（F6F-3／5戦闘機42機、TBM-1雷撃機10機、SB2C-1急降下爆撃機30機）

軽空母　プリンストン（CVL-23）（F6F-3／5戦闘機25機、TBM-1雷撃機9機）

ラングリー　（CVL-27）（F6F-3／5戦闘機25機、TBM-1雷撃機9機）

第50水雷戦隊

駆逐艦　クラレンスK.ブロンソン（DD-668）　コットン（DD-669）　ドーチ（DD-670）　ガトリング　（DD-671）　ヒーリー（DD-672）

第55水雷戦隊

駆逐艦　キャラハン（DD-658）　ポーターフィールド（DD-682）　カシン・ヤング（DD-793）　アーウィン（DD-794）　プレストン（DD-795）

第110駆逐隊

駆逐艦　ローズ（DD-558）　ロングショー（DD-559）　モリソン（DD-560）　プリチェット（DD-561）

第4任務群

空母　フランクリン（CV-13）（F6F-3戦闘機31機、TBM-1雷撃機18機、SB2C-1急降下爆撃機31機）

エンタープライズ（CV-6）（F6F-3戦闘機40機、TBM-1雷撃機19機、SB2C-1急降下爆撃機34機）

軽空母　サンハシント（CVL-30）（F6F-3戦闘機19機、雷撃機7機）

ベロー・ウッド（CVL-24）（F6F-3戦闘機25機　TBM-1雷撃機9機）

戦艦　ワシントン（BB-47）　アラバマ　BB-60）

重巡洋艦　ニューオーリンズ（CA-32）　ウイチタ（CA-45）

駆逐艦　グリッドリー（DD-380）　ヘルム（DD-388）　マッコール（DD-400）　モーリー（DD-401）

第12駆逐隊

駆逐艦　バグレー（DD-386）　マグフォード（DD-389）　ラルフ・タルボット（DD-390）　パターソン（DD-392）

第24駆逐隊

駆逐艦　ウィルクス（DD-441）　ニコルソン（DD-442）　スワンソン（DD-443）

第3艦隊海上兵站群（TG30.8）　TF38に航空機を補給

護衛空母　アルタマハ（ACV-18）　シトコー・ベイ（CVE-86）　ケープ・エスペランス（CVE-88）　ナッソー（ACV-16）　クワジェリン（CVE-98）　シプレー・ベイ（CVE-85）　スチーマー・ベイ（CVE-87）　ネヘンタベイ（CVE-74）　サージャント・ベイ（CVE-83）　ラドヤード・ベイ（CVE-81）

【第7艦隊】

第4護衛空母群　第1任務群

護衛空母　**サンガモン（CVE-26）**（F6F-3戦闘機17機、TBM-1C雷撃機9機）

スワニー（CVE-27）（F6F-3戦闘機22機、TBM-1C雷撃機9機）

サンティ（CVE-29）（FM-2戦闘機24機、雷撃機9機）

シェナンゴ（CVE-28）（F6F-3戦闘機22機、TBM-1C雷撃機9機）

ペトロフ・ベイ（CVE-80）（FM-2戦闘機16機、TBM-1C雷撃機10機）

サギノー・ベイ（CVE-82）（FM-2戦闘機15機、TBM-IC雷撃機12機）

駆逐艦　**トラセン（DD-530）　ヘーゼルウッド（DD-531）　マッコード　（DD-534）**

護衛空母　**クールボー（DE-217）　リチャードS.ブル（DE-402）　リチャードM.ロウェル（DE-403）　エバーソーン（DE-404）　エドモンド（DE-406）**

第2任務群

護衛空母　**ナトマ・ベイ（CVE-62）**（FM-2戦闘機16機、TBM-1C雷撃機12機）

マーカス・アイランド（CVE-77）（FM-2戦闘機12、TBM-1C雷撃機11機）

マニラ・ベイ（CVE61）（FM-2戦闘機16機、TBM-1C雷撃機12機）

カダショー・ベイ（CVE-76）（FM-2戦闘機15機、TBM-1C雷撃機11機）

サボ・アイランド（CVE-78）（FM-2戦闘機16機、TBM-1C雷撃機12機）

オマニー・ベイ（CV-79）（FM-2戦闘機16機、TBM-1C雷撃機11機）

駆逐艦　フランクス（DD-554）　ハガード（DD-555）　ヘイリー（DD-556）
護衛駆逐艦　リチャード W. スーザンス（DE-342）　アベルクロンビ（DE-343）　オベレンダー（DE-344）　ウォルター C. ワン（DE-412）　ルレイ・ウイルソン（DE-414）

第３任務群

護衛空母　ファンショー・ベイ（CVE-70）（FM-2戦闘機16機、TBM-1C雷撃機12機）
キトカン・ベイ（CVE71）（FM-2戦闘機14機、TBM-1C雷撃機12機）
セント・ロー（CVE-63）（FM-2戦闘機17機、TBM-1C雷撃機12機）
ホワイト・プレインズ（CVE-66）（FM-2戦闘機16機、TBM-1C雷撃機12機）
カリニン・ベイ（CVE-68）（FM-2戦闘機16機、TBM-1C雷撃機12機）
ガンビア・ベイ（CVE-73）（FM-2戦闘機18機、TBM-1C雷撃機12機）
駆逐艦　ヒーアマン（DD-532）　ホーエル（DD-533）　ジョンストン（DD-557）
護衛駆逐艦　ジョン C. バトラー（DE-339）　レイモンド（DE-341）　デニス（DE-405）　サミュエル B. ロバーツ（DE-413）
潜水艦　ダーター（SS-227）　ジャラオ（SS-368）

第12章　坊ノ岬沖海戦

昭和20（1945）年4月7日

米軍沖縄襲来！　菊水1号作戦発令

昭和20（1945）年春、前年のレイテ沖海戦で決定的な敗北を喫した連合艦隊には、いよいよ本土に近づいて来るアメリカ軍の侵攻を押し戻す力はなかった。3月に硫黄島を陥落せしめたアメリカ軍は、マリアナから飛び立ったB－29による連日の日本本土への無差別戦略爆撃により、徹底的に日本の継戦能力を奪おうとする。昭和20年に入ると、南方からの資源輸送の道も連合軍の圧倒的な力の前に閉ざされ、絶対国防圏もすでに突破されてしまっていた。追いつめられた日本に残された手段は本土決戦のみという最悪の状況になりつつあったのだ。

そのころ日本海軍の戦力は底を尽いていた。連合艦隊の主力残存艦は、戦艦「大和」「長門」「伊勢」「日向」「榛名」、重巡「利根」「青葉」、軽巡「大淀」「矢矧」など。空母は「隼鷹」「天城」「葛城」などが生き残っていたが、すでに搭載する航空隊が存在せず、戦力とはなりえなかった。その上、これらの艦艇を動かす燃料が欠乏していて、作戦行動をとることすらできない。

これらの戦闘艦を動かすためには、年間200万トン以上の重油が必要とされる。だが、昭和20年時点での備蓄量はわずか34万トン。戦闘艦を動かしたくても、動かせない状態にあったのである。

昭和20年3月18日、連合国軍の大艦隊が沖縄周辺海域に姿をあらわした。4月1日、米軍は沖縄上陸作戦を開始する。このときの連合国軍の沖縄遠征軍は、ニミッツ海軍大将麾下の太平洋戦域軍に属し、上陸部隊は第10軍司令官シモン・バックナー中将率いる約7コ海兵師団62万1910名。これをサポートする艦艇1213隻、上陸用舟艇564隻、さらに支援艦隊として戦艦20隻、空母19隻、巡洋艦32隻、駆逐艦83隻が参加した。この数字は太平洋戦争始まって以来最大級のものだ。

当時、沖縄本島防衛にあたっていたのは、陸軍第32軍司令官・牛島満中将麾下の第24師団、第62師団、第5砲兵集団、独立混成第44師団、船舶工兵2コ連隊、海上挺身隊7コ戦隊のほかに、多数の技術部隊。このほかに海軍の太田実少将率いる海軍沖縄方面根拠地隊が、第32軍の指揮統制下に入った。

沖縄本島に上陸した連合軍は、その日のうちに嘉手納（中飛行場）と読谷（北飛行場）を占領し、4月3日には小型機の離発着が認められた。これを許すと、日本軍の今後の航空作戦に影響をおよぼすことになり、沖縄作戦の遂行も危ぶまれる。そのため、日本海軍は第32軍による嘉手納、読谷飛行場の奪回を強く要望した。これを受け陸軍側でも攻勢をとることを決定、第32軍司令部は、4月7日を期して総攻撃をかけることとなった。この総攻撃に呼応して、連合艦隊司令部は海軍航空部隊の全兵力をもって攻撃し、陸軍側も第6航空軍の全力を挙げて航空総攻撃を敢行することにした。

連合艦隊司令部は4月3日、「菊水作戦」（沖縄周辺海域を遊弋する連合軍の艦艇に対する海軍航空部隊の特攻作戦。4月6日の菊水1号作戦をもって開始され、6月22日の10号作戦まで続けられた）を発令。これに加えて戦艦「大和」以下、軽巡「矢矧」、駆逐艦「冬月」「涼月」「朝霜」「初霜」「霞」「磯風」「雪風」「浜風」による海上特攻部隊を編成し、陸上および航空総攻撃に呼応して沖縄海域に突入させ、連合軍の艦艇を撃沈あるいは撃破しながら、最後は残波岬を目がけて艦ごと乗り上げ、砲台となって戦うという作戦を立てた。

日本海軍の最終兵器、戦艦「大和」出撃

4月6日、菊水1号作戦が発動する。これは米攻略部隊および機動部隊に対する、日本軍の航空総攻撃である。

この作戦の参加兵力は、第1機動基地航空部隊麾下の航空兵力、第5航空艦隊、第3航空艦隊、第10航空艦隊に加え、九州の基地から陸軍第6航空軍、台湾にあった第1航空艦隊と陸軍第8飛行師団。まず海軍機391機（うち特別攻撃隊82機）をもって総攻撃が開始される。午前8時から零戦106機が4波に分かれて南九州の各基地から発進。沖縄上空の制空にあたった。午前10時15分から、午後1時40分の間に特攻機を含む攻撃隊が次々と発進し、沖縄周辺海域の連合軍の艦艇に攻撃を加える。

この攻撃は連合軍にとって思いもよらない反撃であった。しかし、特攻機が命中して艦艇が被害を受けることは少なかった。パイロットの技量が低下していた上、完全に制空権を握られた敵艦隊上空で、濃密な対空砲火を突破して突入をかけるのは、不可能に近かったのである。

その日午後6時、戦艦「大和」を中心とする第1遊撃部隊「海上特攻隊」は、豊後水道を南下していた。前日の4月5日、この「大和隊」は瀬戸内海で燃料、魚雷および弾薬などを搭載している。大本営では、海上特攻隊への燃料補給は片道分と指定し

ていた。しかし、連合艦隊司令部の機関参謀・小林儀作大佐は、呉海軍基地に出向き、呉軍務部長の島田藤治郎少将と会談。そこで話し合われた結果、指定された燃料額のほかに、燃料タンクの底に溜まっている帳簿外の燃料もすべてさらって、できるだけ多くの燃料を補給することとなり、「大和隊」の全艦は往復分の燃料を搭載した。その燃料搭載量は「大和」が4000トン、「矢矧」1250トン、「冬月」「涼月」900トン、「磯風」「浜風」「朝霜」599トン、「雪風」588トン、「霞」540トン、「初霜」500トン。しかし、小林機関参謀は、公式には予定の燃料を搭載したと連合艦隊司令部に報告している。これによって連合艦隊司令部は、「大和隊」は片道燃料で出撃したものと了解していたという。

4月6日の朝、「大和隊」は、不要物件、機密書類などの陸揚げを行うとともに、艦隊勤務実習中の各科少尉候補生たちの退艦をうながした。この少尉候補生たちは、昭和20年3月30日、江田島の海軍兵学校を卒業した第74期生と、同じ年に海軍機関学校、海軍経理学校を卒業した候補生のうち「大和」「矢矧」に乗り組みが決まった67名であった。沖縄を救援すべく、日本海軍に残されたわずかな戦力をふりしぼり、戦艦「大和」は二度と戻らぬ戦いに出撃していった。

大魚をめぐって交錯する米海軍提督の思惑

「大和隊」は豊後水道から日向灘に抜け、4月6日午後8時20分ごろ、駆逐艦「磯風」が浮上航行している潜水艦らしいものを発見した。時を移さず、軽巡「矢矧」が米潜水艦がグアムにある米海軍宛てに特別緊急信を打電しているのを傍受する。この潜水艦は宮崎県の都井岬東方30海里付近にいた。

潜水艦の報告をうけたスプルーアンス司令官は、支援艦隊である戦艦部隊の指揮官M・デイヨー少将に「大和隊」を撃滅するよう水上決戦の準備を命じる。デイヨー司令官の麾下には、戦艦10隻、巡洋艦13隻、駆逐艦23隻の水上部隊が集結していた。この艦隊決戦の命令を受けたデイヨー隊は跳び上がって喜んだ。ついに、夢にまでみた水上艦同士の艦隊決戦ができるのである。

一方でこの指令に愕然とした指揮官もいた。高速空母部隊を率いるミッチャー司令官だ。彼からすれば、武勲が手に届きそうなところにあるのに、それをさらわれたようなものである。そこでミッチャー司令官は、スプルーアンス大将の指令を無視して麾下の第58機動部隊に北進を命じ、4月7日の払暁とともに索敵機を発進させた。期せずして米海軍のデイヨー司令官とミッチャー司令官が、相互連絡もなく、「大和」撃沈の夢を見て先陣争いを展開することになったのである。

4月7日、デイヨー司令官率いる戦艦部隊とミッチャー司令官率いる機動部隊の2群が、それぞれの思惑を秘めながら北に向かって航行しているころ、「大和隊」は先頭に軽巡「矢矧」、右側に駆逐艦「霞」「冬月」「初霜」、左側に「磯風」「浜風」「涼月」「雪風」という編成によってがっちりと輪型陣を組み、曇天で視界も悪く、雨交じりの天候の中、針路を西に向けて突き進んでいた。「大和隊」の上空直衛にあたっていた零戦隊はすでに基地へ去り、その上空には1機の味方機の姿もない。

その間隙を突いて、午前10時16分、慶良間列島の基地を飛び立ったPBMマリーナ飛行艇2機が「大和隊」の左舷45キロ付近にあらわれた。「大和」の主砲が轟然と火を吹く。PBMマリーナ哨戒機は、驚いたようにやや遠のいたが、アウトレンジからさらに触接を続けた。その間、PBMは盛んに緊急電を発信。「大和」と「矢矧」は、この無電を妨害しようと、周波数を合わせて妨信する。

こうしたさ中、駆逐艦「朝霜」が機関故障のため後落。午前11時、「朝霜」はついに「大和隊」の視界から消えた。

空母「バンカーヒル」で指揮をとるミッチャー司令官が払暁とともに発艦させた索敵機のうちの1機は、午前8時15分、「大和隊」を捕捉していた。この情報に接したスプルーアンス司令官は、「大和隊」の針路が西方なので、佐世保に回航中なのかも知れないと考えた。となると艦隊決戦は無理である。そこでミッチャー司令官率いる第58機動部隊による航空攻撃に切りかえることにした。

「敵を攻撃せよ！」

スプルーアンス司令官はたった一言だけミッチャー司令官に伝えた。それで十分だった。戦史に類のないこの短い一言が、日本海軍に残された最後の巨大戦艦の息の根を止める命令となったのである。そのころ12隻の空母からなる第58任務部隊は、それぞれ第1群4隻、第3群5隻、第4群3隻の空母を中心に分かれており、第2群は補給のため戦列を離れていた。

「大和」に群がる米攻撃隊、絶望的な戦いが始まる

第1群の空母「ホーネット」「ベニントン」、軽空母「ベローウッド」「サンジャシント」の101機と、第3群の空母「エセックス」「バンカーヒル」、軽空母「キャボット」「パターン」の121機からなる第1次攻撃隊は、互いに横並びになり、高度約1800メートルで「大和隊」に向かっていた。

4月7日午前11時7分、戦艦「大和」の1号3型レーダーは、180度方向、距離100キロ付近に敵の大編隊を探知した。さらに距離70キロ付近で「大和」のレーダ

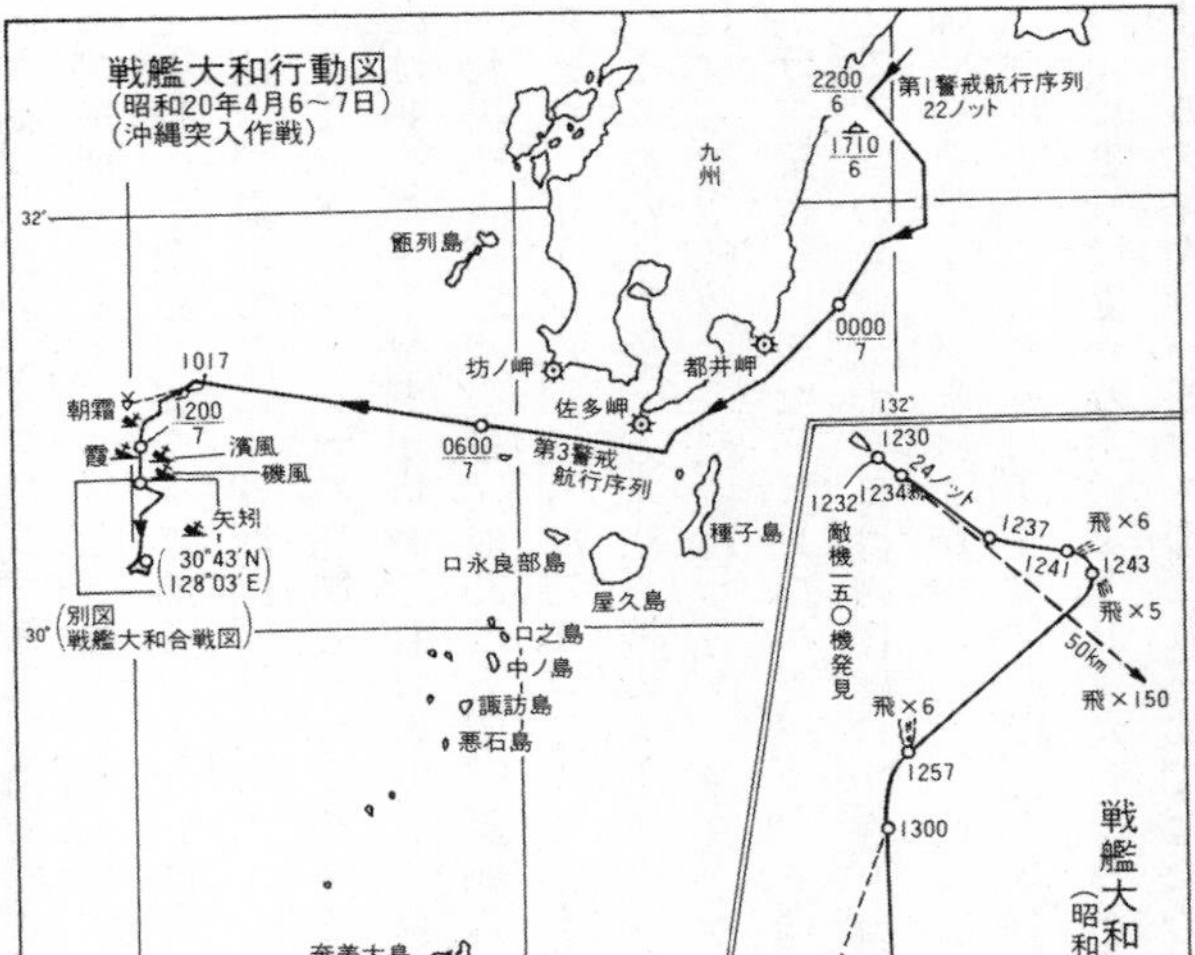
戦艦大和行動図
(昭和20年4月6～7日)
(沖縄突入作戦)
九州
甑列島
坊ノ岬
佐多岬
都井岬
2200
6
1710
6
第1警戒航行序列
22ノット
0000
7
1017
朝霜
1200
7
霞
濱風
磯風
矢矧
0600
7
第3警戒
航行序列
(30°43′N
128°03′E)
(別図
戦艦大和合戦図)
種子島
口永良部島
屋久島
口之島
中ノ島
諏訪島
悪石島
奄美大島
喜界島
徳之島
沖永良部島
伊平屋島
與論島
伊是名島
伊江島
沖縄島
32°
30°
28°
26°
128°
130°
132°
戦艦大和合戦図別図
(昭和20年4月7日)
1230
1232
1234
24ノット
1237
1241
1243
飛×6
飛×5
敵機一五〇機発見
50km
飛×150
飛×6
1257
1300
30km
飛×50
1322
22ノット
1327
1333
飛×20
大和
1423
沈没
(30°43′N
128°03′E)
飛×6
1345
飛×6
N

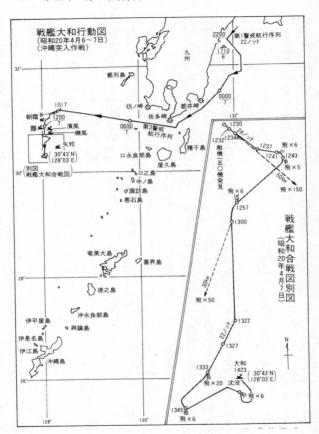

ーが編隊二群の飛来を捕捉すると、有賀幸作艦長は「敵機の来襲は必至」と予測し、防空指揮所の配置についた。さらに「大和」で指揮を執る第2艦隊司令長官・伊藤整一中将は、敵機の制空下にある以上迂回路をとっても意味がないと判断。坊ノ岬灯台の西方の海上で左に一斉回頭、沖縄に向かう針路をとった。

空母「ベニントン」を発艦したカーチスSB2Cヘルダイバー急降下爆撃機の翼下にはレーダーポッドが搭載されており、これが「大和隊」を捕捉するのに大いに役立った。ヘルダイバーは左舷25度方向、距離にして約46キロに「大和隊」をレーダーに捉えた。第1次攻撃隊も約15キロ先の洋上を航行する「大和隊」を視認した。

そのころ「雪風」も米空母機の大編隊をレーダーで捕捉。この報告を聞いた寺内艦長は「対空戦闘！　配置につけ！」と号令をかけた。「大和隊」は速力を24ノットに上げ、接近してきたF6Fヘルキャット8機に対して「大和」と「矢矧」が砲撃を加える。このあと、米空母機は10機、20機と編隊を組んで上空にあらわれたが、「大和隊」を攻撃する気配はなかった。

12時32分、南東方向50キロ付近に約150機ほどの大編隊があらわれ、12時40分、ついに戦端は開かれた。219機からなる第1次攻撃隊が、四方から半径1500メートルの輪型陣目がけてなだれ込んできたのである。

一方、「大和」艦内では、有賀艦長が防空指揮所にある羅針儀の前で「敵機来襲！各長の命令で射撃始め」と命じた。「対空戦、決戦海面を180度とす」の旗旒信号が「大和」に翻る。「大和」の46センチ主砲からは三式対空弾が、15センチ副砲、12・7センチ砲、12・7センチ高角砲、8センチ高角砲、10センチ高角砲、25ミリ機銃もいっせいに火を噴く。束になって空気を切り裂く機銃の火箭、急降下してきた1機が火を吐きながら海へ落ちてゆく――。

襲いかかる米空母機は、まるで獲物を追うハゲタカのように、レシプロエンジンの音を響かせながら突っ込んで爆弾を投下、そして舞い上がる。みるみるうち空一面に硝煙と爆煙がいっぱいに広がり、それが霧雨に混じる。その中を最大戦速に速力を上げた「大和隊」は、狂ったように疾駆していた。

執拗に襲い来る米空母機、次々に脱落する大和艦隊

空母「ベニントン」のSB2C隊11機は、最初の打ち合わせどおり、「ホーネット」隊の攻撃のための飛行路を開けようとしたが、突然「大和」を攻撃するよう命じられた。厚い雲の中から飛びだして「大和」を攻撃できたのは、そのうちの4機。SB2Cは銃撃と1000ポンド半徹甲爆弾を目標である「大和」目がけて投下する。

世界最強と言われた戦艦「大和」。日本海軍の象徴と言われた本艦は、残存艦隊を率いて昭和20年4月6日、沖縄へ出撃した

4月7日、米機と戦闘中の「大和」と直衛の駆逐艦「冬月」。「冬月」は後部の10センチ連装高角砲を発砲している

対空戦闘中の「大和」。被弾して後部は煙に包まれ、左に傾いているのがわかる

魚雷を投下する米軍の艦上攻撃機アベンジャー

最後に大爆発を起こした「大和」。左の駆逐艦は「冬月」

被害を受け海上に停止した軽巡「矢矧」。周囲には爆弾が降り注いでいる

「ホーネット」隊のSB2Cも「大和」への攻撃を開始した。高度300メートルから1000ポンド徹甲爆弾5発と半徹甲爆弾5発を投下。このうち4発が命中した。1発は後部電探室付近に命中し、主計科の居住区中甲板で爆発、上部構造を吹き上げ、熱風と火炎が煙突状態になっている通路を走り抜けた。またもう1発は、後部射撃指揮所の左側から下の測的所を突き破って上甲板に落ち、直径6メートルの穴を開け、後部副砲の火薬庫と主砲弾庫の中間部で爆発した。

さらに「ホーネット」のTBMアベンジャー雷撃機8機が、高度約200メートルから魚雷を投下。「大和」は「面舵一杯」で右に回頭して回避しようとしたが、魚雷は左舷前部揚錨機室付近に命中する。

「大和」が被雷したのとほぼ同時刻の12時45分、「浜風」の後部右舷にも爆弾が命中。「浜風」は両舷のスクリューを破壊されて、たちまち航行不能となった。

同じころ、軽巡「矢矧」も米空母機による集中攻撃を受けていた。12時46分、「矢矧」もまた被弾し、雷撃を受けて航行不能となった。

洋上を漂流していた「浜風」には米空母機の執拗な攻撃が続けられた。12時47分、滑り込むように進入してきたTBMアベンジャー雷撃機が放った1本の魚雷が、「浜風」の右舷中央部をえぐって炸裂。吹き上がる火炎の中で、「浜風」の船体は真っ二つに割れ、アッという間に轟沈した。

米攻撃隊のうちF6Fヘルキャット34機、F4Uコルセア1機、SB2Cヘルダイバー22機、TBMアベンジャー26機もまた、「大和」を仕留めるため軽巡、駆逐艦の対空砲火を黙らせる役目を担って攻撃する。

これより先、全軍が案じていた「朝霜」は後落している最中に米空母機に襲われていた。12時10分、「ワレ敵機ト交戦中」という無電があり、12時21分、「90度方向ニ敵機30数機ヲ探知ス」と発信したまま、ついに連絡が途絶えた。


必死の応戦も空しく、「大和」に最期のときが迫る

午後1時22分、第2次攻撃隊105機が襲ってきた。「大和隊」は右に一斉回頭、速力を22ノットに上げる。まず第2次攻撃隊の餌食にされたのは「霞」。「霞」は中央部、罐室全部に浸水、ついに航行不能となった。

やがて33分、「大和」は右60度方向から距離4000メートルに、こちらにむかってくるTBMアベンジャー雷撃機20機を発見する。「大和」は左に回頭したが、左舷約2000メートルの海面から6本の雷跡が伸びてきていた。これを避け切れず魚雷3本が命中し、三つの爆発が起こる。この被雷で舵が取舵のままで故障。「大和」は左に8度傾いた。ただちに左舷タンクに3000トンを注水して復原する。午後1時41分には左舷7000メートルに雷跡4本を認めこれをかわす。と、そのとき甲板上で「やった、やった！」の歓声が上がった。TBM雷撃機1機が、黒煙を吐きながら、「大和」の艦首前方500メートル付近に落ちたのだ。しかしこの直後、さらに魚雷2本が左舷中央部に命中。第2次攻撃隊の雷撃機は、「大和」の左舷を集中的に狙ってきていた。

午後1時45分、今度は米空母機が艦首右から急降下してきた。「大和」は急速に左へ回頭、至近弾が「大和」の舷側に水柱を立てる。「大和」は敵爆弾をかわしながら、対空戦闘を続けていた。25ミリ機銃の集束弾を受けた米空母機2機が、左舷海面にまっさかさまに突っ込んでいく。合わせて6本の魚雷を受けた「大和」は、左傾斜15度。しかし速力はいまだ18ノットを維持していた。

一方、「大和」に随伴する艦も次々と戦闘能力を失い、沈没していく。航行不能となっていた第2水雷戦隊旗艦「矢矧」はまだ浮いていた。そこを米攻撃隊が狙い射ち、命中魚雷7本、12発の直撃弾を浴びせる。どんな武勲艦でもこれほどのダメージを受ければ、もはや死地から逃れることはできなかった。午後2時5分、「矢矧」は艦尾から海の中へ引き込まれるようにして姿を消した。

「磯風」にも至近弾が命中した。さらに午後1時56分、右舷後部第2砲塔の横の舷側からわずか2メートルの海中で炸裂した爆弾により、心臓部ともいえる機械室が破壊され浸水、行き足が止まって航行不能となった。

午後1時45分、新たな敵編隊が来襲する。「イントレピッド」隊、続いて「ヨークタウン」隊と「ラングレー」隊が「大和」に雷爆協同攻撃を行う。「イントレピッド」のSB2C隊7機は、北東方面で2回旋回をしたTBM隊12機とともに東方向から「大和」に接近、艦首方向から爆撃に移った。TBM隊11機も「大和」の護衛にあたりながら対空援護をする「冬月」を雷撃する。

午後2時、「大和」は艦首右から降下してくる米空母機数機を発見、右へ回頭したが避けきれず、左舷中部に直撃弾3発が同時に命中した。「大和」の対空用の高角砲は吹っ飛び、機銃座は一瞬のうちにスクラップと化した。上甲板には乗組員の肉片が飛び散り、誰のものとも分らない切断された腕や足が転がっていた。

狂気のように吠え続ける「大和」の対空機銃目がけて、低空で機銃掃射する米空母機。そのたびに「大和」では乗組員の戦死者が増え、負傷者がのたうつ。この間、左舷への魚雷命中により「大和」には刻々と左傾斜が加わっていた。タンクへの注水はついに限度に達した。やむを得ず右舷機械室、罐室に注水を開始する。

そのときの「大和」の状態は、速力10～15ノットで左傾斜は10度程度。これを見たTBM6機は、魚雷を水線下の装甲の薄い部分に命中させるため、船腹が見える右舷からの攻撃に切りかえた。4機のTBMは、高度を上昇させながら深度を3メートルから6・7メートルに調整した魚雷を「大和」の右艦首と正横の船腹の間に狙いをつけて投下する。

午後2時7分、右舷中部、続いて左舷中部、さらに艦尾に近い後部に2本の魚雷が命中した。機関は片舷で12ノット、もはや魚雷をかわすことはできない速力であった。

日本海軍と戦艦の時代の終焉

いまや不沈艦「大和」は、海の上に浮いているだけという状態であった。艦上に残っている機銃はなおも空に向かって火を噴いていたが、それも散発的なものである。午後2時15分、左舷1000メートルから「大和」に止めを刺すかのような雷跡が走った。「大和」にはもはや船腹中央を目がけて迫ってくるこの魚雷を回避するだけの力はなかった。

「左舷に雷跡！　本艦に向かうッ！」。見張員の叫びも空しかった。瞬間、すさまじい爆発音、空高く水柱が吹き上がり、魚雷は左舷中央部に突き刺さって船腹をえぐる。

燃料庫への直撃となり、かたまりとなった大火炎が噴き上がる。「大和」の傾斜はさらに大きくなった。

もう「大和」にどんな手を施しても、傾斜を復原させることは不可能であった。有賀艦長は「総員上甲板」を命じる。だが、艦内マイクも、伝声管もすべてが破壊されていて、乗組員に伝える手段がなかった。こうした中で、乗組員が生き残れるか否かはもはや各人の運命次第でしかない。

午後2時20分、「大和」の傾斜は20度となった。伊藤整一長官は、無言のまま艦橋にいた生き残りの一人ひとりに目礼しながら、傾斜した中を長官休憩室に降りて行き、扉を固く閉ざして、ふたたび姿をあらわすことはなかった。

有賀幸作艦長は能村副長を振り返った。「俺は大和と同体だ。同体が離れては困る。俺は水泳がうまいから、水に浮かんだら泳いでしまう。このコードで俺を羅針儀に縛りつけてくれ。俺の最後の望みだ。これは上官の命令だぞ」

静かに微笑しながらこう言ったという。

午後2時23分、突然「大和」は大きく傾いていった。船体が左から転覆すると、激しい爆発が艦全体を覆う。弾火薬庫が誘爆したのである。やがて巨大な噴煙がキノコ雲となって空高く上っていく。しばらくして炎と噴煙がおさまると、海面にはおびただしい重油の膜が浮いているだけであった。

「大和」2740名、第2水雷戦隊981名、あわせて3721名が海上特攻隊として海原に散った。「大和隊」の残存艦は「冬月」「雪風」「初霜」「涼月」の4隻のみ。不沈戦艦「大和」の爆沈により、日本海軍最後の戦いは終わった。これが明治以来の栄光と伝統を誇った偉大なる海軍の終焉であった。また、世界最強の不沈戦艦「大和」が航空機の攻撃により一方的に撃沈されたという事実は、大艦巨砲主義という時代が確かに終わったことを戦史に刻み込んだ。日本がポツダム宣言を受諾し、連合国に無条件降伏したのは、この4ヵ月後のことである。

「大和」は、戦後70年以上経った現在も、北緯30度43分、東経128度04分、長崎県男女群島の南方176キロの水深345メートルの傾斜した崖状の海底に横たわっている。

坊ノ岬沖海戦時の戦力比較　1945年4月7日

■日本海軍

【第1遊撃部隊】

戦艦　大和（旗艦）

第2水雷戦隊　軽巡洋艦　矢矧（旗艦）

　第41駆逐隊　駆逐艦　冬月　涼月

　第17駆逐隊　駆逐艦　磯風　雪風　浜風

海軍航空機391機　（九州の第5、第3、第10航空艦隊、台湾の第1航空艦隊）

陸軍航空機133機　（第8飛行師団）

■米海軍

第58高速空母群

空母　**エンタープライズ（CV-6）**（F6F-3／5戦闘機32機、TBM-雷撃機21機）

バンカーヒル（CV-17、旗艦）（F4U戦闘機63機、F6F-5戦闘機10機、TBM-1雷撃機15機、SB2C-1急降下爆撃機15機）

エセックス（CV-9）（F6F戦闘機30機、F6F-5N夜間戦闘機4機、F6F-5P偵察機2機、F4U戦闘機36機、TBM-1雷撃機15機、SB2C-1急降下爆撃機15機）

ハンコック（CV-19）（F6F-3／5戦闘機66機、F6F-5夜間戦闘機4機、F6F-5P偵察機2機、TBM-1雷撃機10機、SB2C-1急降下爆撃機12機）

ヨークタウン（II、CV-10）（F6F-3／5戦闘機73機[F6F-5N,F6F-5P含む]、TBM-1雷撃機7機、SB2C-1急降下爆撃機15機）

ワスプ（II、CV-18）（F6F-3／5戦闘機30機、F6F-5夜間戦闘機2機、F6F-5P偵察機2機、F4U戦闘機36機、TBM-1雷撃機15機、SB2C-1急降下爆撃機15機）
イントレピッド（CV-11）（F4U戦闘機65機、F6F-5戦闘機6機、F6F-5P偵察機2機、TBM-1雷撃機10機、SB2C-1急降下爆撃機15機）
ホーネット（CV-12）（F6F-3／5戦闘機61機、F6F-5N夜間戦闘機4機、F6F-5P偵察機6機、TBM-1雷撃機15機、SB2C-1急降下爆撃機15機）
タイコンデロガ（CV-14）（F6F-3／5戦闘機、TBM-1雷撃機、SB2C-1急降下爆撃機）

軽空母　**サンジャシント（CVL-30）**（F6F-3／5戦闘機23機、F6F-5P偵察機2機、TBM-1雷撃機9機）**バターン（CVL-29）**（F6F-3／5戦闘機23機、TBM-1雷撃機12機）

護衛空母　**サンガモン（CVE-26）　スワニー（CVE-27）　シェナンゴ（CVE-28）**

戦艦　**アーカンソー（BB-33）　ニューヨーク（BB-34）　テキサス（BB-35）　ネバダ（BB-36）　ペンシルバニア（BB-38）　ニューメキシコ（BB-40）　ミシッピー（BB-41）　アイダホ（BB-42）　テネシー（BB-43）　コロラド（BB-45）　メリーランド（BB-46）　ウエストバージニア（BB-48）　ノースカロライナ（BB-55）　ワシントン　（BB-56）　サウスダコタ（BB-57）　インディアナ（BB-58）**

重巡洋艦　**ペンサコラ（CA-24）　ソルトレイクシティ（CA-25）　ニューオーリンズ（CA-32）　ポートランド（CA-33）　インディアナポリス（CA-35）　ミネアポリス（CA-36）　タスカルーサ（CA-37）　サンフランシスコ（CA-38）　ウイチタ（CA-45）　バルチモア（CA-68）**

クインシー（II、CA-71）
大型巡洋艦　アラスカ（CB-1）　グアム（CB-2）
軽巡洋艦　デトロイト（CL-8）　サンファン（CL-54）　バーミンガム（CL-62）　ピンセンス（II、CL-64）　アストリア（II、CL-90）　フリント（CL-97）
駆逐艦　ラスバーン（DD-113）　バリー（DD-245）　ラング（ロ399）　ステレット（DD-407）　ウィ　ルソン（DD-408）　モリス（DD-417）　バシェ（DD-470）　ビール（DD-471）　デスト（DD-472）　ベネット（DD-473）　ハッチンス（DD-476）　プリングル（DD-477）　シグスビー（DD-502）　デイリー（DD-519）　アンメン（DD-527）　ブッシュ（DD-529）　ニューカム（DD-586）　ハーディング（DD-625）　シュブリック（DD-639）　ストックトン（II、DD-646）　チャールズ J. バジャー（DD-657）　キッド（DD-661）　メイナート L. アベール（DD-733）　カルホーン（DD-801）
潜水艦　スレッドフィン（SS-410）　ハックルバック（SS-295）

ＮＦ文庫

連合艦隊大海戦

二〇二三年三月十九日　第一刷発行

著　者　菊池征男

発行者　皆川豪志

発行所　株式会社　潮書房光人新社

〒100-8077　東京都千代田区大手町一-七-二

電話／〇三-六二八一-九八九一㈹

印刷・製本　凸版印刷株式会社

定価はカバーに表示してあります

乱丁・落丁のものはお取りかえ致します。本文は中性紙を使用

ISBN978-4-7698-3302-4　C0195

http://www.kojinsha.co.jp

NF文庫

刊行のことば

第二次世界大戦の戦火が熄《や》んで五〇年——その間、小社は夥しい数の戦争の記録を渉猟し、発掘し、常に公正なる立場を貫いて書誌とし、大方の絶讃を博して今日に及ぶが、その源は、散華された世代への熱き思い入れであり、同時に、その記録を誌して平和の礎とし、後世に伝えんとするにある。

小社の出版物は、戦記、伝記、文学、エッセイ、写真集、その他、すでに一、〇〇〇点を越え、加えて戦後五〇年になんなんとするを契機として、「光人社NF（ノンフィクション）文庫」を創刊して、読者諸賢の熱烈要望におこたえする次第である。人生のバイブルとして、心弱きときの活性の糧《かて》として、散華の世代からの感動の肉声に、あなたもぜひ、耳を傾けて下さい。

＊潮書房光人新社が贈る勇気と感動を伝える人生のバイブル＊

NF文庫

写真 太平洋戦争 全10巻 〈全巻完結〉
「丸」編集部編
日米の戦闘を綴る激動の写真昭和史――雑誌「丸」が四十数年にわたって収集した極秘フィルムで構築した太平洋戦争の全記録。

航空戦クライマックスII
三野正洋
マリアナ沖海戦、ベトナム戦争など、第二次大戦から現代まで、迫力の空戦シーンを紹介。写真とCGを組み合わせて再現する。

連合艦隊大海戦 太平洋戦争12大海戦
菊池征男
艦隊激突！ 真珠湾攻撃作戦からミッドウェー、マリアナ沖、戦艦「大和」の最期まで、世界海戦史に残る海空戦のすべてを描く。

新装解説版 鉄の棺 最後の日本潜水艦
齋藤 寛
伊五十六潜に赴任した若き軍医中尉が、深度百メートルで体験した五十時間におよぶ死闘を描く。印象／幸田文・解説／早坂隆。

新装版 特設艦船入門 海軍を支えた戦時改装船徹底研究
大内建二
特設空母「隼鷹」「飛鷹」、特設水上機母艦「聖川丸」「神川丸」など、配置、兵装、乗組員にいたるまで、写真と図版で徹底解剖する。

航空戦クライマックスI
三野正洋
第二次大戦から現代まで、航空戦史に残る迫真の空戦シーンを紹介――実際の写真とCGを組み合わせた新しい手法で再現する。